Problemas resueltos de Física Atómica y Molecular

Eugenio Cantelar
Fernando Jesús López

Departamento de Física de Materiales
Universidad Autónoma de Madrid

Imagen de cubierta: Proyección sobre el plano xz de la función de onda del autoestado $|4, 3, 0\rangle$ del átomo de hidrógeno.

Copyright © 2022

Eugenio Cantelar Alcaide y Fernando Jesús López Domínguez.

Todos los derechos reservados.

Índice

Prefacio 5
1. Estructura atómica de la materia 7
2. Átomos con un electrón 31
3. Átomos con dos electrones 63
4. Átomos multielectrónicos 85
5. Interacción radiación – átomo 135
6. Átomos en campos externos 173
7. Física Molecular 221
. Apéndice I: Constantes físicas 259
. Apéndice II: Términos espectrales 261
. Bibliografía recomendada 263

Prefacio

La aplicación de conceptos fundamentales a situaciones reales es una parte fundamental en la comprensión de cualquier materia. El presente texto recoge un centenar de problemas relacionados con el mundo de los átomos y las moléculas. Los problemas se presentan resueltos en su totalidad a fin de complementar cualquier curso introductorio que verse sobre esta temática. En general, esta materia se aborda en la mayoría de los grados en Física y Química donde existen asignaturas que, bajo distintos apelativos, cubren el estudio de átomos y moléculas.

Los contenidos prácticos aquí presentados se han desarrollado ajustándose a los aspectos teóricos que actualmente se imparten en la asignatura de "Física Atómica y Molecular" del grado en Física en la Universidad Autónoma de Madrid. Considerando que esta asignatura se imparte en el último curso del grado, en el desarrollo del presente texto se ha supuesto que el estudiante ya ha superado las competencias que aporta el estudio previo de las asignaturas de Mecánica Cuántica.

El texto consta de 7 temas o capítulos. En el tema 1 se presentan diversos ejercicios que en su momento pusieron de manifiesto la estructura atómica de la materia. En el tema 2 se aborda el estudio de los sistemas hidrogenoides prestando especial atención a las funciones de onda de los distintos orbitales así como al desdoblamiento de niveles que provoca la inclusión de correcciones relativistas (estructura fina) y la interacción con el espín nuclear (estructura hiperfina). El tema 3, dedicado al estudio de átomos e iones con dos electrones, permite que el estudiante se familiarice con las consecuencias del principio de exclusión de Pauli y su relación con el espín, sentando las bases del siguiente capítulo. Así, el tema 4 está dedicado a átomos multielectrónicos haciendo especial hincapié en la obtención de los niveles de estructura fina (acoplamiento Russell–Saunders y acoplamiento j–j) e hiperfina. En el tema 5 se presentan problemas relativos a la interacción radiación–átomo y, por ende, a las transiciones que tienen lugar entre los distintos términos espectroscópicos, niveles de estructura fina e hiperfina y sus reglas de selección. El tema 6 se dedica al estudio de átomos en campos externos; en particular, los problemas se centran en el desdoblamiento de niveles que provoca el efecto Zeeman de estructura fina, el efecto Paschen–Back y el efecto Stark lineal, restringiéndose en este último caso a átomos hidrogenoides. En el último capítulo, tema 7, se presenta un compendio de problemas relativos a la Física Molecular que abarcan la obtención de términos moleculares, el estudio de los niveles rotacionales y vibracionales en moléculas diatómicas así como las transiciones que tienen lugar entre ellos.

Los problemas presentados en este libro y sus soluciones han sido cuidadosamente elaborados con la idea de ayudar al estudiante a entender y profundizar en los aspectos fundamentales desarrollados en las clases teóricas. A pesar de haber prestado una especial atención durante el proceso de revisión, es probable que este libro presente algunas erratas. Los autores agradecerán ser avisados de éstas a fin de poder subsanarlas en próximas ediciones.

Eugenio Cantelar
Fernando Jesús López

1. Estructura atómica de la materia

1.1 Se introducen 66 g de dióxido de carbono en una ampolla cilíndrica de 20 cm de altura y 2 cm de radio. Utilizando la ecuación de Van der Waals estime el valor de la magnitud PV/RT para una temperatura de 300 K y compárelo con el valor que se obtendría en la aproximación de gas ideal. Considérese que las constantes de Van der Waals para este gas son $a = 3.592$ atm L^2 mol^{-2} y $b = 42.67$ cm^3 mol^{-1}.

Solución:

La ecuación de Van der Waals es:

$$\left(P + \frac{n^2 a}{V^2}\right)(V - nb) = nRT$$

de donde se deduce que:

$$P = \frac{nRT}{V - nb} - \frac{n^2 a}{V^2} \rightarrow \frac{PV}{RT} = \frac{nV}{V - nb} - \frac{n^2 a}{VRT}$$

Calculamos el número de moles (n) y el volumen de la ampolla cilíndrica (V):

$$n = \frac{n^{\underline{o}}\ gramos}{PM\ (CO_2)} = \frac{66}{44} = 1.5 \text{ moles}$$

$$V = \pi r^2 h = \pi \cdot 2^2 \cdot 20 = 251.3 \text{ cm}^3 = 0.2513 \text{ L}$$

Así:

$$\frac{PV}{RT} = \frac{1.5 \cdot 0.2513}{0.2513 - 1.5 \cdot 42.67 \times 10^{-3}} - \frac{1.5^2 \cdot 3.592}{0.2513 \cdot 0.082 \cdot 300} \approx 0.7 \text{ moles}$$

Si utilizamos la aproximación de gas ideal:

$$\frac{PV}{RT} = n = 1.5 \text{ moles}$$

Como se puede apreciar, al utilizar la aproximación de gas ideal se sobreestima el valor de la magnitud PV/RT en algo más de un factor dos; la situación se ilustra en la figura siguiente. Se observa que, para el dióxido de carbono, la ecuación de Van der Waals predice un crecimiento monótono de la magnitud PV/RT con la temperatura (línea continua) a diferencia del comportamiento constante que se obtiene con la aproximación de gas ideal (línea discontinua).

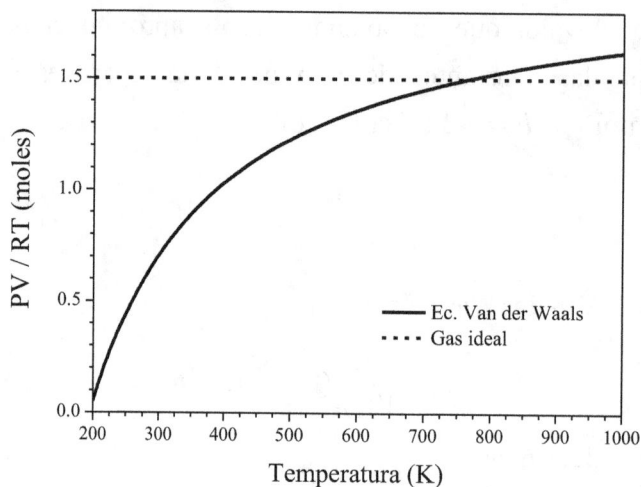

1.2 Considérese 1 mol de nitrógeno a una presión de 10 atm y una temperatura de 100°C, calcúlese:

(a) El volumen ocupado suponiendo que el gas se comporta como un gas ideal.

(b) La presión predicha por la ecuación de Van der Waals para el volumen calculado en el apartado anterior teniendo en cuenta que para este gas $a = 1.39$ atm L^2 mol^{-2} y $b = 39.1$ cm^3 mol^{-1}.

(c) Asumiendo que la presión es el resultado de las colisiones con las paredes del recipiente, estímese la velocidad media de una de las moléculas del gas.

(d) El porcentaje de diferencia entre las presiones del gas ideal y de Van der Waals.

Solución:

(a) Teniendo en cuenta la ecuación de los gases ideales se obtiene que:
$$PV = nRT \rightarrow V = \frac{0.082 \times 373}{10} = 3.06 \text{ L}$$

(b) La ecuación de Van der Waals es:
$$\left(P + \frac{n^2 a}{V^2}\right)(V - nb) = nRT$$
$$P = \frac{nRT}{V - nb} - \frac{n^2 a}{V^2}$$

sustituyendo el valor del volumen obtenido en el apartado anterior ($V = 3.06$ L) y las constantes de Van der Waals para este gas, el valor de la presión queda:
$$P = 9.98 \text{ atm}$$

(c) Según la teoría cinética, la presión que ejercen N partículas, de masa m, encerradas en un volumen V está dada por:
$$P = N m \frac{v^2}{3V}$$

donde v representa la velocidad media de las N partículas. Por tanto, si queremos calcular la velocidad media de una única partícula:
$$v = \sqrt{\frac{3PV}{m}}$$

En este caso resulta más sencillo utilizar unidades del sistema internacional.

Por tanto, teniendo en cuenta que 1 atm = 101325 Pa, poniendo el volumen en m³ y la masa en kg se obtiene:

$$v = \sqrt{\frac{3 \cdot 9.98 \cdot 101325 \cdot 3.06 \times 10^{-3}}{2 \times 14 \times 10^{-3}}}$$

$$v = 575.8 \text{ m/s}$$

(d) El porcentaje de diferencia es:

$$\Delta P = 100 \times \frac{10 - 9.98}{9.98} = 0.2\%$$

1.3 Se desea utilizar una lámina de sodio para observar el efecto fotoeléctrico. Sabiendo que la función de trabajo de este metal es $\phi_{Na} = 2.28$ eV, calcúlese:

(a) La longitud de onda umbral a la que se comienza a observar la emisión de electrones.

(b) La velocidad máxima a la que se emitirían los electrones si los fotones incidentes tuviesen una longitud de onda de 355 nm.

Solución:

(a) La energía cinética de los electrones emitidos, T, está dada por:

$$T = h\nu - \phi_{Na}$$

donde ν representa la frecuencia de los fotones incidentes y h la constante de Planck. Teniendo en cuenta que la energía cinética es siempre positiva o cero, la emisión de electrones sólo tendrá lugar si $h\nu \geq \phi_{Na}$. En consecuencia, existe una frecuencia umbral dada por:

$$\nu = \frac{\phi_{Na}}{h}$$

y una longitud de onda umbral asociada a dicha frecuencia:

$$\lambda = \frac{c}{\nu} = \frac{hc}{\phi_{Na}}$$

Considerando que $h = 4.13 \times 10^{-15}$ eV·s y que $c = 3 \times 10^8$ m/s, obtenemos que:

$$\lambda = \frac{4.13 \times 10^{-15} \cdot 3 \times 10^8}{2.28} = 5.434 \times 10^{-7} \text{ m}$$

(b) En este caso la longitud de onda de los fotones incidentes es $\lambda = 355$ nm, por tanto la energía cinética máxima a la que se emiten los electrones será:

$$T = h\frac{c}{\lambda} - \phi_{Na}$$

$$T = \frac{4.13 \times 10^{-15} \cdot 3 \times 10^8}{355 \times 10^{-9}} - 2.28 = 1.21 \text{ eV}$$

La máxima velocidad a la que se emiten los electrones se obtiene considerando que:

$$T = 1.21 \text{ eV} = \frac{1}{2}m_e v^2$$

Teniendo en cuenta que la masa del electrón es $m_e = 0.511$ MeV/c^2, resulta que:

$$v = \sqrt{\frac{2 \cdot 1.21 \cdot c^2}{0.511 \times 10^6}} = 6.53 \times 10^5 \text{ m/s}$$

1.4 Planck postuló que la emisión de la radiación está cuantizada. Demuéstrese que la densidad de modos (ondas electromagnéticas estacionarias) por unidad de volumen entre λ y $\lambda + d\lambda$ en el interior de una cavidad está dada por:

$$\rho_\lambda d\lambda = \frac{8\pi}{\lambda^4} d\lambda$$

Solución:

Supongamos una cavidad de lado L como la mostrada en la figura:

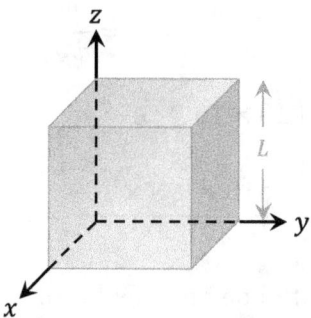

La radiación en el interior de la cavidad satisface la ecuación de ondas; es decir:

$$\nabla^2 \vec{E} = \frac{1}{c^2} \frac{\partial^2 \vec{E}}{\partial t^2}$$

Por otro lado, la radiación debe verificar las siguientes condiciones de contorno:

- No hay cargas libres en el interior de la cavidad:

$$\vec{\nabla} \vec{E} = 0$$

- En las paredes de la cavidad:

$$\vec{E} = 0$$

Utilizando el método de separación de variables e imponiendo las condiciones de contorno, la solución (modos de la cavidad) puede escribirse como:

$$E_x(r,t) = E_{0x}(t) cos(k_x x) sen(k_y y) sen(k_z z)$$

$$E_y(r,t) = E_{0y}(t) sen(k_x x) cos(k_y y) sen(k_z z)$$

$$E_z(r,t) = E_{0z}(t) sen(k_x x) sen(k_y y) cos(k_z z)$$

Nótese que el vector $\vec{E}_0 = (E_{0x}, E_{0y}, E_{0z})$ es independiente de la posición y agrupa toda la dependencia temporal, por su parte $\vec{k} = (k_x, k_y, k_z)$ representa el vector de onda cuyas componentes son:

$$\left.\begin{array}{l} k_x = \dfrac{\pi}{L} \nu_x \\ k_y = \dfrac{\pi}{L} \nu_y \\ k_z = \dfrac{\pi}{L} \nu_z \end{array}\right\} \nu_x, \nu_y, \nu_z = 0, 1, 2, \dots$$

Por tanto, los modos están caracterizados por tres números enteros dos de los cuales son distintos de cero. Además como los vectores $\vec{E}$ y $\vec{k}$ son perpendiculares, existen dos polarizaciones linealmente independientes. Los valores permitidos se pueden representar como una red de puntos tridimensional siendo π/L la constante de red, la situación se ilustra en la siguiente figura.

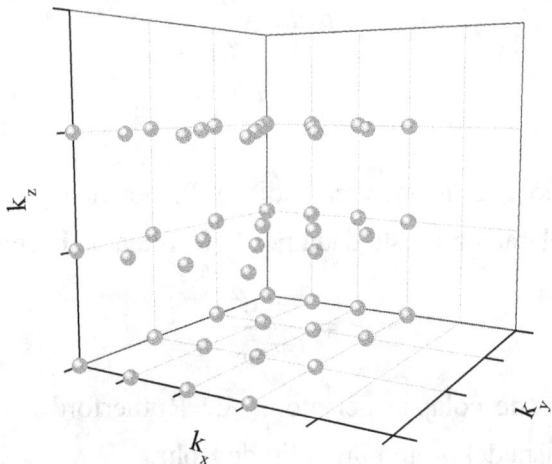

El número de modos entre k y $k + dk$ es igual al número de puntos de la red dentro de un octante de capa esférica. El volumen total de la capa esférica despreciando términos de orden $(dk)^2$ y superiores es:

$$\frac{4\pi}{3}[(k+dk)^3 - k^3] \approx 4\pi k^2 dk$$

Por tanto el número de modos dentro del octante, teniendo en cuenta que existen dos polarizaciones linealmente independientes será:

$$2 \times \left[\frac{1}{8} 4\pi k^2 dk\right] \times \left[\frac{1}{(\pi/L)^3}\right] = \frac{L^3 k^2}{\pi^2} dk$$

donde $(\pi/L)^3$ es el volumen asociado a un modo. Dividiendo la expresión anterior entre el volumen de la cavidad, L^3, obtenemos la densidad de modos por unidad de volumen:

$$\rho_k dk = \frac{k^2}{\pi^2} dk$$

Para expresar esta relación en función de la longitud de onda basta considerar que:

$$k = \frac{2\pi}{\lambda} \rightarrow dk = \frac{2\pi}{\lambda^2} d\lambda$$

$$\rho_\lambda d\lambda = \frac{(2\pi/\lambda)^2}{\pi^2} \frac{2\pi}{\lambda^2} d\lambda$$

$$\rightarrow \rho_\lambda d\lambda = \frac{8\pi}{\lambda^4} d\lambda$$

1.5 Considerando que la potencia radiada P, por una partícula de carga e sometida a una aceleración a está dada por la fórmula de Larmor:

$$P = \frac{e^2 a^2}{6\pi\varepsilon_0 c^3}$$

Estímese el tiempo de colapso del átomo de Rutherford suponiendo que en $t = 0$ el electrón dista del protón un radio de Bohr.

Solución:

En el átomo de Rutherford el electrón tiene que estar acelerando para mantenerse en la órbita. Del Electromagnetismo Clásico sabemos que una carga acelerada emite radiación, por tanto, cuando el electrón emite radiación su energía varía de acuerdo a:

$$\frac{dE}{dt} = -P = -\frac{e^2}{6\pi\varepsilon_0 c^3} a^2$$

Aplicamos la segunda ley de Newton al átomo de hidrógeno para obtener la aceleración:

$$ma = \frac{e^2}{4\pi\varepsilon_0 r^2} \rightarrow \frac{dE}{dt} = -\frac{e^2}{6\pi\varepsilon_0 c^3}\left(\frac{e^2}{m 4\pi\varepsilon_0 r^2}\right)^2$$

Adicionalmente, la energía del electrón será:

$$E = T + U = \frac{1}{2}mv^2 - \frac{e^2}{4\pi\varepsilon_0 r}$$

teniendo en cuenta que el electrón describe una órbita circular:

$$m\frac{v^2}{r} = \frac{e^2}{4\pi\varepsilon_0 r^2} \rightarrow mv^2 = \frac{e^2}{4\pi\varepsilon_0 r}$$

Sustituyendo el valor de mv^2 en la expresión para la energía obtenemos:

$$E = -\frac{e^2}{8\pi\varepsilon_0 r} \rightarrow \frac{dE}{dr} = \frac{e^2}{8\pi\varepsilon_0 r^2}$$

Por otro lado, como:

$$\frac{dE}{dt} = \frac{dE}{dr}\frac{dr}{dt} \rightarrow \frac{dr}{dt} = \left(\frac{dE}{dt}\right)\bigg/\left(\frac{dE}{dr}\right)$$

sustituyendo:

$$\frac{dr}{dt} = -\frac{4}{3m^2 c^3}\left(\frac{e^2}{4\pi\varepsilon_0}\right)^2 \frac{1}{r^2}$$

Podemos integrar la expresión anterior suponiendo que tras un tiempo T (tiempo de colapso) el electrón se encontrará en $r = 0$ debido a la pérdida de energía:

$$\int_{a_B}^{0} r^2 dr = -\frac{4}{3m^2 c^3}\left(\frac{e^2}{4\pi\varepsilon_0}\right)^2 \int_0^T dt$$

$$\rightarrow T = \frac{m^2 c^3}{4} a_B^3 \left(\frac{4\pi\varepsilon_0}{e^2}\right)^2$$

sustituyendo todas las constantes y teniendo en cuenta que $a_B = 0.5 \times 10^{-10}$ m, obtenemos que el valor del tiempo de colapso del átomo de Rutherford es:

$$T = 1.3 \times 10^{-11} \text{ s}$$

1.6 Utilizando el principio de incertidumbre, determínese el tamaño mínimo y la energía mínima que presenta el átomo de hidrógeno.

Solución:

Según el principio de incertidumbre de Heisenberg:

$$\Delta x \, \Delta p \geq \hbar$$

Si Δx es el tamaño del átomo; es decir si $\Delta x = r$

$$\Delta p \geq \frac{\hbar}{r} \rightarrow (\Delta p)^2 \equiv p^2 \geq \frac{\hbar^2}{r^2}$$

La energía total del electrón será:

$$E = T + U \rightarrow E = \frac{p^2}{2m} + U$$

donde U representa la energía potencial atractiva entre el protón el electrón. Por tanto:

$$E(r) = \frac{\hbar^2}{2mr^2} - \frac{e^2}{4\pi\varepsilon_0 r}$$

Buscamos los puntos críticos de la función $E(r)$:

$$\frac{dE}{dr} = -\frac{\hbar^2}{mr^3} + \frac{e^2}{4\pi\varepsilon_0 r^2}$$

$$\frac{dE}{dr} = 0 \rightarrow r = \frac{4\pi\varepsilon_0 \hbar^2}{me^2}$$

El valor obtenido es justamente la definición del radio de Bohr. Por tanto, la energía presenta un máximo o un mínimo cuando $r = a_B$. Calculamos la segunda derivada:

$$\frac{d^2E}{dr^2} = \frac{3\hbar^2}{mr^4} - \frac{2e^2}{4\pi\varepsilon_0 r^3}$$

$$\left.\frac{d^2E}{dr^2}\right|_{r=a_B} = 1.53 \times 10^3 > 0$$

Por tanto, cuando $r = a_B$ la energía presenta un mínimo cuyo valor es:

$$E_{mín} = \frac{\hbar^2}{2ma_B^2} - \frac{e^2}{4\pi\varepsilon_0 a_B} = -2.19 \times 10^{-18} \text{ J}$$

teniendo en cuenta que $1 \text{ J} = 6.242 \times 10^{18}$ eV:

$$E_{mín} = -13.6 \text{ eV}$$

que es exactamente la energía de ligadura del electrón con $n = 1$ en el átomo de hidrógeno dentro del modelo de Bohr.

1.7 Considérese el estado estacionario $n = 20$ de un ion He$^+$ ($Z = 2$). De acuerdo con el modelo atómico de Bohr, calcúlese:

(a) La energía de ligadura del electrón en eV.

(b) El radio de la órbita del electrón.

(c) La frecuencia de revolución.

(d) La longitud de onda de la radiación emitida en la correspondiente transición asociada a la serie de Balmer.

Solución:

(a) Según el modelo de Bohr, la energía de ligadura en función del valor del número cuántico principal (n) y el número atómico (Z) está dada por:

$$E_n = -E_I \frac{Z^2}{n^2}$$

donde $E_I = 13.6$ eV es la energía de ionización del átomo de hidrógeno. Por tanto, la energía de ligadura correspondiente al estado $n = 20$ del ion He$^+$ es:

$$E_n = -13.6 \frac{2^2}{20^2} = -136 \text{ meV}$$

(b) Dentro del modelo atómico que estamos considerando, para un n dado el radio de la órbita que describe el electrón está dado por:

$$r_n = \frac{a_B}{Z} n^2$$

En nuestro caso el valor de este radio será:

$$r_{20} = \frac{a_B}{2} 20^2 = 200 a_B = 200 \cdot 52.9 \text{ pm} = 10.58 \text{ nm}$$

(c) La frecuencia de revolución del movimiento orbital (v_n) se puede obtener a partir de la velocidad que tiene el electrón en ese estado estacionario. Así, para un n dado, según el modelo de Bohr esta velocidad será v_n:

$$v_n = \frac{Z\hbar}{m_e a_B} \frac{1}{n}$$

La velocidad angular (ω_n) con la que el electrón describe la órbita puede obtenerse considerando que:

$$\omega_n = \frac{v_n}{r_n} \rightarrow \omega_n = \frac{Z^2 \hbar}{m_e a_B^2} \frac{1}{n^3}$$

Finalmente, la frecuencia de revolución del movimiento orbital será:

$$v_n = \frac{\omega_n}{2\pi} \rightarrow v_n = \frac{Z^2 \hbar}{2\pi \, m_e a_B^2} \frac{1}{n^3}$$

Para el estado estacionario con $n = 20$ del ion He^+ tenemos que:

$$v_{20} = 3.29 \times 10^{12} \text{ Hz}$$

(d) Las transiciones en la serie de Balmer tienen como estado final $n = 2$. En consecuencia, hay que calcular la longitud de onda asociada a la transición $(n = 20) \rightarrow (n = 2)$. La energía del fotón emitido será:

$$h\nu = E_{20} - E_2$$

donde E_2 representa la energía del estado final cuyo valor es:

$$E_2 = -13.6 \frac{2^2}{2^2} = -13.6 \text{ eV}$$

Por tanto, la energía del fotón emitido será:

$$h\nu = -0.136 + 13.6 = 13.464 \text{ eV}$$

Considerando que la frecuencia y la longitud de onda están relacionadas a través de:

$$\lambda = \frac{c}{\nu} \rightarrow \lambda = 92.16 \text{ nm}$$

1.8 Considérese el momento angular L del planeta Mercurio, cuya masa es $M = 3.59 \times 10^{23}$ kg, debido a su movimiento alrededor del Sol a una distancia promedio de $R = 5.79 \times 10^{10}$ m y una velocidad media de $v = 47872$ m/s. Supóngase que L está cuantizado según la relación $L = n\hbar$ dada por Bohr. ¿Cuál es el valor del número cuántico n?

Solución:

A partir de los datos suministrados en el problema, el momento angular de Mercurio es:

$$L = MRv = 9.95 \times 10^{38} \text{ kg} \cdot \text{m}^2 \cdot \text{s}^{-1}$$

Cuánticamente:

$$L = n\hbar$$

Comparando ambas expresiones se obtiene que el valor numérico del número cuántico n es enorme:

$$n = \frac{9.95 \times 10^{38}}{\hbar} \approx 9.4 \times 10^{72}$$

1.9 Utilizando el modelo de Bohr obténgase:

(a) La energía de enlace, radio de la órbita y velocidad del electrón en el ion hidrogenoide $^{11}_{5}B^{4+}$ si $n = 1$.

(b) Una expresión para la constante de Rydberg que sea aplicable a cualquier ion hidrogenoide.

Solución:

(a) Un ion hidrogenoide genérico tiene Ze cargas positivas en el núcleo y un único electrón de masa m_e. Según el modelo de Bohr, el electrón describe una órbita circular de radio r; por tanto, si asumimos que la masa del núcleo es infinita:

$$m_e \frac{v^2}{r} = \frac{Ze^2}{4\pi\varepsilon_0 r^2} \rightarrow v^2 = \frac{Ze^2}{4\pi\varepsilon_0 r\, m_e}$$

teniendo en cuenta que la energía total del electrón en esa órbita es:

$$E = \frac{1}{2} m_e v^2 - \frac{Ze^2}{4\pi\varepsilon_0 r}$$

las posibles energías correspondientes a estados ligados están dadas por:

$$E = -\frac{1}{2} \frac{Ze^2}{4\pi\varepsilon_0 r}$$

Por otro lado, la cuantización del momento angular impone que no todos los valores de energía que satisfacen la expresión anterior están permitidos. De hecho, los únicos radios permitidos (r_n) son aquellos que verifican:

$$m_e r_n v = n\hbar$$

$$\left.\begin{array}{r} r_n^2 = \dfrac{n^2 \hbar^2}{m_e^2 v^2} \\ v^2 = \dfrac{Ze^2}{4\pi\varepsilon_0 r\, m_e} \end{array}\right\} \rightarrow r_n = n^2 \frac{4\pi\varepsilon_0 \hbar^2}{Ze^2 m_e}$$

lo que nos lleva a obtener que las únicas velocidades permitidas (v_n) son:

$$v_n = \frac{Ze^2}{4\pi\varepsilon_0 \hbar} \frac{1}{n}$$

De forma similar, es fácil deducir que de todas las posibles energías las únicas permitidas (E_n) son aquellas que verifican:

$$E_n = -\frac{(Ze^2)^2 m_e}{8\varepsilon_0^2\, h^2\, n^2}$$

Para hacer el modelo de Bohr más realista es preciso considerar que la masa del núcleo (m_N) no es infinita, para ello en las expresiones anteriores es preciso sustituir la masa del electrón (m_e) por la masa reducida núcleo––electrón (μ):

$$\mu = \frac{m_N m_e}{m_N + m_e}$$

Teniendo en cuenta que el núcleo del ion $^{11}_{5}B^{4+}$ contiene cinco protones y seis neutrones (cada uno con masa m_n) y dado que $m_n \approx m_p \approx 1836\, m_e$, la masa reducida queda:

$$\mu \approx \frac{11 m_p m_e}{11 m_p + m_e} \approx 0.9999\, m_e$$

Considerando todo lo anterior, el radio de la órbita del electrón con $n = 1$ es:

$$r_1 = \frac{4\pi\varepsilon_0 \hbar^2}{5e^2\, 0.9999\, m_e}$$

Sustituyendo el valor de las distintas constantes se llega a:

$$r_1 = 1.06 \times 10^{-11}\ \text{m}$$

dado que el radio de Bohr es $a_B = 5.29 \times 10^{-11}$ m, el electrón en el ion $^{11}_{5}B^{4+}$ presenta un radio de:

$$r_1 \approx 0.2\, a_B$$

La velocidad del electrón será:

$$v_1 = \frac{Ze^2}{4\pi\varepsilon_0 \hbar} = 1.09 \times 10^7\ \text{m/s}$$

y la energía de enlace:

$$E_1 = -\frac{(Ze^2)^2\, 0.9999\, m_e}{8\varepsilon_0^2\, h^2} = -5.43 \times 10^{-17}\ \text{J} = -339.64\ \text{eV}$$

(b) La constante de Rydberg se obtiene a partir de la energía asociada a una emisión ($E_{m \to n}$) desde una órbita m a una órbita n con $m > n$:

$$E_{m \to n} = h\nu_{m \to n} = E_m - E_n$$

$$h\nu_{m \to n} = \frac{(Ze^2)^2 \mu}{8\varepsilon_0^2 h^2} \left[\frac{1}{n^2} - \frac{1}{m^2}\right]$$

$$\nu_{m \to n} = \frac{(Ze^2)^2 \mu}{8\varepsilon_0^2 h^3} \left[\frac{1}{n^2} - \frac{1}{m^2}\right]$$

A partir de la expresión anterior se deduce que el número de ondas (k) es:

$$k_{m \to n} = \frac{\nu_{m \to n}}{c} = \frac{(Ze^2)^2 \mu}{8\varepsilon_0^2 h^3 c} \left[\frac{1}{n^2} - \frac{1}{m^2}\right]$$

En función de la constante de Rydberg (R_H), el número de ondas debería ser:

$$k_{m \to n} = R_H \left[\frac{1}{n^2} - \frac{1}{m^2}\right]$$

Comparando ambas expresiones se llega a que la constante de Rydberg para un ion hidrogenoide, en función de la masa reducida núcleo-electrón, es:

$$R_H = \frac{(Ze^2)^2 \mu}{8\varepsilon_0^2 h^3 c}$$

1.10 Calcular las longitudes de onda correspondientes a las dos transiciones de menor energía asociadas a las series de Lyman, Balmer, Paschen, Brackett y Pfund para el ion C^{5+} dentro del modelo propuesto por Bohr.

Solución:

El átomo de carbono ($Z = 6$) posee seis electrones; en consecuencia, el ion C^{5+} posee únicamente un electrón y es posible aplicar el modelo de Bohr. La energía de ligadura está dada por:

$$E_n = -\frac{(Ze)^2/(4\pi\varepsilon_0)}{2a_B}\frac{1}{n^2}$$

Para calcular las longitudes de onda solicitadas es preciso evaluar E_n hasta $n = 7$ (condición debida a que la serie de Pfund corresponde a las emisiones del electrón hasta la capa $n = 5$)

n	E_n (J)
1	-7.83×10^{-17}
2	-1.96×10^{-17}
3	-8.70×10^{-18}
4	-4.90×10^{-18}
5	-3.13×10^{-18}
6	-2.18×10^{-18}
7	-1.60×10^{-18}

La serie de Lyman son las transiciones cuyo estado final es $n = 1$. Por tanto las dos transiciones de menor energía serán $(n = 2, 3) \to (n = 1)$:

$$E_{2\to 1} = E_2 - E_1 = 5.87 \times 10^{-17} \text{ J}$$
$$E_{3\to 1} = E_3 - E_1 = 6.96 \times 10^{-17} \text{ J}$$

Para calcular las longitudes de onda:

$$E = \frac{hc}{\lambda} \to \lambda = \frac{hc}{E}$$

$$\lambda_{2\to 1} = 3.39 \times 10^{-9} \text{ m} = 3.39 \text{ nm}$$

$$\lambda_{3\to 1} = 2.86 \text{ nm}$$

En la serie de Balmer el estado final es $n = 2$. En este caso las transiciones serán: $(n = 3, 4) \to (n = 2)$. De forma similar a los cálculos anteriores:

$$E_{3\to 2} = 1.09 \times 10^{-17} \text{ J} \to \lambda_{3\to 2} = 18.28 \text{ nm}$$
$$E_{4\to 2} = 1.47 \times 10^{-17} \text{ J} \to \lambda_{4\to 2} = 13.54 \text{ nm}$$

Para la serie de Paschen el estado final es $n = 3$. Por tanto:

$$E_{4\to 3} = 3.81 \times 10^{-18} \, \text{J} \;\to\; \lambda_{4\to 3} = 52.24 \, \text{nm}$$

$$E_{5\to 3} = 5.57 \times 10^{-18} \, \text{J} \;\to\; \lambda_{5\to 3} = 35.71 \, \text{nm}$$

Serie de Brackett, $n = 4$:

$$E_{5\to 4} = 1.76 \times 10^{-18} \, \text{J} \;\to\; \lambda_{5\to 4} = 112.86 \, \text{nm}$$

$$E_{6\to 4} = 2.72 \times 10^{-18} \, \text{J} \;\to\; \lambda_{6\to 4} = 73.13 \, \text{nm}$$

Finalmente, para la serie de Pfund, $n = 5$:

$$E_{6\to 5} = 9.57 \times 10^{-19} \, \text{J} \;\to\; \lambda_{6\to 5} = 207.77 \, \text{nm}$$

$$E_{7\to 5} = 1.53 \times 10^{-18} \, \text{J} \;\to\; \lambda_{7\to 5} = 129.62 \, \text{nm}$$

1.11 Un átomo muónico es similar a un átomo hidrogenoide en el que el electrón ha sido reemplazado por un muon (μ^-, partícula perteneciente a la familia de los leptones al igual que el electrón). Considere un átomo muónico con $Z = 3$ y $A = 6$, asumiendo que el núcleo tiene masa finita, utilice el modelo atómico de Bohr para estimar:

(a) La energía del estado ligado con $n = 1$ (considere que la masa del muon es $m_{\mu^-} = 207 m_e$).

(b) El radio de la órbita del muón en el estado $n = 1$.

Solución:

(a) Cuando se considera que el núcleo tiene masa finita, en la expresión de la energía debemos sustituir el radio de Bohr (a_B) por un radio de Bohr "modificado" (a_μ) dado por:

$$a_\mu = \frac{\hbar^2}{(e^2/4\pi\varepsilon_0)\mu} = \frac{m_e}{\mu} a_B$$

donde se ha sustituido la masa del electrón por la masa reducida del sistema núcleo - muon (μ). Así:

$$\mu = \frac{m_{\mu^-} \cdot m_N}{m_{\mu^-} + m_N}$$

donde $m_N = 3m_p + 3m_n \approx 6m_p$ representa la masa del núcleo (m_p y m_n representan las masas del protón y neutrón respectivamente).

Teniendo en cuenta que $m_{\mu^-} = 207 m_e$ y que $m_p = 1836\, m_e$, la masa reducida para el sistema de tres protones, tres neutrones y un muon queda:

$$\mu \approx 203.2\, m_e$$

Los niveles de energía estarán dados por:

$$E_n = -\frac{(Ze)^2/(4\pi\varepsilon_0)}{2a_\mu}\frac{1}{n^2} = -\frac{Z^2 \mu}{m_e}\left[\frac{e^2/(4\pi\varepsilon_0)}{2a_B}\right]\frac{1}{n^2}$$

$$E_n = -\frac{Z^2 \mu}{m_e} 13.6 \frac{1}{n^2} \text{ (eV)}$$

$$\rightarrow E_n = -203.2 \cdot Z^2 \cdot 13.6 \frac{1}{n^2}$$

Por tanto, para un átomo muónico con $Z = 3$ y $A = 6$:

$$E_1 = -24871.7 \text{ eV}$$

(b) De forma similar al apartado anterior, reemplazamos a_B por a_μ en la expresion del radio de la órbita del átomo de Bohr, así:

$$\left.\begin{array}{l} r_n = \dfrac{a_\mu}{Z} n^2 \\[2mm] a_\mu = \dfrac{5.29 \times 10^{-11}}{203.2} = 2.60 \times 10^{-13}\, m \end{array}\right\}$$

$$r_1 = \frac{2.60 \times 10^{-13}}{3} = 8.68 \times 10^{-14}\, m$$

1.12 Obtenga las longitudes de onda asociadas a las dos primeras líneas de Balmer para los isótopos del hidrógeno, deuterio ($^2_1$H) y tritio ($^3_1$H). Compare los resultados obtenidos con las correspondientes transiciones del átomo de hidrógeno ($^1_1$H).

Solución:

Para ver las diferencias entre los tres átomos hidrogenoides tenemos que considerar que el núcleo tiene masa finita. En este caso, la energía de los estados ligados es:

$$E_n = -\frac{Z^2 \mu}{m_e} 13.6 \frac{1}{n^2} \text{ (eV)}$$

El núcleo de estos tres sistemas hidrogenoides contiene un único protón, $Z = 1$, y el valor de la masa reducida varía de un hidrogenoide a otro debido al número de neutrones (uno en el deuterio y dos en el tritio). Considerando que la masa del protón y del neutrón son prácticamente iguales ($m_n \approx m_p = 1.67 \times 10^{-27}$ kg) y utilizando la expresión anterior se obtiene que:

	μ/m_e	E_2 (eV)	E_3 (eV)	E_4 (eV)
Hidrógeno	0.9995	-3.39830	-1.51036	-0.84958
Deuterio	0.9997	-3.39898	-1.51066	-0.84975
Tritio	0.9998	-3.39932	-1.51081	-0.84983

Conocidas las energías de las distintas transiciones, la longitud de onda se puede calcular fácilmente a partir de (ver problema 1.10):

$$\lambda_{n \to 2} = \frac{hc}{E_n - E_2}$$

Así:

	$E_3 - E_2$ (eV)	$E_4 - E_2$ (eV)	$\lambda_{3 \to 2}$ (nm)	$\lambda_{4 \to 2}$ (nm)
Hidrógeno	1.88794	2.54873	656.27	486.13
Deuterio	1.88832	2.54924	656.14	486.03
Tritio	1.88851	2.54949	656.07	485.98

Como se aprecia en la tabla anterior, las líneas se desplazan hacia longitudes de onda menores a medida que aumenta el número de neutrones en el núcleo. Por otro lado, el cambio en longitud de onda es apreciable y, en principio, podría ser observado sin necesidad de equipos de muy alta resolución.

1.13 En un determinado ion hidrogenoide se han observado tres líneas de absorción con energías de 592.36 eV, 624.75 eV y 639.74 eV. Asumiendo que estas absorciones han sido medidas a baja temperatura y que corresponden a transiciones a estados con un valor de n consecutivo, determínese:

(a) El estado final de cada una de las transiciones.

(b) El ion hidrogenoide y su estado de oxidación.

Solución:

(a) Dado que las absorciones han sido medidas a baja temperatura, el nivel inicial ha de ser el nivel $n = 1$. Por otro lado, a partir de los datos suministrados es posible obtener la separación energética entre los estados excitados que, por comodidad, llamaremos A y B. Así:

$$A = 624.75 - 592.36 = 32.39 \text{ eV}$$

$$B = 639.74 - 624.75 = 14.99 \text{ eV}$$

En un ion hidrogenoide, la energía de un estado genérico con número cuántico m es:

$$E_m = -E_I \frac{Z^2}{m^2}$$

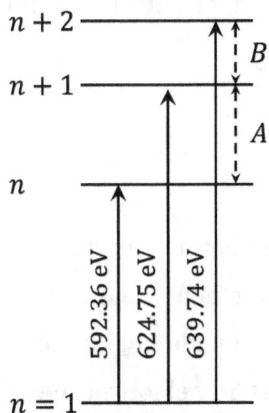

Si tenemos en cuenta el esquema mostrado en la figura, es evidente que:

$$A = E_{n+1} - E_n = E_I Z^2 \left(\frac{1}{n^2} - \frac{1}{(n+1)^2}\right)$$
$$B = E_{n+2} - E_{n+1} = E_I Z^2 \left(\frac{1}{(n+1)^2} - \frac{1}{(n+2)^2}\right)$$

Despejando Z^2 en ambas expresiones e igualando se llega a:

$$\frac{An^2}{2n+1} - \frac{B(n+2)^2}{2n+3} = 0$$

Ecuación que puede resolverse de diversas maneras, entre ellas de forma numérica considerando que n ha de ser un valor entero. Así encontramos que si:

$$n = 2 \rightarrow \frac{An^2}{2n+1} - \frac{B(n+2)^2}{2n+3} = -8.356$$

$$n = 3 \rightarrow \frac{An^2}{2n+1} - \frac{B(n+2)^2}{2n+3} = 0$$

Por tanto, las tres absorciones corresponden a las transiciones desde $n = 1$ a los estados $n = 3, 4$ y 5.

(b) Para saber de qué ion hidrogenoide se trata basta con despejar Z en las ecuaciones que hemos escrito en el apartado anterior. Despejando, por ejemplo, en la ecuación de A:

$$A = E_I Z^2 \left(\frac{1}{9} - \frac{1}{16}\right)$$

$$Z^2 = 2.382 \frac{16 \cdot 9}{7} = 49.00 \rightarrow Z = 7$$

El átomo correspondiente a $Z = 7$ en la tabla periódica es el átomo de nitrógeno. En nuestro problema aparece en forma de ion hidrogenoide, luego ha tenido que perder seis de sus electrones; por tanto, su número de oxidación es 6+ y el ion en cuestión es el ion N^{6+}.

1.14 La regla de cuantificación de Wilson – Sommerfeld dice que en un sistema cuántico, toda coordenada q que varía periódicamente en el tiempo satisface la siguiente condición de cuantificación:

$$\oint p_q dq = n_q h$$

donde p_q es el impulso conjugado a la coordenada q y n_q un número cuántico que toma valores enteros ($n_q = 1, 2, 3, ...$). Aplique esta regla a:

(a) Una partícula que describe un movimiento circular uniforme de radio r_0,

(b) Una partícula que realiza oscilaciones armónicas con frecuencia ν.

Indíquese que regla de cuantificación obtiene en cada caso.

Solución:

(a) Las ecuaciones que describen el movimiento circular con velocidad angular $\omega = cte$ son:

$$\left. \begin{array}{l} r = r_0 \\ \theta = \omega t \end{array} \right\}$$

El impulso conjugado a la coordenada radial es:

$$p_r = mv = m\frac{dr}{dt}$$

como r es constante:

$$p_r = 0$$

y la regla de Wilson-Sommerfeld no aporta nada cuando se aplica a esta coordenada.

En cuanto a la coordenada angular, el impulso conjugado a θ es justamente el momento angular:

$$L = m\,v\,r = m\,\omega\,r^2 = m\,r^2\,\frac{d\theta}{dt}$$

nótese que L es una constante del movimiento ya que ω y r son constantes.

$$\oint p_q dq = \oint L d\theta = L \oint d\theta = 2\pi L \rightarrow 2\pi L = n_\theta h$$

$$L = n_\theta \hbar$$

que es justamente la regla de cuantización de Bohr.

(b) Ahora tenemos una partícula que realiza oscilaciones armónicas de frecuencia ν. Su ecuación de movimiento será:

$$x = A\,sen(\omega t + \varphi) = A\,sen(2\pi \nu t + \varphi)$$

donde A representa la amplitud del movimiento y φ la fase inicial. El momento asociado a esta coordenada es:

$$p_x = m\frac{dx}{dt} = m\,A\,\omega\,cos(\omega t + \varphi)$$

Aplicamos la regla de Wilson – Sommerfeld:

$$\left. \begin{array}{c} \oint p_x dx = n_x h \\ \oint p_x dx = \oint p_x \left(\dfrac{dx}{dt}\right) dt \end{array} \right\}$$

Por tanto:

$$\oint p_x dx = m\,A^2\,\omega^2 \oint cos^2(\omega t + \varphi) dt = m\,A^2\,\omega\,\pi$$

Teniendo en cuenta que la energía del oscilador es $E = \frac{1}{2} m\,\omega^2\,A^2$:

$$\oint p_x dx = \frac{2E}{\omega}\pi = \frac{E}{\nu}$$

La regla de cuantificación nos queda en este caso:

$$\frac{E}{\nu} = n_x h \rightarrow E = n_x h\nu$$

que es exactamente la regla de cuantificación de Planck.

2. Átomos con un electrón

2.1 Demuestre que el hamiltoniano asociado al movimiento relativo del electrón en torno al núcleo en un átomo hidrogenoide se puede escribir como:

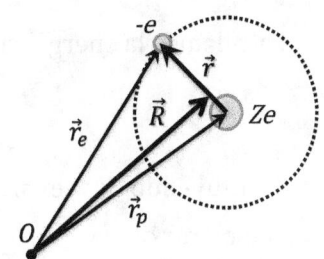

$$\mathcal{H} = -\frac{\hbar^2 \nabla_R^2}{2M} - \frac{\hbar^2 \nabla_r^2}{2\mu} + U(r)$$

donde $M = m_e + m_p$ es la masa total del sistema, μ la masa reducida electrón–protón, $\vec{R} = (m_e \vec{r}_e + m_p \vec{r}_p)/M$ simboliza la posición del centro de masas y $\vec{r} = \vec{r}_e - \vec{r}_p$ la coordenada relativa, ambas definidas en función de la posición del electrón ($\vec{r}_e$) y del protón ($\vec{r}_p$) respecto al sistema de referencia del laboratorio, tal y como se muestra en la figura.

Solución:

En el sistema de referencia del laboratorio, el hamiltoniano asociado al movimiento del electrón es:

$$\mathcal{H} = -\frac{\hbar^2}{2m_p}\nabla_{r_p}^2 - \frac{\hbar^2}{2m_e}\nabla_{r_e}^2 - \frac{1}{4\pi\varepsilon_0}\frac{Ze^2}{|\vec{r}_e - \vec{r}_p|}$$

donde los subíndices r_p y r_e en el operador laplaciano indican que éste actúa sobre las coordenadas del protón o del electrón.

De las propias definiciones de $\vec{R}$ y $\vec{r}$ se sigue que:

$$(m_e + m_p)\vec{R} = m_e \vec{r}_e + m_p \vec{r}_p \to \vec{r}_e = \frac{m_e + m_p}{m_e}\vec{R} - \frac{m_p}{m_e}\vec{r}_p$$

como $\vec{r} = \vec{r}_e - \vec{r}_p$ entonces:

$$\vec{r} = \frac{m_e + m_p}{m_e}\vec{R} - \left(1 + \frac{m_p}{m_e}\right)\vec{r}_p \to \vec{r}_p = \vec{R} - \frac{m_e}{m_e + m_p}\vec{r}$$

en consecuencia:

$$\vec{r}_e = \vec{R} + \frac{m_p}{m_e + m_p}\vec{r}$$

Calculamos la energía cinética como función de $\vec{R}$ y $\vec{r}$, para ello partimos de:

$$T = \frac{1}{2}m_p(\dot{\vec{r}}_p)^2 + \frac{1}{2}m_e(\dot{\vec{r}}_e)^2$$

Sustituyendo las expresiones que hemos obtenido para $\vec{r}_p$ y $\vec{r}_e$, es fácil demostrar que:

$$T = \frac{1}{2}(m_e + m_p)\dot{\vec{R}}^2 + \frac{1}{2}\left[\frac{m_p m_e^2}{(m_e + m_p)^2} + \frac{m_e m_p^2}{(m_e + m_p)^2}\right]\dot{\vec{r}}^2$$

Operando dentro del término entre corchetes obtenemos que:

$$T = \frac{1}{2}(m_e + m_p)\dot{\vec{R}}^2 + \frac{1}{2}\frac{m_e m_p}{m_e + m_p}\dot{\vec{r}}^2 = \frac{1}{2}M\dot{\vec{R}}^2 + \frac{1}{2}\mu\dot{\vec{r}}^2$$

En función del momento lineal total del sistema ($\vec{P} = M\dot{\vec{R}}$) y del momento lineal asociado al movimiento relativo ($\vec{p} = \mu\dot{\vec{r}}$), la expresión anterior queda:

$$T = \frac{\vec{P}^2}{2M} + \frac{\vec{p}^2}{2\mu}$$

Teniendo en cuenta la definición de ambos operadores en Mecánica Cuántica ($\vec{P} = -i\hbar\nabla_R$ y $\vec{p} = -i\hbar\nabla_r$), la energía cinética se expresa:

$$T = -\frac{\hbar^2}{2M}\nabla_R^2 - \frac{\hbar^2}{2\mu}\nabla_r^2$$

Por su parte, la energía potencial es:

$$U = -\frac{1}{4\pi\varepsilon_0}\frac{Ze^2}{|\vec{r}_e - \vec{r}_p|} = -\frac{Ze^2}{4\pi\varepsilon_0 r}$$

Finalmente, el operador hamiltoniano resulta:

$$\mathcal{H} = T + U = -\frac{\hbar^2}{2M}\nabla_R^2 - \frac{\hbar^2}{2\mu}\nabla_r^2 - \frac{Ze^2}{4\pi\varepsilon_0 r}$$

2.2 Partiendo de la definición clásica de momento angular ($\vec{L} = \vec{r} \times \vec{p}$):

(a) Obténgase la expresión para el operador L_z en coordenadas esféricas.

(b) Aplique dicho operador a un estado genérico $|n\,l\,m\rangle$ de un átomo hidrogenoide y demuestre que el autovalor correspondiente es $m\hbar$.

Solución:

(a) El momento angular en Mecánica Clásica es:

$$\vec{L} = \vec{r} \times \vec{p} = \begin{vmatrix} \hat{u}_x & \hat{u}_y & \hat{u}_z \\ x & y & z \\ p_x & p_y & p_z \end{vmatrix}$$

Considerando que la componente j del momento lineal en Mecánica Cuántica es $p_j = -i\hbar\,\partial/\partial j$ donde $j = x, y, z$, el operador cuántico $\vec{L}$ está dado por:

$$\vec{L} = \begin{vmatrix} \hat{u}_x & \hat{u}_y & \hat{u}_z \\ x & y & z \\ -i\hbar\,\partial/\partial x & -i\hbar\,\partial/\partial y & -i\hbar\,\partial/\partial z \end{vmatrix}$$

Por tanto, el operador L_z es:

$$L_z = -i\hbar\left(x\frac{\partial}{\partial y} - y\frac{\partial}{\partial x}\right)$$

En coordenadas esféricas:

$$\left. \begin{array}{l} x = r\,\mathrm{sen}\theta\,\cos\varphi \\ y = r\,\mathrm{sen}\theta\,\mathrm{sen}\varphi \\ z = r\cos\theta \end{array} \right\}$$

Dada una función $f = f(x, y, z)$:

$$\frac{\partial f}{\partial \varphi} = \frac{\partial f}{\partial x}\frac{\partial x}{\partial \varphi} + \frac{\partial f}{\partial y}\frac{\partial y}{\partial \varphi} + \frac{\partial f}{\partial z}\frac{\partial z}{\partial \varphi}$$

Como:

$$\frac{\partial x}{\partial \varphi} = r\,sen\theta\,(-sen\varphi) = -y$$

$$\frac{\partial y}{\partial \varphi} = r\,sen\theta\,cos\varphi = x$$

$$\frac{\partial z}{\partial \varphi} = 0$$

se tiene que:

$$\frac{\partial f}{\partial \varphi} = -y\frac{\partial f}{\partial x} + \frac{\partial f}{\partial y}x = \left[x\frac{\partial}{\partial y} - y\frac{\partial}{\partial x}\right]f$$

Por tanto, en coordenadas esféricas, el operador L_z se escribe como:

$$L_z = -i\hbar\frac{\partial}{\partial \varphi}$$

(b) Un estado $|n\,l\,m\rangle$ del átomo de hidrógeno tendrá asociada una función de onda:

$$\psi_{nlm}(r,\theta,\varphi) = R_{nl}(r)Y_l^m(\theta,\varphi)$$

donde $R_{nl}(r)$ representan las funciones radiales e $Y_l^m(\theta,\varphi)$ los armónicos esféricos que pueden obtenerse en función de los polinomios asociados de Legendre de grado l y orden m, $P_l^m(cos\theta)$, como

$$Y_l^m(\theta,\varphi) = CP_l^m(cos\theta)e^{im\varphi}$$

siendo C una constante de normalización.

Aplicamos el operador L_z al estado $|n\,l\,m\rangle$:

$$L_z|n\,l\,m\rangle = -i\hbar\frac{\partial}{\partial \varphi}\psi_{nlm}(r,\theta,\varphi) = -i\hbar\frac{\partial}{\partial \varphi}[R_{nl}(r)Y_l^m(\theta,\varphi)]$$

como la función radial no depende de las coordenadas angulares:

$$L_z|n\,l\,m\rangle = -i\hbar R_{nl}(r)\frac{\partial}{\partial \varphi}[CP_l^m(cos\theta)e^{im\varphi}]$$

teniendo en cuenta que los polinomios asociados de Legendre tampoco dependen de la coordenada φ:

$$L_z \ket{n\,l\,m} = -i\hbar R_{nl}(r) C P_l^m(\cos\theta) \frac{\partial}{\partial \varphi}\left[e^{im\varphi}\right]$$

$$= -i\hbar R_{nl}(r) C P_l^m(\cos\theta)\,(im\,e^{im\varphi})$$

$$L_z \ket{n\,l\,m} = m\hbar R_{nl}(r) Y_l^m(\theta,\varphi)$$

$$L_z \ket{n\,l\,m} = m\hbar \ket{n\,l\,m}$$

En consecuencia el autovalor correspondiente es $m\hbar$.

2.3 Obtenga las funciones radiales para un átomo hidrogenoide correspondientes a la capa $n = 4$ y represente gráficamente las funciones obtenidas considerando que $Z = 2$. Suponga que la masa del protón (m_p) es mucho mayor que la masa del electrón (m_e).

Solución:

Las funciones radiales $R_{nl}(r)$ para un átomo hidrogenoide se obtienen a partir de los polinomios asociados de Laguerre (L_k^j) mediante la siguiente expresión:

$$R_{nl}(\rho) = -\left[\left(\frac{2Z}{na_\mu}\right)^3 \frac{(n-l-1)!}{2n[(n+l)!]^3}\right]^{1/2} e^{-\rho/2} \rho^l\, L_{n+l}^{2l+1}(\rho)$$

donde $\rho = 2Zr/(na_\mu)$, $a_\mu = (m_e/\mu)a_B$ simboliza el radio modificado de Bohr y μ representa la masa reducida del sistema protón-electrón. Si consideramos que la masa del protón es mucho mayor que la masa del electrón; es decir asumiendo que $m_e/m_p \to 0$, entonces:

$$\mu = \frac{m_p m_e}{m_p + m_e} = \frac{m_e}{1 + m_e/m_p} \approx m_e$$

en este caso $a_\mu \approx a_B$ y $\rho \approx 2Zr/(na_B)$.

Por su parte, los polinomios asociados de Laguerre pueden obtenerse fácilmente mediante la relación:

$$L_k^j(\rho) = \frac{d^j}{d\rho^j}\left\{e^\rho\left[\frac{d^k}{d\rho^k}(\rho^k e^{-\rho})\right]\right\}$$

Los posibles valores del número cuántico de momento angular (l) compatibles con $n = 4$ son: $l = 0,1,2$ y 3. Por tanto, hay que obtener las funciones radiales R_{40}, R_{41}, R_{42} y R_{43} asociadas a los orbitales $4s$, $4p$, $4d$ y $4f$ lo que implica obtener los polinomios asociados de Laguerre L_4^1, L_5^3, L_6^5 y L_7^7. A partir de la relación anterior es fácil comprobar que:

$$L_4^1(\rho) = \frac{d}{d\rho}\left\{e^\rho\left[\frac{d^4}{d\rho^4}(\rho^4 e^{-\rho})\right]\right\} = \frac{d}{d\rho}(\rho^4 - 16\rho^3 + 72\rho^2 - 96\rho + 24)$$

$$\Rightarrow L_4^1(\rho) = 4\rho^3 - 48\rho^2 + 144\rho - 96$$

$$L_5^3(\rho) = \frac{d^3}{d\rho^3}\left\{e^\rho\left[\frac{d^5}{d\rho^5}(\rho^5 e^{-\rho})\right]\right\}$$

$$= \frac{d^3}{d\rho^3}(-\rho^5 + 25\rho^4 - 200\rho^3 + 600\rho^2 - 600\rho + 120)$$

$$\Rightarrow L_5^3(\rho) = -60\rho^2 + 600\rho - 1200$$

$$L_6^5(\rho) = \frac{d^5}{d\rho^5}\left\{e^\rho\left[\frac{d^6}{d\rho^6}(\rho^6 e^{-\rho})\right]\right\} =$$

$$= \frac{d^5}{d\rho^5}(\rho^6 - 36\rho^5 + 450\rho^4 - 2400\rho^3 + 5400\rho^2 - 4320\rho + 720)$$

$$\Rightarrow L_6^5(\rho) = 720\rho - 4320$$

$$L_7^7(\rho) = \frac{d^7}{d\rho^7}\left\{e^\rho\left[\frac{d^7}{d\rho^7}(\rho^7 e^{-\rho})\right]\right\} =$$

$$= \frac{d^7}{d\rho^7}(-\rho^7 + 49\rho^6 - 882\rho^5 + 6594\rho^4 - 23352\rho^3 + 43848\rho^2 - 35280\rho + 5040)$$

$$\Rightarrow L_7^7(\rho) = -5040$$

Una vez obtenidos los polinomios asociados de Laguerre podemos calcular las funciones radiales. Así:

$$R_{40}(\rho) = -\left[\left(\frac{2Z}{4a_B}\right)^3 \frac{3!}{2^3 \cdot (4!)^3}\right]^{1/2} exp\left(-\frac{Zr}{4a_B}\right) (4\rho^3 - 48\rho^2 + 144\rho - 96)$$

$$R_{41}(\rho) = -\left[\left(\frac{2Z}{4a_B}\right)^3 \frac{2!}{2^3 \cdot (5!)^3}\right]^{1/2} exp\left(-\frac{Zr}{4a_B}\right) \rho (-60\rho^2 + 600\rho - 1200)$$

$$R_{42}(\rho) = -\left[\left(\frac{2Z}{4a_B}\right)^3 \frac{1!}{2^3 \cdot (6!)^3}\right]^{1/2} exp\left(-\frac{Zr}{4a_B}\right) \rho^2 (720\rho - 4320)$$

$$R_{43}(\rho) = -\left[\left(\frac{2Z}{4a_B}\right)^3 \frac{0!}{2^3 \cdot (7!)^3}\right]^{1/2} exp\left(-\frac{Zr}{4a_B}\right) \rho^3 (-5040)$$

Expresiones que pueden simplificarse para obtener finalmente que:

$$R_{40}(r) = \left(\frac{Z}{4a_B}\right)^{3/2} \left[2 - 6\left(\frac{Zr}{4a_B}\right) + 4\left(\frac{Zr}{4a_B}\right)^2 - \frac{2}{3}\left(\frac{Zr}{4a_B}\right)^3\right] exp\left(-\frac{Zr}{4a_B}\right)$$

$$R_{41}(r) = \frac{2}{\sqrt{15}}\left(\frac{Z}{4a_B}\right)^{3/2} \left(\frac{Zr}{4a_B}\right) \left[5 - 5\left(\frac{Zr}{4a_B}\right) + \left(\frac{Zr}{4a_B}\right)^2\right] exp\left(-\frac{Zr}{4a_B}\right)$$

$$R_{42}(r) = \frac{2}{3\sqrt{5}}\left(\frac{Z}{4a_B}\right)^{3/2} \left(\frac{Zr}{4a_B}\right)^2 \left[3 - \left(\frac{Zr}{4a_B}\right)\right] exp\left(-\frac{Zr}{4a_B}\right)$$

$$R_{43}(r) = \frac{2}{3\sqrt{35}}\left(\frac{Z}{4a_B}\right)^{3/2} \left(\frac{Zr}{4a_B}\right)^3 exp\left(-\frac{Zr}{4a_B}\right)$$

En la siguiente figura se muestra la representación gráfica de estos orbitales. Puede apreciarse que todas las funciones radiales son nulas en $r = 0$ salvo la correspondiente al orbital 4s. Esta situación ocurre para cualquier valor del número cuántico principal aunque en este problema se haya particularizado para $n = 4$.

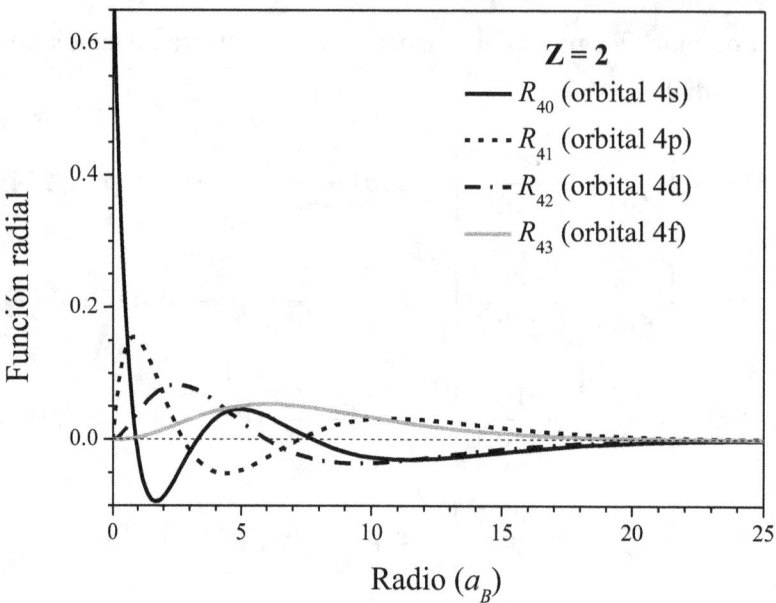

2.4 Considere el ion hidrogenoide Li^{2+} ($Z = 3$) y obténganse:

(a) Los nodos de la función radial correspondiente a los orbitales $3p$ asumiendo que la masa del protón es mucho mayor que la masa del electrón.

(b) La densidad de probabilidad radial y a partir de ella calcúlese el radio más probable.

(c) El radio de esta subcapa.

Solución:

(a) Para obtener la posición radial de los distintos nodos es preciso calcular la función radial asociada a los orbitales $3p$ ($n = 3$, $l = 1$); es decir, R_{31}. Siguiendo el mismo razonamiento que en el problema anterior, esta función radial depende del polinomio asociado de Laguerre $L_4^3(\rho)$:

$$L_4^3(\rho) = \frac{d^3}{d\rho^3}\left\{e^\rho\left[\frac{d^4}{d\rho^4}(\rho^4 e^{-\rho})\right]\right\} = \frac{d^3}{d\rho^3}(\rho^4 - 16\rho^3 + 72\rho^2 - 96\rho + 24)$$

$$\Rightarrow L_4^3(\rho) = 24\rho - 96$$

Por tanto:

$$R_{31}(\rho) = -\left[\left(\frac{2Z}{3a_B}\right)^3 \frac{1}{6 \cdot 4^3 \cdot 3^3 \cdot 2^3}\right]^{1/2} \exp\left(-\frac{Zr}{3a_B}\right) \rho(24\rho - 96)$$

que puede simplificarse obteniendo:

$$R_{31}(r) = \left(\frac{2Z}{3a_B}\right)^{3/2} \left(\frac{Zr}{9a_B}\right)\left(2 - \frac{Zr}{3a_B}\right) \exp\left(-\frac{Zr}{3a_B}\right)$$

De forma general, la posición de los nodos se obtiene buscando los ceros de la función radial, así:

$$R_{31}(r) = 0 \rightarrow \begin{cases} \dfrac{Zr}{9a_B} = 0 \rightarrow r = 0 \\ 2 - \dfrac{Zr}{3a_B} = 0 \rightarrow r = \dfrac{6a_B}{Z} \end{cases}$$

Por tanto, en el caso del ion Li^{2+} ($Z = 3$), la función radial de los orbitales $3p$ presenta dos nodos situados en:

$$r = 0$$

$$r = 2a_B = 105.8 \text{ pm}$$

(b) La densidad de probabilidad radial (P_{nl}) se obtiene a partir de la función radial (R_{nl}) como:

$$P_{nl} = r^2 |R_{nl}|^2$$

En el caso particular de los orbitales $3p$, la densidad de probabilidad resulta:

$$P_{31} = \left[\left(\frac{2Z}{3a_B}\right)^{3/2} r\left(\frac{Zr}{9a_B}\right)\left(2 - \frac{Zr}{3a_B}\right)\exp\left(-\frac{Zr}{3a_B}\right)\right]^2$$

$$P_{31} = \frac{1}{36}\left(\frac{2Z}{3a_B}\right)^5 \left[\left(\frac{Z}{3a_B}\right)^2 r^6 - \left(\frac{4Z}{3a_B}\right) r^5 + 4r^4\right] \exp\left(-\frac{2Zr}{3a_B}\right)$$

El radio más probable es aquel para el que la densidad de probabilidad radial alcanza su valor máximo. Por tanto podemos encontrar ese valor buscando los ceros de la primera derivada:

$$\frac{dP_{31}}{dr} = 0 \rightarrow -\left(\frac{Z}{3a_B}\right)^3 r^6 + 7\left(\frac{Z}{3a_B}\right)^2 r^5 - 14\left(\frac{Z}{3a_B}\right) r^4 + 8r^3 = 0$$

Particularizando la expresión anterior para el ion Li^{2+} ($Z = 3$) obtenemos:

$$-\left(\frac{1}{a_B}\right)^3 r^6 + 7\left(\frac{1}{a_B}\right)^2 r^5 - 14\left(\frac{1}{a_B}\right) r^4 + 8r^3 = 0$$

$$-r^3 \left[\frac{r^3}{a_B^3} - \frac{7r^2}{a_B^2} + \frac{14r}{a_B} - 8\right] = 0$$

que puede factorizarse como:

$$-r^3 (r - a_B) \left(\frac{r^2}{a_B^3} - \frac{5r}{a_B^2} + \frac{4}{a_B}\right) = 0$$

$$-a_B^3 r^3 (r - a_B)(r - 2a_B)(r - 4a_B) = 0$$

Es decir, los puntos críticos de la densidad de probabilidad radial son:

$$\frac{dP_{31}}{dr} = 0 \rightarrow \begin{cases} r = 0 \\ r = a_B \\ r = 2a_B \\ r = 4a_B \end{cases}$$

La situación se ilustra en la siguiente figura:

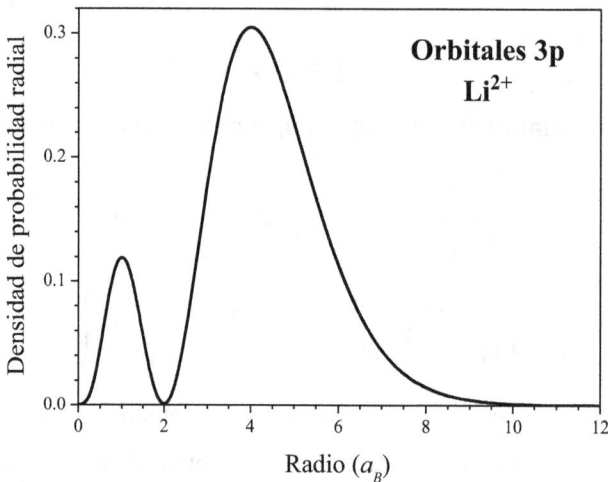

Como se puede apreciar, en $r = 0$ y $r = 2a_B$ la densidad de probabilidad es nula ya que corresponden a la posición de los nodos (ver apartado anterior) mientras que $r = a_B$ y $r = 4a_B$ son máximos locales siendo este último el radio más probable ya que su densidad de probabilidad es mayor.

(c) El radio de una subcapa se define como el valor esperado de r en un determinado estado caracterizado por los números cuánticos n, l y m. Se puede demostrar que este valor esperado está determinado por la expresión:

$$\langle r \rangle_{nlm} = \frac{a_B}{2Z}[3n^2 - l(l+1)]$$

En nuestro caso tenemos que $Z = 3$, $n = 3$ y $l = 1$. Así el radio de la subcapa, independientemente del valor de m, queda:

$$\langle r \rangle_{31m} = \frac{25 a_B}{6} = 220.4 \text{ pm}$$

2.5 Calcúlese la densidad de probabilidad total por unidad de volumen que presenta la subcapa $n = 3$, $l = 1$ en el átomo de hidrógeno y determínese para qué valores de la coordenada radial esta densidad de probabilidad es nula. Realícese una representación gráfica de esta densidad de probabilidad.

Solución:

En la subcapa $n = 3$, $l = 1$ se encuentran los orbitales $3p_z$ ($m = 0$) y $3p_{x,y}$ ($m = \pm 1$). Las funciones de onda de estos tres orbitales están dadas por:

$$\psi_{31m}(r, \theta, \varphi) = R_{31}(r) Y_1^m(\theta, \varphi)$$

Del problema anterior sabemos que:

$$R_{31}(r) = \left(\frac{2Z}{3a_B}\right)^{3/2} \left(\frac{Zr}{9a_B}\right)\left(2 - \frac{Zr}{3a_B}\right) \exp\left(-\frac{Zr}{3a_B}\right)$$

Por otro lado, la densidad de probabilidad total (ρ_{31}) por unidad de volumen que presenta esta capa será:

$$\rho_{31} = \sum_{m=-1,0,1} \rho_{31m}$$

donde:

$$\rho_{31m} = \psi^*_{31m}(r,\theta,\varphi)\psi_{31m}(r,\theta,\varphi) = R^2_{31}Y^{m*}_1(\theta,\varphi)Y^m_1(\theta,\varphi)$$

Así, la densidad de probabilidad por unidad de volumen para el orbital $3p_z$ es:

$$\rho_{310} = R^2_{31}Y^{0*}_1(\theta,\varphi)Y^0_1(\theta,\varphi)$$

como:

$$Y^0_1(\theta,\varphi) = \sqrt{\frac{3}{4\pi}} cos\theta$$

entonces:

$$\rho_{310} = \frac{3}{4\pi} R^2_{31} cos^2\theta$$

De forma similar, para evaluar la densidad de probabilidad por unidad de volumen para los orbitales $3p_x$ y $3p_y$ es preciso considerar que:

$$Y^{\pm 1}_1(\theta,\varphi) = \mp\sqrt{\frac{3}{8\pi}} sen\theta \, e^{\pm i\varphi}$$

de este modo es fácil comprobar que:

$$\rho_{311} = \rho_{31\bar{1}} = \frac{3}{8\pi} R^2_{31} sen^2\theta$$

Por tanto:

$$\rho_{31} = \frac{3}{4\pi} R^2_{31} cos^2\theta + \frac{3}{8\pi} R^2_{31} sen^2\theta + \frac{3}{8\pi} R^2_{31} sen^2\theta = \frac{3}{4\pi} R^2_{31}$$

Sustituyendo el valor de la función R_{31} y teniendo en cuenta que se trata del átomo de hidrógeno ($Z = 1$) llegamos a:

$$\rho_{31} = \frac{3}{4\pi}\left(\frac{2}{3a_B}\right)^3 \left(\frac{r}{9a_B}\right)^2 \left(2 - \frac{r}{3a_B}\right)^2 exp\left(-\frac{2r}{3a_B}\right)$$

A partir de la expresión anterior es fácil ver que esta densidad de probabilidad

es nula cuando:
$$\rho_{31} = 0 \rightarrow \begin{cases} r = 0 \\ r = 6a_B \end{cases}$$

En la figura se muestra la representación gráfica de esta densidad de probabilidad.

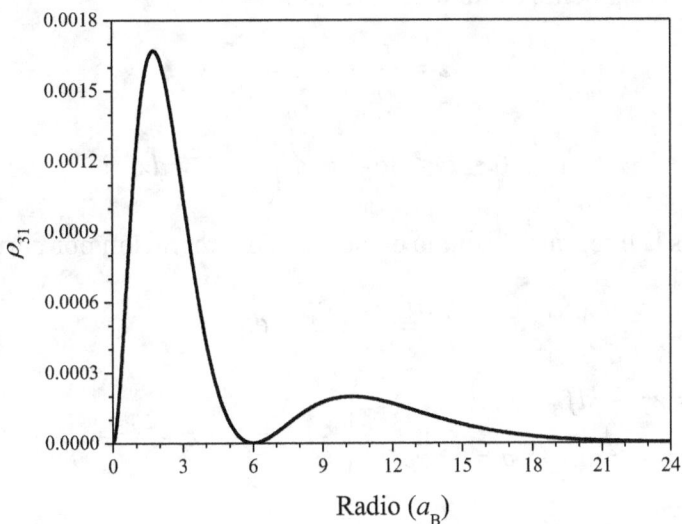

2.6 Sabiendo que la función de onda del electrón del átomo de hidrógeno en su configuración fundamental es:

$$\psi_{1s} = \psi_{100} = \frac{1}{\sqrt{\pi}}\left(\frac{1}{a_B}\right)^{3/2} e^{-\frac{r}{a_B}}$$

(a) Calcular la probabilidad de encontrar al electrón a una distancia del núcleo igual o inferior a $3a_B$.

(b) ¿Existe algún nodo en la función de onda del orbital $1s$?

Solución:

(a) Calculamos la probabilidad de encontrar al electrón en el intervalo $0 \leq r \leq 3a_B$:

$$p(0 \leq r \leq 3a_B) = \int_0^{2\pi} d\varphi \int_0^{\pi} \sen\theta \, d\theta \int_0^{3a_B} r^2 \psi_{1s}^2 \, dr$$

$$p(0 \leq r \leq 3a_B) = 4\pi \int_0^{3a_B} r^2 \frac{1}{\pi} \frac{1}{a_B^3} e^{-\frac{2r}{a_B}} dr = 4 \int_0^{3a_B} \frac{r^2}{a_B^3} e^{-\frac{2r}{a_B}} dr$$

Realizamos el siguiente cambio de variable:

$$z = \frac{r}{a_B} \rightarrow dz = \frac{dr}{a_B}$$

$$p(0 \leq r \leq 3a_B) = 4 \int_0^3 z^2 e^{-2z} dz$$

Resolvemos la integral utilizando el método de integración por partes:

$$I \equiv \int_0^3 z^2 e^{-2z} dz$$

$$\left. \begin{aligned} f &= z^2 \rightarrow df = 2z \, dz \\ dg &= e^{-2z} dz \rightarrow g = -\frac{1}{2} e^{-2z} \end{aligned} \right\} \rightarrow I = -\frac{1}{2} z^2 e^{-2z} + \int z e^{-2z} dz$$

$$I_1 \equiv \int z e^{-2z} dz$$

$$\left. \begin{aligned} f &= z \rightarrow df = dz \\ dg &= e^{-2z} dz \rightarrow g = -\frac{1}{2} e^{-2z} \end{aligned} \right\} \rightarrow I_1 = -\frac{1}{2} z e^{-2z} + \frac{1}{2} \int e^{-2z} dz$$

$$I_1 = -\frac{1}{2} z e^{-2z} - \frac{1}{2} \frac{1}{2} e^{-2z} = -\frac{e^{-2z}}{2} \left(z + \frac{1}{2} \right)$$

$$\rightarrow I = -\frac{e^{-2z}}{2} \left(z^2 + z + \frac{1}{2} \right)$$

Por tanto, la probabilidad de encontrar al electrón a una distancia del núcleo igual o inferior a $3a_B$ es:

$$p(0 \leq r \leq 3a_B) = -2 e^{-2z} \left(z^2 + z + \frac{1}{2} \right) \Big]_0^3$$

$$p(0 \leq r \leq 3a_B) = -2 e^{-6} \left(12 + \frac{1}{2} \right) + 2 \frac{1}{2} = 1 - 25 e^{-6}$$

$$p(0 \leq r \leq 3a_B) = 0.94 = 94\%$$

(b) El orbital $1s$ no presenta ningún nodo ya que para que esto suceda es preciso que el radio sea infinito:

$$\psi_{1s} = 0 \rightarrow r = \infty$$

2.7 Considérese la siguiente función esféricamente simétrica:

$$\psi(r, \theta, \varphi) = A(1 + cr) \exp\left(-\frac{r}{2a_B}\right)$$

(a) Determínese para qué capa del átomo de hidrógeno la función ψ representa un orbital s ($l = m = 0$).

(b) Calcúlese el valor del parámetro c para que se verifique la ecuación de Schrödinger.

(c) Deduzca el valor del parámetro A de forma que la función de onda esté normalizada.

Solución:

(a) Si ψ es una función de onda debe satisfacer la ecuación de Schrödinger:

$$\left[\frac{-\hbar^2}{2m_e}\frac{1}{r^2}\frac{\partial}{\partial r}\left(r^2\frac{\partial}{\partial r}\right) + \frac{l(l+1)}{2m_e r^2} - \frac{e^2}{4\pi\varepsilon_0 r}\right]\psi = E\psi$$

Se pide que ψ represente a un orbital s; es decir, su número cuántico de momento angular es $l = 0$. Por tanto se debe cumplir que:

$$\left[\frac{-\hbar^2}{2m_e}\frac{1}{r^2}\frac{\partial}{\partial r}\left(r^2\frac{\partial}{\partial r}\right) - \frac{e^2}{4\pi\varepsilon_0 r} - E\right]\psi = 0$$

Operando:

$$\left[\frac{-\hbar^2}{2m_e}\left(\frac{\partial^2}{\partial r^2} + \frac{2}{r}\frac{\partial}{\partial r}\right) - \frac{e^2}{4\pi\varepsilon_0 r} - E\right]\psi = 0$$

$$\left(\frac{\partial^2}{\partial r^2} + \frac{2}{r}\frac{\partial}{\partial r}\right)\psi + \frac{2m_e}{\hbar^2}\frac{e^2}{4\pi\varepsilon_0 r}\psi + \frac{2m_e}{\hbar^2}E\psi = 0$$

Teniendo en cuenta que el radio de Bohr es $a_B = 4\pi\varepsilon_0\hbar^2/(m_e e^2)$, la expresión anterior se puede escribir como:

$$\left(\frac{\partial^2}{\partial r^2} + \frac{2}{r}\frac{\partial}{\partial r}\right)\psi + \frac{2}{a_B r}\psi + \frac{2m_e}{\hbar^2}E\psi = 0$$

Calculamos las derivadas:

$$\frac{\partial \psi}{\partial r} = A\left[c - \frac{1+cr}{2a_B}\right]\exp\left(-\frac{r}{2a_B}\right)$$

$$\frac{\partial^2 \psi}{\partial r^2} = A\left[-\frac{c}{2a_B} - \left(\frac{1}{2a_B}\right)\left(c - \frac{1+cr}{2a_B}\right)\right]\exp\left(-\frac{r}{2a_B}\right)$$

Sustituimos en la ecuación de Schrödinger y obtenemos que:

$$\left[-\frac{c}{2a_B} - \left(\frac{1}{2a_B}\right)\left(c - \frac{1+cr}{2a_B}\right)\right] + \frac{2}{r}\left[c - \frac{1+cr}{2a_B}\right] + \frac{2(1+cr)}{a_B r} + \frac{2m_e}{\hbar^2}E(1+cr) = 0$$

Operando y agrupando términos se llega a que, para que la ecuación de Schrödinger se cumpla, es necesario que se verifique la siguiente condición:

$$\left(\frac{1}{4a_B^2} + \frac{2m_e}{\hbar^2}E\right) + \frac{1}{r}\left(2c + \frac{1}{a_B}\right) + r\left(\frac{2m_e Ec}{\hbar^2} + \frac{c}{4a_B^2}\right) = 0$$

Dividimos la condición anterior entre r:

$$\frac{1}{r}\left(\frac{1}{4a_B^2} + \frac{2m_e}{\hbar^2}E\right) + \frac{1}{r^2}\left(2c + \frac{1}{a_B}\right) + \left(\frac{2m_e Ec}{\hbar^2} + \frac{c}{4a_B^2}\right) = 0$$

Si se trata de una función de onda, la condición ha de satisfacerse para todo r; en particular para $r \to \infty$ la expresión anterior implica que:

$$0 + 0 + \frac{2m_e Ec}{\hbar^2} + \frac{c}{4a_B^2} = 0 \;\to\; E = -\frac{\hbar^2}{8m_e a_B^2}$$

Que es exactamente la energía que tiene la capa $n = 2$ en el átomo de hidrógeno. Por tanto, se trata del orbital $2s$.

(b) Para calcular el parámetro c, partimos de la condición que hemos obtenido anteriormente:

$$\left(\frac{1}{4a_B^2} + \frac{2m_e}{\hbar^2}E\right) + \frac{1}{r}\left(2c + \frac{1}{a_B}\right) + r\left(\frac{2m_e Ec}{\hbar^2} + \frac{c}{4a_B^2}\right) = 0$$

Ahora multiplicamos por r:

$$r\left(\frac{1}{4a_B^2} + \frac{2m_e}{\hbar^2}E\right) + \left(2c + \frac{1}{a_B}\right) + r^2\left(\frac{2m_e Ec}{\hbar^2} + \frac{c}{4a_B^2}\right) = 0$$

e imponemos que la solución también ha de ser válida para $r = 0$. Lo que implica que:

$$0 + 2c + \frac{1}{a_B} + 0 = 0 \rightarrow c = \frac{-1}{2a_B}$$

La función de onda es por tanto:

$$\psi(r, \theta, \varphi) = A\left(1 - \frac{r}{2a_B}\right) exp\left(-\frac{r}{2a_B}\right)$$

(c) Finalmente, para obtener A imponemos que la función de onda esté normalizada. Es decir que verifique:

$$4\pi \int_0^\infty r^2 |\psi(r)|^2 dr = 1$$

Lo que implica que:

$$4\pi A^2 \left[\int_0^\infty r^2 e^{-r/a_B} dr + \frac{1}{4a_B^2}\int_0^\infty r^4 e^{-r/a_B} dr - \frac{1}{a_B}\int_0^\infty r^3 e^{-r/a_B} dr\right] = 1$$

Dado que:

$$\int_0^\infty x^n e^{-ax} dx = \frac{\Gamma(n+1)}{a^{n+1}}$$

nuestra condición de normalización queda:

$$4\pi A^2 \left[(a_B)^3 \Gamma(3) + \frac{1}{4a_B^2}(a_B)^5 \Gamma(5) - \frac{1}{a_B}(a_B)^4 \Gamma(4)\right] = 1$$

$$4\pi A^2 (a_B)^3 \left[\Gamma(3) + \frac{\Gamma(5)}{4} - \Gamma(4)\right] = 1$$

Teniendo en cuenta que si z es un número entero, $\Gamma(z) = (z-1)!$, se obtiene:

$$4\pi A^2 (a_B)^3 [2 + 3! - 3!] = 1$$

$$8\pi A^2 (a_B)^3 = 1 \rightarrow A = \frac{1}{2\sqrt{2\pi}\, a_B^{3/2}}$$

Finalmente, la función de onda normalizada es:

$$\psi(r) = \frac{1}{2\sqrt{2\pi}\, a_B^{3/2}} \left(1 - \frac{r}{2a_B}\right) \exp\left(-\frac{r}{2a_B}\right)$$

2.8 Utilizando el resultado $\langle n\, l\, m |\, 1/r\, |n\, l\, m\rangle = Z/a_B n^2$, calcúlese para los iones hidrogenoides:

(a) El valor esperado de la energía potencial del electrón en el estado $|n\, l\, m\rangle$.

(b) El valor esperado de su energía cinética.

(c) El valor cuadrático medio de la velocidad del electrón.

Solución:

(a) Considerando que la energía potencial es:

$$U(r) = -\frac{Ze^2}{4\pi\varepsilon_0 r}$$

El valor esperado en el estado $|n\, l\, m\rangle$ se obtiene como:

$$\langle U(r)\rangle_{n\,l\,m} = \langle n\, l\, m|U(r)|n\, l\, m\rangle = -\frac{Ze^2}{4\pi\varepsilon_0}\langle n\, l\, m|\, 1/r\, |n\, l\, m\rangle = -\frac{Z^2 e^2}{4\pi\varepsilon_0}\frac{1}{a_B n^2}$$

dado que el radio de Bohr está dado por:

$$a_B = \frac{4\pi\varepsilon_0\, \hbar^2}{m\, e^2}$$

el valor esperado de la energía potencial queda:

$$\langle U(r)\rangle_{nlm} = -\frac{Z^2 e^4 m}{(4\pi\varepsilon_0 \hbar)^2}\frac{1}{n^2}$$

En los iones hidrogenoides, los autovalores están dados por:

$$E_{nl} = -\frac{Z^2 e^4 m}{2(4\pi\varepsilon_0 \hbar)^2}\frac{1}{n^2}$$

Por tanto:

$$\langle U(r)\rangle_{nlm} = 2E_{nl}$$

(b) Para obtener el valor esperado de la energía cinética, tenemos en cuenta que:

$$\langle \mathcal{H}\rangle_{nlm} = \langle n\,l\,m|\mathcal{H}|n\,l\,m\rangle = E_{nl}$$

Por otro lado:

$$\langle \mathcal{H}\rangle_{nlm} = \langle T\rangle_{nlm} + \langle U\rangle_{nlm}$$

$$\langle T\rangle_{nlm} = -E_{nl}$$

(c) Para calcular el valor esperado de la velocidad cuadrática media, utilizamos el resultado anterior:

$$\langle T\rangle_{nlm} = \frac{\langle p^2\rangle_{nlm}}{2m} = \frac{1}{2}m\langle v^2\rangle_{nlm} = -E_{nl}$$

$$\langle v^2\rangle_{nlm} = -\frac{2E_{nl}}{m}$$

2.9 Obténganse los desdoblamientos debidos a cada uno de los términos de estructura fina para la capa $n = 2$ del ion He$^+$. Dibuje esquemáticamente los niveles obtenidos.

Solución:

En primer lugar calculamos la posicion energética de la capa $n = 2$ de este ion:

$$E_n = -E_I\frac{Z^2}{n^2} \rightarrow E_2 = -E_I = -13.6 \text{ eV}$$

(a) <u>Corrección a la energía cinética</u>, ΔE_1:

$$\Delta E_1 = -E_n \frac{(Z\alpha)^2}{n^2} \left[\frac{3}{4} - \frac{n}{l+1/2}\right]$$

donde $\alpha = 1/137$ representa la constante de estructura fina.

Para el estado con $n = 2, l = 0, s = 1/2$, es decir, para el estado $2s_{1/2}$:

$$\Delta E_1 = -E_2\alpha^2 \left[\frac{3}{4} - \frac{2}{1/2}\right] = E_2\alpha^2 \frac{13}{4}$$

Esta corrección modifica la energía del nivel y lo sitúa en:

$$E(2s_{1/2}) = E_2 + \Delta E_1 = -13.6 - 13.6 \times \left(\frac{1}{137}\right)^2 \times \frac{13}{4} = -13.60235 \text{ eV}$$

Para los estados con $n = 2, l = 1, s = 1/2$, es decir, para $2p_{1/2}$ y $2p_{3/2}$:

$$\Delta E_1 = -E_2\alpha^2 \left[\frac{3}{4} - \frac{2}{3/2}\right] = E_2\alpha^2 \frac{7}{12}$$

Tras esta corrección:

$$E(2p_{1/2,3/2}) = -13.6 - 13.6 \times \left(\frac{1}{137}\right)^2 \times \frac{7}{12} = -13.60042 \text{ eV}$$

(b) <u>Corrección espín – órbita</u>, ΔE_2 (sólo afecta a $l \neq 0$, por tanto el nivel $2s_{1/2}$ se mantiene con la energía anterior):

$$\Delta E_2 = -E_n \frac{(Z\alpha)^2}{2nl(l+1/2)(l+1)} \times \begin{cases} l & \text{si } j = l+1/2 \\ (-l-1) & \text{si } j = l-1/2 \end{cases}$$

Para el nivel $2p_{1/2}$ ($j = 1 - 1/2$):

$$\Delta E_2(2p_{1/2}) = -E_2 \frac{\alpha^2}{3}(-2) = E_2\alpha^2 \frac{2}{3}$$

la posición energética de este nivel será por tanto:

$$E(2p_{1/2}) = E_2 + \Delta E_1 + \Delta E_2(2p_{1/2}) = -13.60042 - 13.6 \times \left(\frac{1}{137}\right)^2 \times \frac{2}{3}$$
$$= -13.60091 \text{ eV}$$

Para el nivel $2p_{3/2}$ ($j = 1 + 1/2$):

$$\Delta E_2(2p_{3/2}) = -E_2 \frac{\alpha^2}{3} \quad (1)$$

y su posición energética tras las dos primeras correcciones:

$$E(2p_{3/2}) = E_2 + \Delta E_1 + \Delta E_2(2p_{3/2}) = -13.60042 + 13.6 \times \left(\frac{1}{137}\right)^2 \times \frac{1}{3}$$
$$= -13.60018 \text{ eV}$$

(c) <u>Corrección debida al término de Darwin</u>, ΔE_3, (sólo afecta a $l = 0$):

$$\Delta E_3 = -E_n \frac{(Z\alpha)^2}{n}$$

Mientras que los niveles $2p_{1/2}$ y $2p_{3/2}$ no se ven afectados, el nivel $2s_{1/2}$ modifica su energía en:

$$\Delta E_3 = -E_2 \alpha^2 2$$

quedando finalmente situado en:

$$E(2s_{1/2}) = E_2 + \Delta E_1 + \Delta E_3 = -13.60235 + 13.6 \times \left(\frac{1}{137}\right)^2 \times 2$$
$$= -13.60091 \text{ eV}$$

En la figura siguiente se muestra el resultado de aplicar cada una de las correcciones de estructura fina.

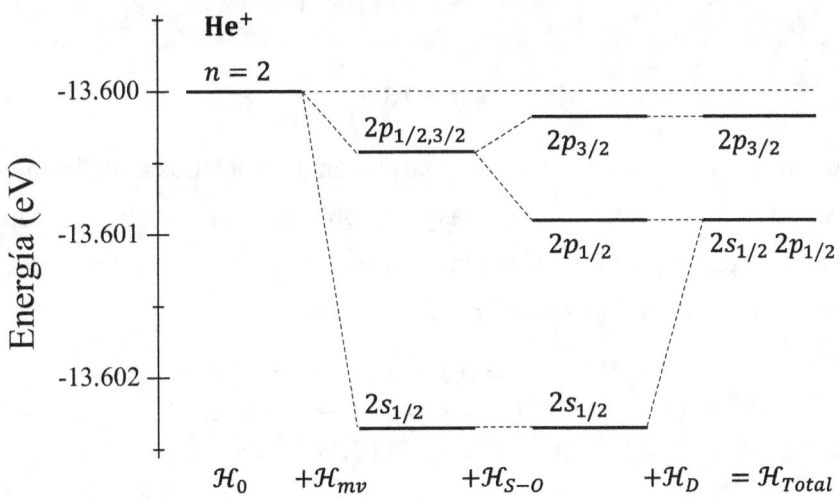

Nótese como al aplicar la última corrección (término de Darwin) los niveles con momento angular total $j = 1/2$ pasan a tener la misma energía. De hecho la corrección completa de estructura fina (ΔE_{nj}) sólo depende del número cuántico principal y del momento angular total:

$$\Delta E_{nj} = E_n \left(\frac{\alpha}{n}\right)^2 \left[\frac{n}{j+1/2} - \frac{3}{4}\right]$$

2.10 Estímense las longitudes de onda para las que deberíamos observar emisiones desde la capa $n = 3$ a la capa $n = 2$ en el espectro fino del átomo de hidrógeno.

Solución:

La suma de todas las correcciones de estructura fina sólo depende de los números cuánticos n y j. Así para el átomo de hidrógeno ($Z = 1$), la corrección está dada por:

$$\Delta E_{nj} = E_n \left(\frac{\alpha}{n}\right)^2 \left[\frac{n}{j+1/2} - \frac{3}{4}\right]$$

donde:

$$E_n = -13.6 \frac{1}{n^2} \text{ (eV)}$$

Por tanto en el espectro fino sólo aparecerán desdoblados aquellos niveles que presenten distinto valor de j (véase el problema anterior). Para la capa $n = 3$ el momento angular total toma los valores $j = 1/2, 3/2, 5/2$ mientras que en la capa $n = 2$ los valores son $j = 1/2, 3/2$ ya que:

$$n = 3 \begin{cases} l = 0, s = 1/2 & \to j = 1/2 \\ l = 1, s = 1/2 & \to j = 1/2, 3/2 \\ l = 2, s = 1/2 & \to j = 3/2, 5/2 \end{cases}$$

$$n = 2 \begin{cases} l = 0, s = 1/2 & \to j = 1/2 \\ l = 1, s = 1/2 & \to j = 1/2, 3/2 \end{cases}$$

Dado que la energía de cada nivel es $E_n + \Delta E_{nj}$, es fácil obtener que:

n	E_n (eV)	j	$E_n + \Delta E_{nj}$ (eV)
2	-3.4	1/2	-3.40005661
		3/2	-3.40001132
3	-1.51111111	5/2	-1.51111335
		3/2	-1.51111782
		1/2	-1.51113124

Las longitudes de onda de las seis posibles transiciones $j \to j'$ se pueden estimar considerando que $\lambda_{j \to j'} = hc/E_{j \to j'}$; así:

j	j'	$E_{j \to j'}$ (eV)	$\lambda_{j \to j'}$ (nm)
5/2	3/2	1.88889797	655.938
	1/2	1.88894326	655.922
3/2	3/2	1.8888935	655.940
	1/2	1.88893879	655.924
1/2	3/2	1.88888008	655.944
	1/2	1.88892537	655.929

y los niveles de energía, así como las transiciones, se representan:

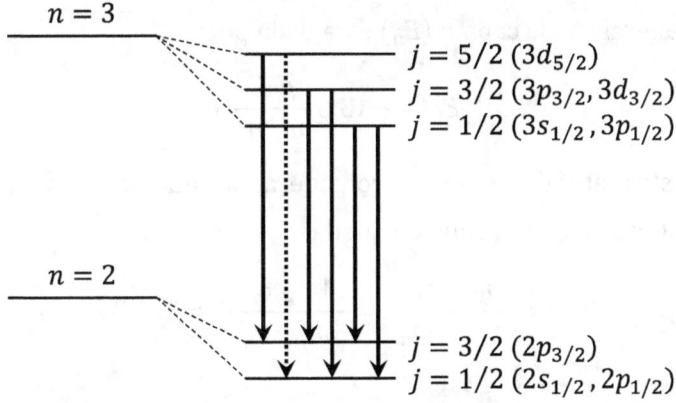

Es importante mencionar que aunque aún no se han estudiado las reglas de selección, las transiciones que aparecen con trazo continuo en la figura satisfacen que $\Delta l = \pm 1$ y $\Delta j = 0, \pm 1$ (al menos para alguno de los estados coincidentes en energía). Como se verá en capítulo 5, estas transiciones son permitidas en aproximación dipolar eléctrica. Por el contrario, y a pesar de haberse incluido en los cálculos, la transición $3d_{5/2} \to 2s_{1/2}, 2p_{1/2}$ (trazo discontinuo) involucra un $\Delta j = 2$ y no estaría permitida en esta aproximación.

2.11 Obténgase la corrección completa de estructura fina para la capa $n = 4$ de un átomo muónico hidrogenoide con $Z = 4$, considérese que la masa del muón es $m_{\mu^-} = 207\, m_e$. Realícese un dibujo esquemático de los niveles de estructura fina indicando su separación energética y degeneración.

Solución:

Como hemos visto en el problema anterior, la corrección completa de estructura fina está dada por:

$$\Delta E_{nj} = E_n \left(\frac{Z\alpha}{n}\right)^2 \left[\frac{n}{j+1/2} - \frac{3}{4}\right]$$

donde la energía de la capa n (E_n) está dada por:

$$E_n = -13.6\, \frac{\mu}{m_e}\frac{Z^2}{n^2}\ \text{(eV)}$$

Para nuestro átomo muónico, considerando que la masa del protón es $m_p \approx 1836\, m_e$, la masa reducida queda:

$$\mu = \frac{m_N m_{\mu^-}}{m_N + m_{\mu^-}} = \frac{4 m_p m_{\mu^-}}{4 m_p + m_{\mu^-}} \approx 201.3\, m_e$$

La energía de la capa $n = 4$ es:

$$E_4 = -13.6 \cdot 201.3 \frac{4^2}{4^2} = -2737.68\ \text{eV}$$

y los niveles de estructura fina son:

$$n = 4 \rightarrow \begin{cases} l = 0 & \rightarrow 4s_{1/2} \\ l = 1 & \rightarrow 4p_{1/2}, 4p_{3/2} \\ l = 2 & \rightarrow 4d_{3/2}, 4d_{5/2} \\ l = 3 & \rightarrow 4f_{5/2}, 4f_{7/2} \end{cases}$$

Calculamos la corrección completa de estructura fina que sólo depende de n y j (ΔE_{4j}) así como la energía final a la que se encuentra el nivel ($E_4 + \Delta E_{4j}$):

n	j	ΔE_{4j}	$E_4 + \Delta E_{4j}$ (eV)
4	1/2	13 $\alpha^2 E_4$	-2739.58
	3/2	5 $\alpha^2 E_4$	-2738.41
	5/2	7 $\alpha^2 E_4/3$	-2738.02
	7/2	$\alpha^2 E_4$	-2737.83

La figura muestra el diagrama de niveles de estructura fina y la separación energética entre ellos. La degeneración de la capa $n = 4$ del átomo muónico es igual a $2n^2 = 2 \cdot 4^2 = 32$. Adicionalmente, al lado de cada nivel de estructura fina se ha incluido su degeneración que, en este caso, está dada por $2j + 1$. Nótese como la suma de las degeneraciones de los niveles de estructura fina coincide exactamente con la degeneración inicial que tenía la capa $n = 4$.

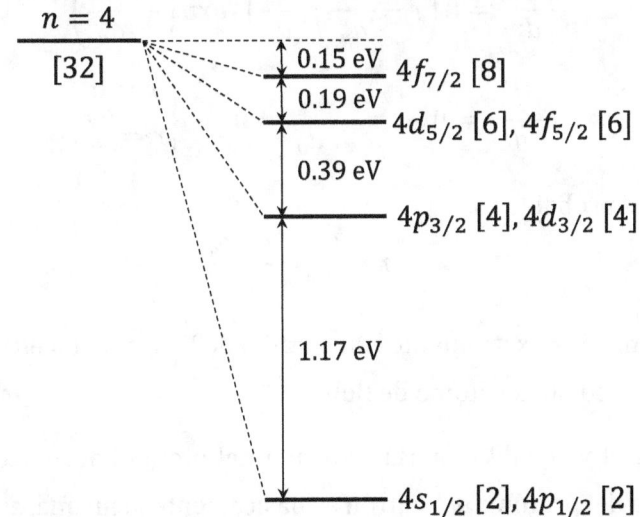

2.12 Considérese un átomo hadrónico formado por un núcleo de tritio, $^3H^+$, y el barión Δ^- sustituyendo al electrón. Sabiendo que la partícula Δ^- tiene una masa de 2.20×10^{-27} kg, carga $-e$ y espín 3/2, determínese:

(a) El radio más probable de dicho átomo en su estado fundamental.

(b) El desdoblamiento de la capa $n = 2$ debido a los términos de estructura fina. Realícese un diagrama mostrando los niveles obtenidos.

Solución:

(a) El estado fundamental es el $1s^1$. Como ya se ha visto, el radio más probable es aquel en el que la densidad de probabilidad radial es máxima; por tanto:

$$P_{10} = r^2 |R_{10}|^2$$

$$P_{10} = r^2 \left[\left(\frac{Z}{a_\mu}\right)^{3/2} 2 \exp\left(-\frac{Zr}{a_\mu}\right) \right]^2 = 4r^2 \left(\frac{Z}{a_\mu}\right)^3 \exp\left(-\frac{2Zr}{a_\mu}\right)$$

$$\frac{dP_{10}}{dr} = 8r \left(\frac{Z}{a_\mu}\right)^3 \exp\left(-\frac{2Zr}{a_\mu}\right) + 4r^2 \left(\frac{Z}{a_\mu}\right)^3 \left[-\frac{2Z}{a_\mu}\right] \exp\left(-\frac{2Zr}{a_\mu}\right)$$

$$\frac{dP_{10}}{dr} = 8 \left(r - \frac{Zr^2}{a_\mu}\right) \left(\frac{Z}{a_\mu}\right)^3 \exp\left(-\frac{2Zr}{a_\mu}\right)$$

$$\frac{dP_{10}}{dr} = 0 \rightarrow r - \frac{Zr^2}{a_\mu} = 0 \rightarrow \begin{cases} r = 0 \\ r = \frac{a_\mu}{Z} \end{cases}$$

El radio más probable es:

$$r = \frac{a_\mu}{Z} = \frac{m_e}{\mu} \frac{a_B}{Z}$$

valor que coincide exactamente con el radio de la órbita del electrón en la capa $n = 1$ en el modelo del átomo de Bohr.

Calculamos el valor de la masa reducida del átomo hadrónico considerando que la masa del protón y el neutrón es básicamente la misma, así:

$$\mu = \frac{m_N \, m_{\Delta^-}}{m_N + m_{\Delta^-}} = \frac{3m_p \, m_{\Delta^-}}{3m_p + m_{\Delta^-}}$$

Expresamos la masa del barión Δ^- en función de la masa del electrón:

$$m_{\Delta^-} = \frac{2.20 \times 10^{-27}}{9.109 \times 10^{-31}} m_e = 2415.19 \, m_e$$

Teniendo en cuenta que $m_p = 1836.65 \, m_e$:

$$\mu = \frac{3 \cdot 1836.65 \cdot 2415.19}{3 \cdot 1836.65 + 2415.19} m_e = 1679.16 \, m_e$$

Considerando que $Z = 1$, el valor del radio más probable queda:

$$r = \frac{a_B}{1679.16} = 3.15 \times 10^{-14} \text{ m}$$

(b) La energía, en eV, para una capa genérica n está dada por:

$$E_n = -13.6 \, \frac{\mu}{m_e} \, \frac{Z^2}{n^2}$$

Así para la capa $n = 2$ tenemos:

$$E_2 = -13.6 \cdot 1679.16 \, \frac{1}{4} = -5709.144 \text{ eV}$$

La corrección a la energía cinética (ΔE_1) está dada por:

$$\Delta E_1 = -\frac{(Z\alpha)^2}{n^2} \, E_n \left[\frac{3}{4} - \frac{n}{l + 1/2}\right]$$

Así para el orbital 2s ($n = 2$ y $l = 0$) tenemos que:

$$\Delta E_1 = \alpha^2 \, E_2 \, \frac{13}{16} = -0.247 \text{ eV}$$

De forma similar, para el orbital 2p ($n = 2$ y $l = 1$) obtenemos:

$$\Delta E_1 = \alpha^2 \, E_2 \, \frac{7}{48} = -0.044 \text{ eV}$$

La corrección debida al término espín – órbita (ΔE_2) sólo afecta a los orbitales con l distinto de cero; es decir, sólo afecta al orbital 2p. Como el espín es $s = 3/2$ utilizamos la expresión más general dada por:

$$\Delta E_2 = -\frac{(Z\alpha)^2}{2n} E_n \frac{[j(j+1) - l(l+1) - s(s+1)]}{l(l+1/2)(l+1)}$$

Por tanto, para $n = 2$, $l = 1$ y $s = 3/2$ tenemos que:

$$\Delta E_2 = -\frac{\alpha^2}{12} E_2 \left[j(j+1) - \frac{23}{4}\right]$$

Considerando los posibles valores de j, la corrección espín – órbita queda:

$$l = 1 \text{ y } s = \frac{3}{2} \to \begin{cases} j = 1/2 \to \Delta E_2 = \alpha^2 E_2 \frac{5}{12} = -0.129 \text{ eV} \\ j = 3/2 \to \Delta E_2 = \alpha^2 E_2 \frac{1}{6} = -0.051 \text{ eV} \\ j = 5/2 \to \Delta E_2 = -\alpha^2 E_2 \frac{1}{4} = 0.076 \text{ eV} \end{cases}$$

Finalmente aplicamos la corrección debida al término de Darwin (ΔE_3) que sólo afecta al orbital con $l = 0$; es decir al orbital 2s:

$$\Delta E_3 = -E_2 \frac{\alpha^2}{2}$$

que en nuestro caso queda:

$$\Delta E_3 = 0.152 \text{ eV}$$

El diagrama de energía mostrando el desdoblamiento de los niveles de estructura fina para este átomo hadrónico queda en la forma:

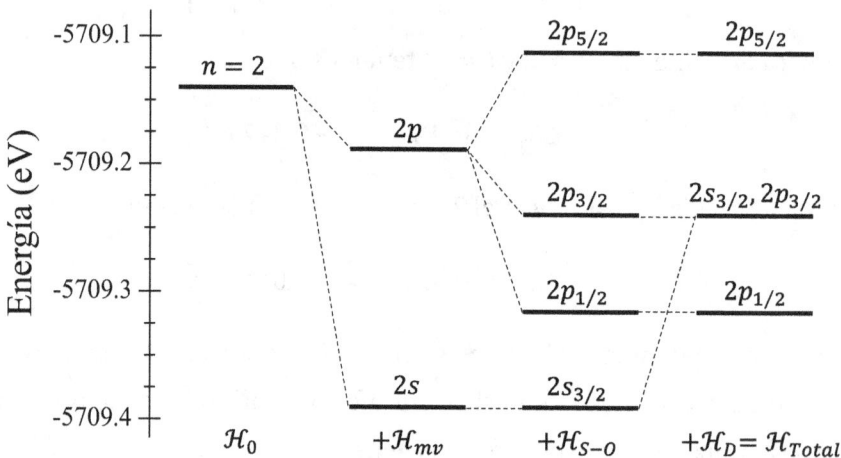

2.13 El isótopo ^{137}Cs posee un espín nuclear $I = 7/2$. Considerando que la configuración electrónica de este átomo es [Xe]$6s^1$, obténgase el desdoblamiento que provoca el término de estructura hiperfina en el nivel de estructura fina $6s_{1/2}$.

Solución:

El nivel de estructura fina $6s_{1/2}$ tiene un valor de momento angular total $j = 1/2$. Teniendo en cuenta que el espín nuclear de este isótopo es $I = 7/2$ y que el momento angular total del átomo (F) toma valores desde $F = |j - I|$ hasta $F = j + I$, tenemos que los posibles valores de F son 3 y 4.

Por otro lado, la corrección de estructura hiperfina está dada por:

$$\Delta E_{hf} = \frac{\mathcal{A}_{hf} h^2}{2}[F(F+1) - I(I+1) - j(j+1)]$$

donde $\mathcal{A}_{hf}$ representa la constante de estructura hiperfina.

Sustituyendo los valores de espín nuclear y momento magnético, $I = 7/2$ y $j = 1/2$, en la expresión anterior se llega a:

$$\Delta E_{hf} = \frac{\mathcal{A}_{hf} h^2}{2}[F(F+1) - 15]$$

Así, para $F = 3$ tenemos que:

$$\Delta E_{hf} = \frac{\mathcal{A}_{hf} h^2}{2}[12 - 15] = -\frac{3}{2}\mathcal{A}_{hf} h^2$$

mientras que para $F = 4$ obtenemos:

$$\Delta E_{hf} = \frac{\mathcal{A}_{hf} h^2}{2}[20 - 15] = \frac{5}{2}\mathcal{A}_{hf} h^2$$

En la figura se esquematiza el desdoblamiento que provoca el término de estructura hiperfina en el nivel $6s_{1/2}$. Puede apreciarse que el nivel original se desdobla en dos niveles cuya separación energética es $4\mathcal{A}_{hf} h^2$.

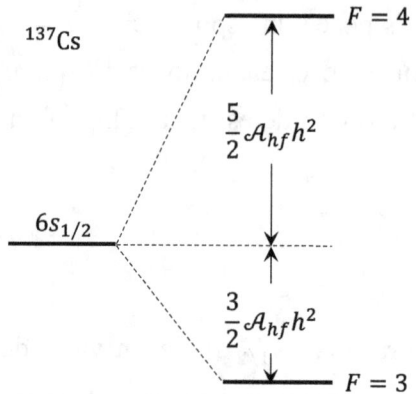

2.14 El átomo de rubidio, en su estado fundamental, tiene el último electrón en el estado $5s_{1/2}$. Existen dos isótopos estables, el ^{85}Rb (abundancia natural 72.17%) y el ^{87}Rb, con masas 84.912 u.m.a. y 86.909 u.m.a., y espín nuclear $I = 5/2$ e $I = 3/2$, respectivamente.

(a) Calcúlese el promedio de la masa atómica del átomo de Rb.

(b) ¿Cuántos niveles de estructura hiperfina hay en el estado fundamental para cada isótopo y cuáles son los valores del número cuántico F (momento angular total)?

Solución:

(a) Para calcular el promedio de la masa atómica basta con tener en cuenta la abundancia natural de cada isótopo:

$$M_{Rb} = 0.7217 \times 84.912 + (1 - 0.7217) \times 86.909 = 85.4678 \text{ u. m. a.}$$

que es justamente el valor que encontramos en la tabla periódica.

(b) En primer lugar calculamos cuanto ha de valer la corrección de estructura hiperfina. Para ello hay que considerar que:

$$\Delta E_{hf} = \mathcal{A}_{hf} h^2 (\vec{I}\vec{J})$$

El estado $5s_{1/2}$ tiene $L = 0 \to J = S = 1/2$. Como $\vec{F} = \vec{J} + \vec{I} \to \vec{F} = \vec{S} + \vec{I}$, por tanto:
$$\vec{F}^2 = \vec{S}^2 + \vec{I}^2 + 2\vec{S}\vec{I} \to \vec{I}\vec{J} = \frac{1}{2}[F(F+1) - S(S+1) - I(I+1)]$$

Así, la corrección de estructura hiperfina queda:
$$\Delta E_{hf} = \frac{\mathcal{A}_{hf} h^2}{2}[F(F+1) - S(S+1) - I(I+1)]$$

Evaluamos la corrección para el caso del isótopo ^{85}Rb ($I = 5/2$):
$$S(S+1) + I(I+1) = \frac{1}{2}\left(\frac{1}{2}+1\right) + \frac{5}{2}\left(\frac{5}{2}+1\right) = \frac{3}{4} + \frac{35}{4} = \frac{38}{4} = \frac{19}{2}$$

$$\Delta E_{hf} = \frac{\mathcal{A}_{hf} h^2}{2}\left[F(F+1) - \frac{19}{2}\right]$$

Los posibles valores de F serán: $F = |J - I|, \dots, J + I = 2, 3$. Así:
$$\begin{cases} F = 2 \to \Delta E_{hf} = \frac{\mathcal{A}_{hf} h^2}{2}\left[6 - \frac{19}{2}\right] = -\frac{7}{4}\mathcal{A}_{hf} h^2 \\ F = 3 \to \Delta E_{hf} = \frac{\mathcal{A}_{hf} h^2}{2}\left[12 - \frac{19}{2}\right] = \frac{5}{4}\mathcal{A}_{hf} h^2 \end{cases}$$

El desdoblamiento en niveles de estructura hiperfina queda:

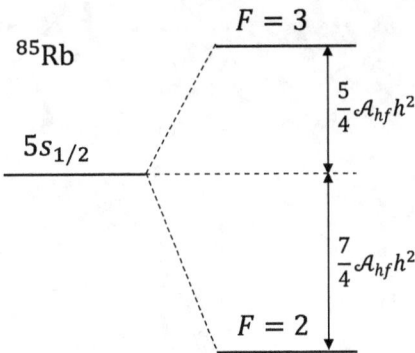

La corrección para el caso del isótopo ^{87}Rb ($I = 3/2$) es ahora:
$$S(S+1) + I(I+1) = \frac{1}{2}\left(\frac{1}{2}+1\right) + \frac{3}{2}\left(\frac{3}{2}+1\right) = \frac{3}{4} + \frac{15}{4} = \frac{18}{4} = \frac{9}{2}$$

$$\Delta E_{hf} = \frac{\mathcal{A}_{hf} h^2}{2}\left[F(F+1) - \frac{9}{2}\right]$$

En este caso, los posibles valores de F son 1 y 2,

$$\begin{cases} F = 1 \rightarrow \Delta E_{hf} = \dfrac{\mathcal{A}_{hf} h^2}{2}\left[2 - \dfrac{9}{2}\right] = -\dfrac{5}{4}\mathcal{A}_{hf} h^2 \\ F = 2 \rightarrow \Delta E_{hf} = \dfrac{\mathcal{A}_{hf} h^2}{2}\left[6 - \dfrac{9}{2}\right] = \dfrac{3}{4}\mathcal{A}_{hf} h^2 \end{cases}$$

Y el desdoblamiento de niveles es:

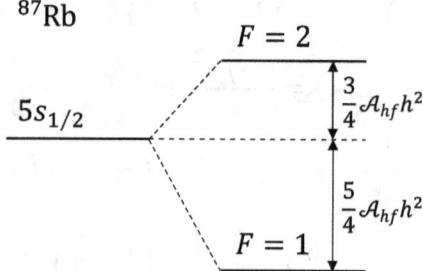

Es importante tener en cuenta que la constante de estructura hiperfina ($\mathcal{A}_{hf}$) depende no sólo del átomo (Z) y el nivel (n) sino también del isótopo a través de g_I y a_μ; en consecuencia su valor no es el mismo para ambos isótopos.

3. Átomos con dos electrones

3.1 Utilizando los operadores mecano-cuánticos de "escalera" (J_+ y J_-), definidos para un momento angular genérico J como:

$$J_\pm |j, m_j\rangle = \hbar\sqrt{j(j+1) - m_j(m_j \pm 1)}\, |j, m_j \pm 1\rangle$$

$$J_\pm = J_x \pm i J_y$$

Obtenga el resultado de aplicar los operadores $\vec{S}$ y $\vec{S}^2$ al electrón i-ésimo de un átomo genérico. Considérese que $\alpha(i)$ y $\beta(i)$ representan los estados cuya proyección de espín es $m_s = +1/2$ y $m_s = -1/2$, respectivamente.

Solución:

El operador $\vec{S}$ se puede escribir como: $\vec{S} = S_x \hat{u}_x + S_y \hat{u}_y + S_z \hat{u}_z$. Dado que los estados $\alpha(i)$ y $\beta(i)$ son autoestados de S_z:

$$S_z |s, m_s\rangle = \hbar m_s |s, m_s\rangle$$

Para obtener el resultado de aplicar S_x y S_y, aplicamos los operadores S_+ y S_- a los estados $\alpha(i)$ y $\beta(i)$:

$$S_+ \alpha(i) = S_+ |1/2, 1/2\rangle \rightarrow S_+ \alpha(i) = \hbar\sqrt{\frac{1}{2}\frac{3}{2} - \frac{1}{2}\frac{3}{2}} = 0$$

$$S_- \alpha(i) = S_- |1/2, 1/2\rangle \rightarrow S_- \alpha(i) = \hbar\sqrt{\frac{1}{2}\frac{3}{2} + \frac{1}{2}\frac{1}{2}}\, |1/2, -1/2\rangle = \hbar \beta(i)$$

Análogamente:
$$S_+\beta(i) = S_+|1/2,-1/2\rangle = \hbar\,\alpha(i)$$
$$S_-\beta(i) = S_-|1/2,-1/2\rangle = 0$$

Como:
$$S_\pm = S_x \pm iS_y \rightarrow \begin{cases} S_x = \dfrac{1}{2}(S_+ + S_-) \\ S_y = \dfrac{1}{2i}(S_+ - S_-) \end{cases}$$

Es fácil comprobar que:
$$S_x\alpha(i) = \frac{\hbar}{2}\beta(i) \qquad S_y\alpha(i) = \frac{i\hbar}{2}\beta(i)$$
$$S_x\beta(i) = \frac{\hbar}{2}\alpha(i) \qquad S_y\beta(i) = -\frac{i\hbar}{2}\alpha(i)$$

Por tanto, el resultado de aplicar el operador $\vec{S}$ a los estados $\alpha(i)$ y $\beta(i)$ es:
$$\vec{S}\alpha(i) = \frac{\hbar}{2}\beta(i)\hat{u}_x + \frac{i\hbar}{2}\beta(i)\hat{u}_y + \frac{\hbar}{2}\alpha(i)\hat{u}_z$$
$$\vec{S}\beta(i) = \frac{\hbar}{2}\alpha(i)\hat{u}_x - \frac{i\hbar}{2}\alpha(i)\hat{u}_y - \frac{\hbar}{2}\beta(i)\hat{u}_z$$

Calculamos ahora el resultado de aplicar $\vec{S}^2$ al estado $\alpha(i)$:
$$\vec{S}^2\alpha(i) = \vec{S}[\vec{S}\alpha(i)] = \vec{S}\left[\frac{\hbar}{2}\beta(i)\hat{u}_x + \frac{i\hbar}{2}\beta(i)\hat{u}_y + \frac{\hbar}{2}\alpha(i)\hat{u}_z\right]$$
$$\vec{S}^2\alpha(i) = \frac{\hbar}{2}[\vec{S}\beta(i)]\hat{u}_x + \frac{i\hbar}{2}[\vec{S}\beta(i)]\hat{u}_y + \frac{\hbar}{2}[\vec{S}\alpha(i)]\hat{u}_z$$
$$\vec{S}^2\alpha(i) = \frac{\hbar^2}{4}\alpha(i) + \frac{\hbar^2}{4}\alpha(i) + \frac{\hbar^2}{4}\alpha(i)$$
$$\vec{S}^2\alpha(i) = \frac{3\hbar^2}{4}\alpha(i)$$

Teniendo en cuenta que, para un único electrón $s = 1/2$, la ecuación anterior demuestra que el estado $\alpha(i)$ es un autoestado del operador $\vec{S}^2$ puesto que:

$$\vec{S}^2 \alpha(i) = s(s+1)\hbar^2 \, \alpha(i)$$

De igual modo se puede comprobar que:

$$\vec{S}^2 \beta(i) = \frac{3\hbar^2}{4} \beta(i)$$

3.2 Repita el problema anterior considerando que en lugar de un electrón tenemos un bosón; es decir, una partícula cuyo momento angular intrínseco es $s = 1$.

Solución:

En este caso $s = 1$ y, por tanto, $m_s = 1, 0, -1$, estados que vamos a representar como $\alpha(i)$, $\beta(i)$ y $\gamma(i)$. Dado que estos estados son autoestados de S_z tenemos que:

$$S_z \, \alpha(i) = \hbar \, \alpha(i)$$
$$S_z \, \beta(i) = 0 \, \beta(i)$$
$$S_z \, \gamma(i) = -\hbar \, \gamma(i)$$

Al igual que hicimos en el problema anterior, aplicamos los operadores escalera a estos estados y obtenemos:

$$S_+ \alpha(i) = 0 \qquad\qquad S_- \alpha(i) = \hbar\sqrt{2} \, \beta(i)$$
$$S_+ \beta(i) = \hbar\sqrt{2} \, \alpha(i) \qquad\qquad S_- \beta(i) = \hbar\sqrt{2} \, \gamma(i)$$
$$S_+ \gamma(i) = \hbar\sqrt{2} \, \beta(i) \qquad\qquad S_- \gamma(i) = 0$$

De donde se deduce que:

$$S_x \alpha(i) = \frac{\hbar\sqrt{2}}{2} \beta(i) \qquad\qquad S_y \alpha(i) = i\frac{\hbar\sqrt{2}}{2} \beta(i)$$
$$S_x \beta(i) = \frac{\hbar\sqrt{2}}{2} [\alpha(i) + \gamma(i)] \qquad\qquad S_y \beta(i) = i\frac{\hbar\sqrt{2}}{2} [\gamma(i) - \alpha(i)]$$

$$S_x\,\gamma(i) = \frac{\hbar\sqrt{2}}{2}\beta(i) \qquad\qquad S_y\,\alpha(i) = -i\frac{\hbar\sqrt{2}}{2}\beta(i)$$

Por tanto, el resultado de aplicar el operador $\vec{S}$ a los estados $\alpha(i)$, $\beta(i)$ y $\gamma(i)$ es:

$$\vec{S}\,\alpha(i) = \frac{\hbar\sqrt{2}}{2}\beta(i)\,\hat{u}_x + i\frac{\hbar\sqrt{2}}{2}\beta(i)\,\hat{u}_y + \hbar\,\alpha(i)\hat{u}_z$$

$$\vec{S}\,\beta(i) = \frac{\hbar\sqrt{2}}{2}[\alpha(i)+\gamma(i)]\,\hat{u}_x + i\frac{\hbar\sqrt{2}}{2}[\gamma(i)-\alpha(i)]\,\hat{u}_y$$

$$\vec{S}\,\gamma(i) = \frac{\hbar\sqrt{2}}{2}\beta(i)\,\hat{u}_x - i\frac{\hbar\sqrt{2}}{2}\beta(i)\,\hat{u}_y - \hbar\,\gamma(i)\hat{u}_z$$

Al igual que sucedía en el problema anterior, como estos estados son autoestados de $\vec{S}^2$ cumplen que:

$$\vec{S}^2\begin{Bmatrix}\alpha(i)\\\beta(i)\\\gamma(i)\end{Bmatrix} = s(s+1)\hbar^2\begin{Bmatrix}\alpha(i)\\\beta(i)\\\gamma(i)\end{Bmatrix}$$

3.3 Considérense las siguientes funciones de onda de espín para dos electrones:

$$\chi_1(1,2) = \alpha(1)\alpha(2) \qquad \chi_3(1,2) = \beta(1)\alpha(2)$$
$$\chi_2(1,2) = \alpha(1)\beta(2) \qquad \chi_4(1,2) = \beta(1)\beta(2)$$

donde $\alpha(i)$ y $\beta(i)$ representan los estados con $m_s = +1/2$ y $m_s = -1/2$, respectivamente.

(a) Encuéntrese el resultado de aplicar los operadores $\vec{S}_z = \vec{S}_{1z} + \vec{S}_{2z}$ y $\vec{S}^2$ a esas funciones de onda sabiendo que $\vec{S} = \vec{S}_1 + \vec{S}_2$.

(b) Escríbanse las cuatro funciones de onda completas que son autofunciones de los operadores $\vec{S}^2$ y $\vec{S}_z$.

Solución:

Denominamos χ_i a los posibles estados de espín de los dos electrones, donde:

$$\chi_1(1,2) = \alpha(1)\alpha(2) \quad \uparrow\uparrow$$
$$\chi_2(1,2) = \alpha(1)\beta(2) \quad \uparrow\downarrow$$
$$\chi_3(1,2) = \beta(1)\alpha(2) \quad \downarrow\uparrow$$
$$\chi_4(1,2) = \beta(1)\beta(2) \quad \downarrow\downarrow$$

El espín total tomará valores $S = 0, 1$.

(a) Las funciones de onda de espín han de ser autofunciones de $\vec{S}^2$ y $\vec{S}_z$. Cuando apliquemos el operador $\vec{S}^2 = \vec{S}_1^2 + \vec{S}_2^2 + 2\vec{S}_1\vec{S}_2$ será preciso tener en cuenta que (véase problema 3.1):

$$\vec{S}_i\alpha(i) = \frac{\hbar}{2}\beta(i)\hat{u}_x + i\frac{\hbar}{2}\beta(i)\hat{u}_y + \frac{\hbar}{2}\alpha(i)\hat{u}_z$$

$$\vec{S}_i\beta(i) = \frac{\hbar}{2}\alpha(i)\hat{u}_x - i\frac{\hbar}{2}\alpha(i)\hat{u}_y - \frac{\hbar}{2}\beta(i)\hat{u}_z$$

con $i = 1, 2$. Vamos a comprobar si los estados χ_i son autoestados de $\vec{S}^2$ y $\vec{S}_z$:

i.-) $\chi_1(1,2) = \alpha(1)\alpha(2)$

$$\vec{S}^2\chi_1 = \alpha(2)[\vec{S}_1^2\alpha(1)] + \alpha(1)[\vec{S}_2^2\alpha(2)] + 2[\vec{S}_1^2\alpha(1)][\vec{S}_2^2\alpha(2)]$$

$$\vec{S}^2\chi_1 = \frac{3}{4}\hbar^2\alpha(1)\alpha(2) + \frac{3}{4}\hbar^2\alpha(1)\alpha(2) + 2[\vec{S}_1^2\alpha(1)][\vec{S}_2^2\alpha(2)]$$

$$\vec{S}^2\chi_1 = \frac{3}{2}\hbar^2\chi_1 + 2\left[\frac{\hbar^2}{4}\beta(1)\beta(2) + i^2\frac{\hbar^2}{4}\beta(1)\beta(2) + \frac{\hbar^2}{4}\alpha(1)\alpha(2)\right]$$

χ_1 es autoestado de $\vec{S}^2$ con $S(S+1) = 2 \rightarrow S = 1$, ya que:

$$\vec{S}^2\chi_1 = 2\hbar^2\chi_1$$

Aplicamos ahora $\vec{S}_z$:

$$\vec{S}_z\chi_1 = [\vec{S}_{1z} + \vec{S}_{2z}]\alpha(1)\alpha(2)$$

$$\vec{S}_z\chi_1 = \alpha(2)[\vec{S}_{1z}\alpha(1)] + \alpha(1)[\vec{S}_{2z}\alpha(2)] = \frac{\hbar}{2}\alpha(1)\alpha(2) + \frac{\hbar}{2}\alpha(1)\alpha(2)$$

$$\vec{S}_z\chi_1 = \hbar\chi_1$$

es decir, la proyección para χ_1 es $M_S = +1$.

ii.-) $\chi_4(1,2) = \beta(1)\beta(2)$

$$\vec{S}^2\chi_4 = \beta(2)[\vec{S}_1^2\beta(1)] + \beta(1)[\vec{S}_2^2\beta(2)] + 2[\vec{S}_1^2\beta(1)][\vec{S}_2^2\beta(2)]$$

$$\vec{S}^2\chi_4 = \frac{3}{2}\hbar^2\chi_4 + 2\left[\frac{\hbar^2}{4}\alpha(1)\alpha(2) + i^2\frac{\hbar^2}{4}\alpha(1)\alpha(2) + \frac{\hbar^2}{4}\beta(1)\beta(2)\right]$$

$$\vec{S}^2\chi_4 = 2\hbar^2\chi_4$$

$$\vec{S}_z\chi_4 = [\vec{S}_{1z} + \vec{S}_{2z}]\beta(1)\beta(2) = -\hbar\chi_4$$

Por tanto χ_4 es autoestado de $\vec{S}^2$ y $\vec{S}_z$ con $S = 1$ y $M_S = +1$.

iii.-) $\chi_2(1,2) = \alpha(1)\beta(2)$

$$\vec{S}^2\chi_2 = \beta(2)[\vec{S}_1^2\alpha(1)] + \alpha(1)[\vec{S}_2^2\beta(2)] + 2[\vec{S}_1^2\alpha(1)][\vec{S}_2^2\beta(2)]$$

$$\vec{S}^2\chi_2 = \frac{3}{2}\hbar^2\alpha(1)\beta(2) + 2\left[\frac{\hbar^2}{4}\beta(1)\alpha(2) + \frac{\hbar^2}{4}\beta(1)\alpha(2) - \frac{\hbar^2}{4}\alpha(1)\beta(2)\right]$$

$$\vec{S}^2\chi_2 = \hbar^2\chi_2 + \hbar^2\chi_3$$

iv.-) $\chi_3(1,2) = \beta(1)\alpha(2)$

$$\vec{S}^2\chi_3 = \alpha(2)[\vec{S}_1^2\beta(1)] + \beta(1)[\vec{S}_2^2\alpha(2)] + 2[\vec{S}_1^2\beta(1)][\vec{S}_2^2\alpha(2)]$$

$$\vec{S}^2\chi_3 = \frac{3}{2}\hbar^2\beta(1)\alpha(2) + 2\left[\frac{\hbar^2}{4}\alpha(1)\beta(2) + \frac{\hbar^2}{4}\alpha(1)\beta(2) - \frac{\hbar^2}{4}\beta(1)\alpha(2)\right]$$

$$\vec{S}^2\chi_3 = \hbar^2\chi_3 + \hbar^2\chi_2$$

Por tanto, ni χ_2 ni χ_3 son autofunciones de $\vec{S}^2$. Sin embargo, las combinaciones lineales:

$$\chi_\pm = \frac{1}{\sqrt{2}}\left(\chi_2(1,2) \pm \chi_3(1,2)\right)$$

sí son autofunciones de $\vec{S}^2$ y $\vec{S}_z$, como se comprueba a continuación:

$$\vec{S}^2 \chi_+ = \frac{1}{\sqrt{2}} \vec{S}^2 (\chi_2 + \chi_3) = \frac{1}{\sqrt{2}} [\hbar^2 \chi_2 + \hbar^2 \chi_3 + \hbar^2 \chi_3 + \hbar^2 \chi_2] = 2\hbar^2 \chi_+$$

$$\vec{S}^2 \chi_- = \frac{1}{\sqrt{2}} \vec{S}^2 (\chi_2 - \chi_3) = \frac{1}{\sqrt{2}} [\hbar^2 \chi_2 + \hbar^2 \chi_3 - \hbar^2 \chi_3 - \hbar^2 \chi_2] = 0 \chi_-$$

además, ambas autofunciones tienen proyección nula, $M_S = 0$:

$$\vec{S}_z \chi_+ = \frac{1}{\sqrt{2}} [(\vec{S}_{1z} + \vec{S}_{2z})\alpha(1)\beta(2) + (\vec{S}_{1z} + \vec{S}_{2z})\beta(1)\alpha(2)]$$

$$\vec{S}_z \chi_+ = \frac{1}{\sqrt{2}} \left[\frac{\hbar}{2}\alpha(1)\beta(2) - \frac{\hbar}{2}\alpha(1)\beta(2) - \frac{\hbar}{2}\beta(1)\alpha(2) + \frac{\hbar}{2}\beta(1)\alpha(2) \right] = 0 \chi_+$$

$$\vec{S}_z \chi_- = \frac{1}{\sqrt{2}} [(\vec{S}_{1z} + \vec{S}_{2z})\alpha(1)\beta(2) - (\vec{S}_{1z} + \vec{S}_{2z})\beta(1)\alpha(2)]$$

$$\vec{S}_z \chi_- = \frac{1}{\sqrt{2}} \left[\frac{\hbar}{2}\alpha(1)\beta(2) - \frac{\hbar}{2}\alpha(1)\beta(2) + \frac{\hbar}{2}\beta(1)\alpha(2) - \frac{\hbar}{2}\beta(1)\alpha(2) \right] = 0 \chi_-$$

Por todo ello, la parte de espín de las funciones de onda será:

S	M_S	Nomenclatura habitual	Función de espín
0	0	$\chi_{0,0}$	$\chi_- = (\chi_2 - \chi_3)/\sqrt{2}$
1	1	$\chi_{1,1}$	χ_1
	0	$\chi_{1,0}$	$\chi_+ = (\chi_2 + \chi_3)/\sqrt{2}$
	$\bar{1}$	$\chi_{1,\bar{1}}$	χ_4

(b) Como los electrones son fermiones, la función de onda completa debe ser antisimétrica. Es decir, debe cumplir:

$$\psi(1,2) = -\psi(2,1)$$

$\chi_{1,1}, \chi_{1,0}$ y $\chi_{1,\bar{1}}$ son funciones simétricas mientras que $\chi_{0,0}$ es antisimétrica. Esta última constituye el singlete de espín que, por tanto, debe acompañar a una función de onda espacial simétrica (ψ_+). Las tres primeras dan lugar al triplete de espín y deberían ir acompañadas de una función de onda espacial antisimétrica (ψ_-).

$$\psi_\pm(\vec{r}_1,\vec{r}_2) = u_{n_1 l_1 m_1}(\vec{r}_1)u_{n_2 l_2 m_2}(\vec{r}_2) \pm u_{n_1 l_1 m_1}(\vec{r}_2)u_{n_2 l_2 m_2}(\vec{r}_1)$$

Así, la función de onda completa para el singlete de espín es:

$$\psi(q_1,q_2) = \left[u_{n_1 l_1 m_1}(\vec{r}_1)u_{n_2 l_2 m_2}(\vec{r}_2) + u_{n_1 l_1 m_1}(\vec{r}_2)u_{n_2 l_2 m_2}(\vec{r}_1)\right]\chi_{0,0}(1,2)$$

mientras que la función de onda completa para el triplete es:

$$\psi(q_1,q_2) = \left[u_{n_1 l_1 m_1}(\vec{r}_1)u_{n_2 l_2 m_2}(\vec{r}_2) + u_{n_1 l_1 m_1}(\vec{r}_2)u_{n_2 l_2 m_2}(\vec{r}_1)\right]\begin{Bmatrix}\chi_{1,1}(1,2)\\ \chi_{1,0}(1,2)\\ \chi_{1,\bar{1}}(1,2)\end{Bmatrix}$$

3.4 Asumiendo adecuada la aproximación de partículas independientes:

(a) Escríbanse las funciones de onda completas correspondientes a los estados excitados $1s^1 2s^1$ y $1s^1 2p^1$ del átomo de helio.

(b) Calcúlese la energía de ambos estados excitados.

Solución:

(a) Al tratarse de dos electrones en orbitales diferentes, los posibles valores del espín total serán para ambas configuraciones excitadas $S = 0, 1$. Vamos a denominar $u_{n,l,m}(\vec{r}_i)$ a la función de onda del electrón i-ésimo.

Configuración $1s^1 2s^1$

El número de funciones de onda compatibles con esta configuración excitada es:

$$C_2^1 \times C_2^1 = 4$$

En el caso $S = 0$ los electrones están apareados (singlete de espín); es decir, la parte de espín es antisimétrica. Como la función de onda total ha de ser antisimétrica (se trata de fermiones), la parte espacial debe ser simétrica. Si llamamos α al estado con $m_s = 1/2$ y β al estado con $m_s = -1/2$, la función de onda total asociada al singlete es:

S	M_S	Función de onda
0	0	$\frac{1}{\sqrt{2}}[u_{1,0,0}(\vec{r}_1)u_{2,0,0}(\vec{r}_2) + u_{1,0,0}(\vec{r}_2)u_{2,0,0}(\vec{r}_1)][\alpha(1)\beta(2) - \alpha(2)\beta(1)]$

En el caso $S = 1$, los electrones están desapareados (triplete de espín) y, por tanto, la parte de espín de la función de onda será simétrica. En consecuencia la parte espacial ha de ser antisimétrica. En este caso existen tres posibles funciones de onda correspondiendo con cada uno de los posibles valores de M_S:

S	M_S	Funciones de onda
1	1	$\frac{1}{\sqrt{2}}[u_{1,0,0}(\vec{r}_1)u_{2,0,0}(\vec{r}_2) - u_{1,0,0}(\vec{r}_2)u_{2,0,0}(\vec{r}_1)]\alpha(1)\alpha(2)$
	0	$\frac{1}{\sqrt{2}}[u_{1,0,0}(\vec{r}_1)u_{2,0,0}(\vec{r}_2) - u_{1,0,0}(\vec{r}_2)u_{2,0,0}(\vec{r}_1)][\alpha(1)\beta(2) + \alpha(2)\beta(1)]$
	$\bar{1}$	$\frac{1}{\sqrt{2}}[u_{1,0,0}(\vec{r}_1)u_{2,0,0}(\vec{r}_2) - u_{1,0,0}(\vec{r}_2)u_{2,0,0}(\vec{r}_1)]\beta(1)\beta(2)$

Es importante señalar que si la configuración no fuese excitada, el estado triplete incumpliría el principio de exclusión de Pauli ya que los dos electrones estarían en la misma capa.

Configuración $1s^1 2p^1$

En esta configuración, el número de funciones de onda compatibles es:

$$C_2^1 \times C_6^1 = 12.$$

Nuevamente, en el caso $S = 0$ los electrones forman un singlete de espín y la parte espacial de la función de onda debe ser simétrica. La diferencia con el caso anterior radica en que el segundo electrón tiene un momento angular orbital $l = 1$ y, por tanto, existen tres posibles valores para su tercera componente ($m = 1, 0, \bar{1}$) dando lugar a tres funciones de onda con $S = 0$:

S	M_S	Funciones de onda
0	0	$\frac{1}{\sqrt{2}}[u_{1,0,0}(\vec{r}_1)u_{2,1,1}(\vec{r}_2) + u_{1,0,0}(\vec{r}_2)u_{2,1,1}(\vec{r}_1)][\alpha(1)\beta(2) - \alpha(2)\beta(1)]$
		$\frac{1}{\sqrt{2}}[u_{1,0,0}(\vec{r}_1)u_{2,1,0}(\vec{r}_2) + u_{1,0,0}(\vec{r}_2)u_{2,1,0}(\vec{r}_1)][\alpha(1)\beta(2) - \alpha(2)\beta(1)]$
		$\frac{1}{\sqrt{2}}[u_{1,0,0}(\vec{r}_1)u_{2,1,\bar{1}}(\vec{r}_2) + u_{1,0,0}(\vec{r}_2)u_{2,1,\bar{1}}(\vec{r}_1)][\alpha(1)\beta(2) - \alpha(2)\beta(1)]$

En el caso $S = 1$ nuevamente los electrones forman un triplete de espín, lo que obliga a que la parte espacial de la función de onda sea antisimétrica. Teniendo en cuenta la multiplicidad del momento angular orbital del electrón $2p$ ($m = 1, 0, \bar{1}$), existen nueve posibles funciones de onda, tres por cada valor de M_S:

S	M_S	Funciones de onda
1	1	$\frac{1}{\sqrt{2}}[u_{1,0,0}(\vec{r}_1)u_{2,1,1}(\vec{r}_2) - u_{1,0,0}(\vec{r}_2)u_{2,1,1}(\vec{r}_1)]\alpha(1)\alpha(2)$
		$\frac{1}{\sqrt{2}}[u_{1,0,0}(\vec{r}_1)u_{2,1,0}(\vec{r}_2) - u_{1,0,0}(\vec{r}_2)u_{2,1,0}(\vec{r}_1)]\alpha(1)\alpha(2)$
		$\frac{1}{\sqrt{2}}[u_{1,0,0}(\vec{r}_1)u_{2,1,\bar{1}}(\vec{r}_2) - u_{1,0,0}(\vec{r}_2)u_{2,1,\bar{1}}(\vec{r}_1)]\alpha(1)\alpha(2)$
	0	$\frac{1}{\sqrt{2}}[u_{1,0,0}(\vec{r}_1)u_{2,1,1}(\vec{r}_2) - u_{1,0,0}(\vec{r}_2)u_{2,1,1}(\vec{r}_1)][\alpha(1)\beta(2) + \alpha(2)\beta(1)]$
		$\frac{1}{\sqrt{2}}[u_{1,0,0}(\vec{r}_1)u_{2,1,0}(\vec{r}_2) - u_{1,0,0}(\vec{r}_2)u_{2,1,0}(\vec{r}_1)][\alpha(1)\beta(2) + \alpha(2)\beta(1)]$
		$\frac{1}{\sqrt{2}}[u_{1,0,0}(\vec{r}_1)u_{2,1,\bar{1}}(\vec{r}_2) - u_{1,0,0}(\vec{r}_2)u_{2,1,\bar{1}}(\vec{r}_1)][\alpha(1)\beta(2) + \alpha(2)\beta(1)]$

S	M_S	Funciones de onda
1	$\bar{1}$	$\frac{1}{\sqrt{2}}[u_{1,0,0}(\vec{r}_1)u_{2,1,1}(\vec{r}_2) - u_{1,0,0}(\vec{r}_2)u_{2,1,1}(\vec{r}_1)]\beta(1)\beta(2)$
		$\frac{1}{\sqrt{2}}[u_{1,0,0}(\vec{r}_1)u_{2,1,0}(\vec{r}_2) - u_{1,0,0}(\vec{r}_2)u_{2,1,0}(\vec{r}_1)]\beta(1)\beta(2)$
		$\frac{1}{\sqrt{2}}[u_{1,0,0}(\vec{r}_1)u_{2,1,\bar{1}}(\vec{r}_2) - u_{1,0,0}(\vec{r}_2)u_{2,1,\bar{1}}(\vec{r}_1)]\beta(1)\beta(2)$

(b) En la aproximación de partículas independientes la interacción entre los electrones se desprecia y la energía, que sólo depende de los valores de los números cuánticos principales de cada electrón, está dada por:

$$E^{(0)}_{n_1 n_2} = -13.6\, Z^2 \left(\frac{1}{n_1^2} + \frac{1}{n_2^2}\right)$$

En este caso ambas configuraciones excitadas tienen los mismos números cuánticos principales ($n_1 = 1$ y $n_2 = 2$); por tanto, la energía de ambos estados es la misma:

$$E^{(0)}_{1\,2} = -13.6 \times 2^2 \times \left(\frac{1}{1} + \frac{1}{2^2}\right) = -68 \text{ eV}$$

3.5 El estado fundamental del átomo de He es no degenerado. Considere un átomo de helio hipotético en el que los dos electrones se han reemplazado por partículas idénticas de espín $s = 1$ y carga negativa. Despreciando las fuerzas dependientes del espín, determínese la degeneración del estado fundamental de este átomo y sus correspondientes funciones de onda.

Solución:

Puesto que las partículas tienen espín entero, son bosones y siguen la estadística de Bose – Einstein. Por tanto, no están sujetas al principio de exclusión de Pauli. Como el átomo de He posee dos electrones éstos habrían sido sustituidos por dos bosones de carga negativa; en consecuencia los posibles valores del espín total serán: $S = 2, 1, 0$.

Para el estado fundamental la función de onda total ha de ser simétrica, al contrario de lo que ocurre cuando tratamos con fermiones. De todos los posibles valores del espín total sólo $S = 2$ y $S = 0$ tienen su parte de espín simétrica. En consecuencia, el número de funciones de onda (g) compatibles con el estado fundamental y, por tanto, su degeneración serán iguales a la suma de las multiplicidades asociadas a los valores del espín total:

$$g = \sum_{S=0,2} 2S + 1 = (2 \times 0 + 1) + (2 \times 2 + 1) = 1 + 5 = 6$$

Vamos a calcular las funciones de onda de esta configuración de dos bosones. Los posibles estados para un único bosón serían:

$$\alpha \text{ si } m_s = 1$$
$$\beta \text{ si } m_s = 0$$
$$\gamma \text{ si } m_s = -1$$

En el caso de bosones, se cumple que (véase problema 3.2):

$$S_x \alpha = \frac{\hbar\sqrt{2}}{2}\beta \qquad S_x \beta = \frac{\hbar\sqrt{2}}{2}(\alpha + \gamma) \qquad S_x \gamma = \frac{\hbar\sqrt{2}}{2}\beta$$

$$S_y \alpha = i\frac{\hbar\sqrt{2}}{2}\beta \qquad S_y \beta = i\frac{\hbar\sqrt{2}}{2}(\gamma - \alpha) \qquad S_y \gamma = -i\frac{\hbar\sqrt{2}}{2}\beta$$

Así si $\vec{S} = (S_x, S_y, S_z)$ entonces:

$$\vec{S}\alpha = \frac{\hbar\sqrt{2}}{2}\beta\hat{u}_x + i\frac{\hbar\sqrt{2}}{2}\beta\hat{u}_y + \hbar\alpha\,\hat{u}_z$$

$$\vec{S}\beta = \frac{\hbar\sqrt{2}}{2}[\alpha + \gamma]\hat{u}_x + i\frac{\hbar\sqrt{2}}{2}[\gamma - \alpha]\hat{u}_y$$

$$\vec{S}\gamma = \frac{\hbar\sqrt{2}}{2}\beta\hat{u}_x - i\frac{\hbar\sqrt{2}}{2}\beta\hat{u}_y - \hbar\gamma\,\hat{u}_z$$

Por otro lado, los posibles estados (χ_{ij}) para dos bosones serán:

	$\alpha(2)$	$\beta(2)$	$\gamma(2)$
$\alpha(1)$	$\chi_{11} = \alpha(1)\alpha(2)$	$\chi_{12} = \alpha(1)\beta(2)$	$\chi_{13} = \alpha(1)\gamma(2)$
$\beta(1)$	$\chi_{21} = \beta(1)\alpha(2)$	$\chi_{22} = \beta(1)\beta(2)$	$\chi_{23} = \beta(1)\gamma(2)$
$\gamma(1)$	$\chi_{31} = \gamma(1)\alpha(2)$	$\chi_{32} = \gamma(1)\beta(2)$	$\chi_{33} = \gamma(1)\gamma(2)$

Las posibles autofunciones han de ser simultáneamente autofunciones de $\vec{S}^2 = \left(\vec{S}_1 + \vec{S}_2\right)^2$ y de $\vec{S}_z = \vec{S}_{1z} + \vec{S}_{2z}$. De todos los estados que aparecen en la tabla anterior sólo χ_{11} y χ_{33} cumplen este requerimiento:

- Veamos que sucede con χ_{11}:

$$\vec{S}^2 \chi_{11} = \left(\vec{S}_1^2 + \vec{S}_2^2 + 2\vec{S}_1\vec{S}_2\right)\alpha(1)\alpha(2)$$

$$\vec{S}^2 \chi_{11} = \alpha(2)\left[\vec{S}_1^2 \alpha(1)\right] + \alpha(1)\left[\vec{S}_2^2 \alpha(2)\right] + 2\left[\vec{S}_1 \alpha(1)\right]\left[\vec{S}_2 \alpha(2)\right]$$

$$\vec{S}^2 \chi_{11} = 4\hbar^2 \alpha(1)\alpha(2) + 2\hbar^2 \alpha(1)\alpha(2) = 6\hbar^2 \chi_{11}$$

Lo que implica que χ_{11} es autofunción de $\vec{S}^2$ para $S = 2$. Calculamos ahora su proyección:

$$\vec{S}_z \chi_{11} = \left(\vec{S}_{1z} + \vec{S}_{2z}\right)\alpha(1)\alpha(2)$$

$$\vec{S}_z \chi_{11} = \alpha(2)\left[\vec{S}_{1z}\alpha(1)\right] + \alpha(1)\left[\vec{S}_{2z}\alpha(2)\right] = \hbar\alpha(1)\alpha(2) + \hbar\alpha(1)\alpha(2)$$

$$\vec{S}_z \chi_{11} = 2\hbar\chi_{11}$$

Por tanto, χ_{11} es la función de espín correspondiente al estado $S = 2$ y $M_S = 2$.

- Operando de forma similar se obtiene que para χ_{33}:

$$\vec{S}^2 \chi_{22} = 6\hbar^2 \chi_{11}$$

$$\vec{S}_z \chi_{33} = -2\hbar\chi_{11}$$

indicando que esta función de espín corresponde al estado $S = 2$ y $M_S = -2$.

- Si aplicamos el operador $\vec{S}^2$ al resto de estados χ_{ij}, se obtiene que estos no son autofunciones de $\vec{S}^2$ ya que:

$$\vec{S}^2 \chi_{13} = 2\hbar^2 \chi_{13} + 2\hbar^2 \chi_{22}$$

$$\vec{S}^2 \chi_{31} = 2\hbar^2 \chi_{31} + 2\hbar^2 \chi_{22}$$

$$\vec{S}^2 \chi_{12} = 4\hbar^2 \chi_{12} + 2\hbar^2 \chi_{21}$$

$$\vec{S}^2 \chi_{21} = 4\hbar^2 \chi_{21} + 2\hbar^2 \chi_{12}$$

$$\vec{S}^2 \chi_{23} = 4\hbar^2 \chi_{23} + 2\hbar^2 \chi_{32}$$

$$\vec{S}^2 \chi_{32} = 4\hbar^2 \chi_{32} + 2\hbar^2 \chi_{23}$$

$$\vec{S}^2 \chi_{22} = 4\hbar^2 \chi_{22} + 2\hbar^2 \chi_{13} + 2\hbar^2 \chi_{31}$$

Por tanto, tendríamos que combinar linealmente estos estados para obtener las funciones de onda de espín que simultáneamente sean autofunciones de $\vec{S}^2$ y $\vec{S}_z$. La forma más adecuada de obtener las autofunciones compatibles con $S = 2, 1, 0$ es utilizar los coeficientes de Clebsch – Gordan (CG):

S	M_S	m_{s_1}	m_{s_2}	CG
2	2	1	1	1
	1	0	1	$1/\sqrt{2}$
		1	0	$1/\sqrt{2}$
	0	1	-1	$\sqrt{1/6}$
		0	0	$\sqrt{2/3}$
		-1	1	$\sqrt{1/6}$
	-1	0	-1	$1/\sqrt{2}$
		-1	0	$1/\sqrt{2}$
	-2	-1	-1	1

S	M_S	m_{s_1}	m_{s_2}	CG
1	1	0	1	$1/\sqrt{2}$
		1	0	$-1/\sqrt{2}$
	0	-1	1	$1/\sqrt{2}$
		1	-1	$-1/\sqrt{2}$
	-1	0	-1	$-1/\sqrt{2}$
		-1	0	$1/\sqrt{2}$

S	M_S	m_{s_1}	m_{s_2}	CG
0	0	-1	1	$1/\sqrt{3}$
		0	0	$-1/\sqrt{3}$
		1	-1	$1/\sqrt{3}$

Utilizando las tablas anteriores, se obtiene fácilmente que las autofunciones normalizadas para este hipotético átomo de He serían:

S	M_S	Autofunciones de espín
2	2	$\chi_{11} = \alpha(1)\alpha(2)$
	1	$\frac{1}{\sqrt{2}}[\chi_{12} + \chi_{21}] = \frac{1}{\sqrt{2}}[\beta(1)\alpha(2) + \alpha(1)\beta(2)]$
	0	$\sqrt{\frac{2}{3}}\chi_{22} + \sqrt{\frac{1}{6}}[\chi_{13} + \chi_{31}] =$ $= \sqrt{\frac{2}{3}}\beta(1)\beta(2) + \sqrt{\frac{1}{6}}[\alpha(1)\gamma(2) + \gamma(1)\alpha(2)]$
	$\bar{1}$	$\frac{1}{\sqrt{2}}[\chi_{23} + \chi_{32}] = \frac{1}{\sqrt{2}}[\beta(1)\gamma(2) + \gamma(1)\beta(2)]$
	$\bar{2}$	$\chi_{33} = \gamma(1)\gamma(2)$
1	1	$\frac{1}{\sqrt{2}}[\chi_{21} - \chi_{12}] = \frac{1}{\sqrt{2}}[\beta(1)\alpha(2) - \alpha(1)\beta(2)]$
	0	$\frac{1}{\sqrt{2}}[\chi_{31} - \chi_{13}] = \frac{1}{\sqrt{2}}[\gamma(1)\alpha(2) - \alpha(1)\gamma(2)]$
	$\bar{1}$	$\frac{1}{\sqrt{2}}[\chi_{23} - \chi_{32}] = \frac{1}{\sqrt{2}}[\beta(1)\gamma(2) - \gamma(1)\beta(2)]$
0	0	$\frac{1}{\sqrt{3}}[\chi_{31} + \chi_{13} - \chi_{22}] = \frac{1}{\sqrt{3}}[\gamma(1)\alpha(2) - \beta(1)\beta(2) + \alpha(1)\gamma(2)]$

Se puede comprobar fácilmente que todas las autofunciones de espín correspondientes a los estados $S = 0$ y $S = 2$ son funciones simétricas. Por el contrario, las autofunciones compatibles con $S = 1$ son todas antisimétricas.

3.6 El ion C^{4+} ($Z = 6$) se excita desde el estado fundamental ($E = -881.6$ eV) hasta la configuración doblemente excitada $3p^1 4p^1$ por absorción de radiación electromagnética. Asumiendo que el electrón $3p^1$ se mueve en el campo coulombiano no apantallado del núcleo y el $4p^1$ en otro completamente apantallado, calcúlese:

(a) La energía de esta configuración y la longitud de onda de la radiación absorbida.

(b) La velocidad del electrón emitido en el proceso de autoionización en el cual el nivel $3p^1 4p^1$ decae a un electrón libre y a un C^{5+} en su estado fundamental.

Solución:

(a) Calculamos la energía de la configuración doblemente excitada en el modelo de partículas independientes:

$$E_{3p4p} = E_{3p} + E_{4p}$$

El electrón $3p^1$ siente la presencia de los seis protones del núcleo, por tanto:

$$E_{3p} = -13.6 \frac{Z^2}{n^2} = -13.6 \frac{6^2}{3^2} = -54.4 \text{ eV}$$

El electrón $4p^1$ está completamente apantallado por el electrón $3p^1$, por tanto siente una carga efectiva $Z^{eff} = Z - 1 = 5$; en consecuencia su energía será:

$$E_{4p} = -13.6 \frac{\left(Z^{eff}\right)^2}{n^2} = -13.6 \frac{5^2}{4^2} = -21.25 \text{ eV}$$

La energía de la configuración queda:

$$E_{3p4p} = E_{3p} + E_{4p} = -75.65 \text{ eV}$$

Para obtener la longitud de onda de la radiación absorbida tenemos que considerar que los electrones inicialmente estaban en el estado fundamental. La diferencia de energía (ΔE) la aportó la radiación electromagnética, es decir:

$$\Delta E = E_{3p4p} - E_{1s^2} = -75.65 + 881.6 = 805.95 = \frac{hc}{\lambda}$$

De donde se deduce que:

$$\lambda = 1.54 \text{ nm}$$

Es decir, el ion tuvo que ser irradiado con Rayos X.

(b) En primer lugar calculamos la energía asociada a la configuración final (electrón libre y a un C^{5+} en su estado fundamental):

$$E_{1s,\infty} = -13.6 \frac{6^2}{1^2} + 0 = -489.6 \text{ eV}$$

La diferencia energética entre esta configuración y la excitada se utilizará para incrementar la velocidad del electrón emitido, así:

$$\frac{1}{2} m_e v^2 = E_{3p4p} - E_{1s,\infty} = 413.95 \text{ eV}$$

$$v = 1.21 \times 10^7 \text{ m/s}$$

3.7 Considérese el átomo de europio ($Z = 63$).

(a) Suponiendo que no se aplica el principio de exclusión de Pauli y que, para cada electrón, el único efecto de los demás electrones consiste en apantallar la carga Z del núcleo en $Z/2$, estímese cuál sería la energía de ionización del estado fundamental.

(b) ¿Cuál debería ser la carga efectiva para obtener el valor experimental de la energía de ionización que es $E_I = 5.72$ eV?

(c) Teniendo en cuenta que los electrones se distribuyen en distintas capas y que los electrones menos ligados son los $4f$, hállese el valor efectivo de la carga nuclear para estos electrones.

Solución:

(a) Si ignorásemos el principio de exclusión de Pauli, todos los electrones se encontrarían en el orbital $1s$ y cada electrón tendría una energía:

$$E = -13.6\frac{\left(Z^{eff}\right)^2}{n^2}$$

En este problema $Z^{eff} = Z/2 = 31.5$; por consiguiente, cada electrón tiene una energía:
$$E = -13.6\frac{(31.5)^2}{1^2} = -13494.6 \text{ eV}$$

La energía de la primera ionización sería entonces:
$$E_I = 13494.6 \text{ eV}$$

(b) Ahora tenemos que:
$$E_I = 5.72 \text{ eV} = 13.6\frac{\left(Z^{eff}\right)^2}{1^2}$$

$$Z^{eff} = 0.648$$

La carga efectiva que sentiría un electrón en este caso sería $0.648\, e = 1.04 \times 10^{-19}$ C.

(c) Para los electrones de la capa $4f$ la situación es similar al caso anterior pero ahora $n = 4$, por tanto:
$$5.72 \text{ eV} = 13.6\frac{\left(Z^{eff}\right)^2}{4^2}$$

$$Z^{eff} = 2.593$$

Así, la carga efectiva que actúa sobre los electrones $4f$ es $2.593\, e = 4.15 \times 10^{-19}$ C.

3.8 Al aplicar teoría de perturbaciones de estados degenerados a átomos con dos electrones hasta primer orden, se obtiene que las configuraciones con un electrón en el estado $1s$ y otro en el estado nl presentan una energía (en eV) dada por:

$$E^{(1)} = E^{(0)} + J_{nl} \pm K_{nl}$$

donde $E^{(0)}$ es la energía de la configuración en el modelo de partículas independientes y J_{nl} y K_{nl} representan, respectivamente, las integrales de Coulomb y de intercambio. Sabiendo que estas integrales presentan los valores que se muestran en la tabla:

nl	J_{nl} (eV)	K_{nl} (eV)
$1s$	$17Z$	0
$2s$	$\dfrac{2312}{405}Z$	$\dfrac{2176}{3645}Z$
$2p$	$\dfrac{8024}{1215}Z$	$\dfrac{15232}{32805}Z$

(a) Estímese la energía de los niveles en los que se desdobla la configuración fundamental y las configuraciones excitadas $1s2s$ y $1s2p$ para el ion Be^{2+} ($Z=4$).

(b) Realícese una representación grafica de los niveles obtenidos indicando en cada caso la configuración de partida y los términos correspondientes.

Solución:

(a) La configuración fundamental ($1s^2$) en el modelo de partículas independientes tiene una energía:

$$E^{(0)}_{1s^2} = -13.6\, Z^2 \left(1 + \frac{1}{1^2}\right) = -435.2 \text{ eV}$$

Esta configuración corresponde a un singlete de espín, en consecuencia la parte espacial de su función de onda es simétrica (ψ_+); por tanto, la energía del término 1 ^1S será:

$$E^{(1)}_{1s^2} = E^{(0)}_{1s^2} + J_{1s}$$

$$E^{(1)}_{1s^2} = E^{(0)}_{1s^2} + 17Z$$

$$E^{(1)}_{1s^2} = -367.2 \; eV$$

Las configuraciones excitadas $1s2s$ y $1s2p$ poseen el mismo valor de energía en la aproximación de partículas independientes:

$$E^{(0)}_{1s2s} = E^{(0)}_{1s2p} = -13.6\, Z^2 \left(1 + \frac{1}{2^2}\right) = -272 \text{ eV}$$

En ambas configuraciones tendremos singletes ($S = 0$) y tripletes ($S = 1$) de espín. Dado que los términos se etiquetan como $n\,^{2S+1}L$, la configuración excitada $1s2s$ dará lugar a los términos $2\,^1S$ y $2\,^3S$ mientras que la configuración $1s2p$ dará lugar a los términos $2\,^1P$ y $2\,^3P$. Teniendo en cuenta que, en los singletes de espín, la parte espacial de la función de onda completa es simétrica (ψ_+) y en los tripletes es antisimétrica (ψ_-), la energía de los términos asociados a las configuraciones excitadas queda:

nl	S	Término	$E^{(1)}$ (eV)
$2s$	0	$2\,^1S$	$E^{(0)}_{1s2s} + \dfrac{2312}{405}Z + \dfrac{2176}{3645}Z = -246.78$
	1	$2\,^3S$	$E^{(0)}_{1s2s} + \dfrac{2312}{405}Z - \dfrac{2176}{3645}Z = -251.55$
$2p$	0	$2\,^1P$	$E^{(0)}_{1s2s} + \dfrac{8024}{1215}Z + \dfrac{15232}{32805}Z = -243.73$
	1	$2\,^3P$	$E^{(0)}_{1s2s} + \dfrac{8024}{1215}Z - \dfrac{15232}{32805}Z = -247.44$

(b) En la siguiente figura se muestra el efecto que provoca el término de repulsión electrónica. Puede apreciarse que:

(i) La configuración $1s^2$ aumenta su energía en comparación con el modelo de partículas independientes.

(ii) En las configuraciones excitadas, al sumar las integrales de Coulomb, J_{2s} y J_{2p}, se rompe la degeneración que presentaban las configuraciones $1s2s$ y $1s2p$ en el modelo de partículas independientes. Por su parte cada una de estas configuraciones se desdobla en un singlete y un triplete cuando se suma o resta la correspondiente integral de intercambio, K_{2s} y K_{2p}.

(iii) Independientemente de la configuración excitada de partida, los singletes de espín presentan una energía superior a los estados triplete.

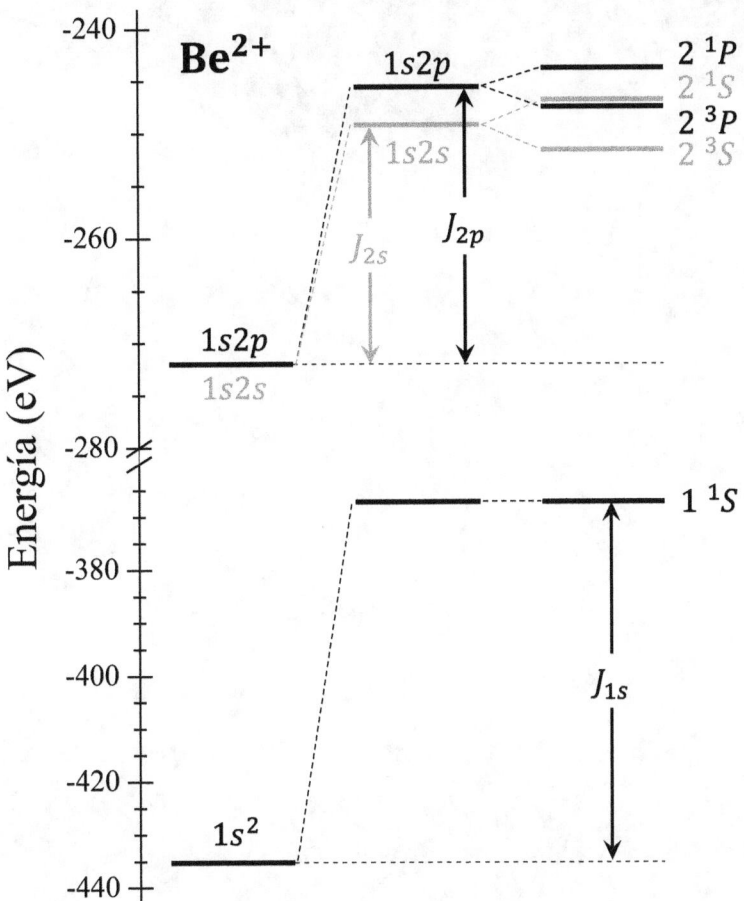

4. Átomos multielectrónicos

4.1 Utilícese el determinante de Slater para obtener las funciones de onda completas del átomo de helio correspondientes a las configuraciones electrónicas: (a) $1s^2$ y (b) $1s2s$.

Solución:

(a) El número de funciones de onda correspondientes a la configuración $1s^2$ es exactamente igual a su degeneración total de equivalencia; es decir, $C_2^2 = 1$. Si denominamos $u_i(q_i) = u_{n_i l_i m_{l_i} m_{s_i}}(\vec{r}_i, \vec{s}_i)$ a las funciones de onda individuales de cada electrón, los electrones del orbital $1s$ tendrán las siguientes funciones de onda a fin de cumplir el principio de exclusion de Pauli:

$$u_{1,0,0,1/2}(q_1) = u_{1,0,0}(r_1)\alpha(1)$$
$$u_{1,0,0,-1/2}(q_2) = u_{1,0,0}(r_2)\beta(2)$$

donde α y β representan los estados con $m_s = +1/2$ y $m_s = +1/2$, respectivamente. El determinante de Slater queda:

$$\psi_{1s^2}(q_1, q_2) = \frac{1}{\sqrt{2}} \begin{vmatrix} u_{1,0,0}(r_1)\alpha(1) & u_{1,0,0}(r_2)\alpha(2) \\ u_{1,0,0}(r_1)\beta(1) & u_{1,0,0}(r_2)\beta(2) \end{vmatrix}$$

$$\psi_{1s^2}(q_1, q_2) = \frac{1}{\sqrt{2}} u_{1,0,0}(r_1) u_{1,0,0}(r_2)[\alpha(1)\beta(2) - \alpha(2)\beta(1)]$$

Utilizando las definiciones realizadas en el problema 3.3:

$$\psi_{1s^2}(q_1, q_2) = \frac{1}{\sqrt{2}} u_{1,0,0}(r_1) u_{1,0,0}(r_2)[\chi_2(1,2) - \chi_3(1,2)]$$

Como se puede apreciar, la parte espacial es simétrica correspondiendo a la función "para" $\psi_+(1,2)$ mientras que la parte de espín es la correspondiente a la función antisimétrica que denominábamos $\chi_{0,0}$. Por tanto, hemos obtenido el singlete de espín asociado a la configuración fundamental:

$$\psi_{1s^2}(q_1, q_2) = \psi_+(1,2)\chi_{0,0}$$

(b) Para la configuración excitada $1s2s$, el número de funciones de onda y, por tanto, el número de determinantes de Slater a considerar es $C_2^1 \times C_2^1 = 4$, distinguiéndose varios casos.

b.1: Si ambos electrones tienen proyección de espín $m_s = 1/2$, las posibles funciones de onda individuales serán:

$$u_{1,0,0,1/2}(q_1) = u_{1,0,0}(r_1)\alpha(1)$$
$$u_{2,0,0,1/2}(q_2) = u_{2,0,0}(r_2)\alpha(2)$$

La función de onda completa es:

$$\psi_{1s2s}^{(a)} = \frac{1}{\sqrt{2}} \begin{vmatrix} u_{1,0,0}(r_1)\alpha(1) & u_{1,0,0}(r_2)\alpha(2) \\ u_{2,0,0}(r_1)\alpha(1) & u_{2,0,0}(r_2)\alpha(2) \end{vmatrix}$$

$$\psi_{1s2s}^{(a)} = \frac{1}{\sqrt{2}} \left[u_{1,0,0}(r_1)u_{2,0,0}(r_2) - u_{1,0,0}(r_2)u_{2,0,0}(r_1) \right] \alpha(1)\alpha(2)$$

$$\psi_{1s2s}^{(a)} = \frac{1}{\sqrt{2}} \psi_-(1,2)\chi_1(1,2) = \frac{1}{\sqrt{2}} \psi_-(1,2)\chi_{1,1}$$

b.2: De forma análoga, si ambos electrones tienen proyección de espín $m_s = -1/2$ se puede comprobar que:

$$\psi_{1s2s}^{(b)} = \frac{1}{\sqrt{2}} \left[u_{1,0,0}(r_1)u_{2,0,0}(r_2) - u_{1,0,0}(r_2)u_{2,0,0}(r_1) \right] \beta(1)\beta(2)$$

$$\psi_{1s2s}^{(b)} = \frac{1}{\sqrt{2}} \psi_-(1,2)\chi_4(1,2) = \frac{1}{\sqrt{2}} \psi_-(1,2)\chi_{1,\bar{1}}$$

b.3: Supongamos ahora que el electrón en la capa $1s$ tiene $m_s = 1/2$ y el que está en la capa $2s$ tiene $m_s = -1/2$:

$$\psi^{(c)}_{1s2s} = \frac{1}{\sqrt{2}} \begin{vmatrix} u_{1,0,0}(r_1)\alpha(1) & u_{1,0,0}(r_2)\alpha(2) \\ u_{2,0,0}(r_1)\beta(1) & u_{2,0,0}(r_2)\beta(2) \end{vmatrix}$$

$$\psi^{(c)}_{1s2s} = \frac{1}{\sqrt{2}}\left[u_{1,0,0}(r_1)u_{2,0,0}(r_2)\alpha(1)\beta(2) - u_{1,0,0}(r_2)u_{2,0,0}(r_1)\alpha(2)\beta(1)\right]$$

b.4: Si la situación es la inversa; es decir, el electrón en la capa 1s tiene $m_s = -1/2$ y el que está en la capa 2s tiene $m_s = 1/2$:

$$\psi^{(d)}_{1s2s} = \frac{1}{\sqrt{2}} \begin{vmatrix} u_{1,0,0}(r_1)\beta(1) & u_{1,0,0}(r_2)\beta(2) \\ u_{2,0,0}(r_1)\alpha(1) & u_{2,0,0}(r_2)\alpha(2) \end{vmatrix}$$

$$\psi^{(d)}_{1s2s} = \frac{1}{\sqrt{2}}\left[u_{1,0,0}(r_1)u_{2,0,0}(r_2)\beta(1)\alpha(2) - u_{1,0,0}(r_2)u_{2,0,0}(r_1)\beta(2)\alpha(1)\right]$$

Podemos combinar linealmente las funciones $\psi^{(c)}_{1s2s}$ y $\psi^{(d)}_{1s2s}$ para obtener que:

$$\psi^{(c)}_{1s2s} + \psi^{(d)}_{1s2s} = \frac{1}{\sqrt{2}}\left[u_{1,0,0}(r_1)u_{2,0,0}(r_2) - u_{1,0,0}(r_2)u_{2,0,0}(r_1)\right]\alpha(1)\beta(2) +$$

$$+ \frac{1}{\sqrt{2}}\left[u_{1,0,0}(r_1)u_{2,0,0}(r_2) - u_{1,0,0}(r_2)u_{2,0,0}(r_1)\right]\beta(1)\alpha(2)$$

$$\psi^{(c)}_{1s2s} + \psi^{(d)}_{1s2s} = \frac{1}{\sqrt{2}}\psi_{-}(1,2)[\alpha(1)\beta(2) + \beta(1)\alpha(2)]$$

$$\psi^{(c)}_{1s2s} + \psi^{(d)}_{1s2s} = \psi_{-}(1,2)\chi_{1,0}$$

De forma análoga:

$$\psi^{(c)}_{1s2s} - \psi^{(d)}_{1s2s} = \psi_{+}(1,2)\chi_{0,0}$$

Por tanto, la función de onda $\psi^{(c)}_{1s2s} - \psi^{(d)}_{1s2s}$ corresponde al singlete de espín mientras que $\psi^{(c)}_{1s2s} + \psi^{(d)}_{1s2s}$ está asociada al estado triplete.

4.2
Considérese la configuración fundamental del átomo de litio ($Z = 3$).

(a) Exprese la energía de dicha configuración en términos de la energía de cada electrón.

(b) Escriba las funciones de onda de los tres electrones para esta configuración en términos de las funciones de onda individuales de cada electrón.

Solución:

(a) La configuración fundamental del átomo de litio es $1s^2 2s^1$. La energía en términos de cada electrón; es decir, en el modelo de partículas independientes está dada por:

$$E^{(0)} = 2E_{1s} + E_{2s}$$

En esta aproximación la energía sólo depende del número cuántico principal, de forma que:

$$E_n = -13.6 \frac{Z^2}{n^2} \text{ (eV)}$$

así:

$$E^{(0)} = -2 \times 13.6 \times \frac{3^2}{1^2} - 13.6 \times \frac{3^2}{2^2} = -275.4 \text{ eV}$$

(b) De forma análoga al problema anterior, vamos a denominar:

$$u_i(q_i) = u_{n_i\, l_i\, m_{l_i}\, m_{s_i}}(\vec{r}_i, \vec{s}_i)$$

a las funciones de onda individuales de cada electrón. Los electrones del orbital $1s$ tendrán las siguientes funciones de onda individuales:

$$u_{1,0,0,1/2}(q_1) = u_{1,0,0}(r_1)\alpha(1)$$

$$u_{1,0,0,-1/2}(q_2) = u_{1,0,0}(r_2)\beta(2)$$

El tercer electrón, situado en el orbital $2s$, puede tener $m_s = \pm 1/2$; en consecuencia podemos encontrarlo con cualquiera de las siguientes funciones de onda:

$$u_{2,0,0,1/2}(q_3) = u_{2,0,0}(r_3)\alpha(3)$$

$$u_{2,0,0,-1/2}(q_3) = u_{2,0,0}(r_3)\beta(3)$$

Como ya hemos visto, el número de funciones de onda compatibles con la configuración fundamental está dado por la degeneración total de equivalencia: $C_2^2 \times C_2^1 = 2$. Las funciones de onda, $\psi_A^{(0)}$ y $\psi_B^{(0)}$, serán una combinación antisimétrica de los productos de las funciones de onda individuales; pudiendo calcularse fácilmente a partir de los siguientes determinantes de Slater:

$$\psi_A^{(0)} = \frac{1}{\sqrt{3!}} \begin{vmatrix} u_{1,0,0}(r_1)\alpha(1) & u_{1,0,0}(r_2)\alpha(2) & u_{1,0,0}(r_3)\alpha(3) \\ u_{1,0,0}(r_1)\beta(1) & u_{1,0,0}(r_2)\beta(2) & u_{1,0,0}(r_3)\beta(3) \\ u_{2,0,0}(r_1)\alpha(1) & u_{2,0,0}(r_2)\alpha(2) & u_{2,0,0}(r_3)\alpha(3) \end{vmatrix}$$

$$\psi_b^{(0)} = \frac{1}{\sqrt{3!}} \begin{vmatrix} u_{1,0,0}(r_1)\alpha(1) & u_{1,0,0}(r_2)\alpha(2) & u_{1,0,0}(r_3)\alpha(3) \\ u_{1,0,0}(r_1)\beta(1) & u_{1,0,0}(r_2)\beta(2) & u_{1,0,0}(r_3)\beta(3) \\ u_{2,0,0}(r_1)\beta(1) & u_{2,0,0}(r_2)\beta(2) & u_{2,0,0}(r_3)\beta(3) \end{vmatrix}$$

4.3 Escriba las funciones de onda de orden cero, en el modelo de partículas independientes, correspondientes al átomo de boro en su configuración fundamental ($Z = 5$).

Solución:

La configuración fundamental del átomo de boro es $1s^2 2s^2 2p^1$ y el número de autofunciones compatibles con ella es:

$$C_2^2 \times C_2^2 \times C_6^1 = 6$$

De forma similar al problema anterior, las funciones de onda individuales de los electrones en el orbital $1s$ son:

$$u_{1,0,0,1/2}(q_1) = u_{1,0,0}(r_1)\alpha(1)$$

$$u_{1,0,0,-1/2}(q_2) = u_{1,0,0}(r_2)\beta(2)$$

Para los electrones en el orbital $2s$, las funciones de onda son:

$$u_{2,0,0,1/2}(q_3) = u_{2,0,0}(r_3)\alpha(3)$$

$$u_{2,0,0,-1/2}(q_4) = u_{2,0,0}(r_4)\beta(4)$$

El electrón que se encuentra en el orbital $2p$ tiene $l = 1$, pudiendo encontrarse en cualquiera de los estados con $m_l = 0, \pm 1$. Adicionalmente, la componente z del espín puede ser $m_s = \pm 1/2$. Por tanto, existen seis posibles funciones de onda individuales para un único electrón en el orbital $2p$:

$$u_{2,1,0,1/2}(q_5) = u_{2,1,0}(r_5)\alpha(5)$$

$$u_{2,1,0,-1/2}(q_5) = u_{2,1,0}(r_5)\beta(5)$$

$$u_{2,1,1,1/2}(q_5) = u_{2,1,1}(r_5)\alpha(5)$$

$$u_{2,1,1,-1/2}(q_5) = u_{2,1,1}(r_5)\beta(5)$$

$$u_{2,1,\bar{1},1/2}(q_5) = u_{2,1,\bar{1}}(r_5)\alpha(5)$$

$$u_{2,1,\bar{1},-1/2}(q_5) = u_{2,1,\bar{1}}(r_5)\beta(5)$$

De forma similar al problema anterior, las funciones de onda de orden cero se pueden calcular a partir de los siguientes determinantes de Slater:

$$\psi_a^{(0)} = \frac{1}{\sqrt{5!}} \begin{vmatrix} u_{1,0,0}(r_1)\alpha(1) & u_{1,0,0}(r_2)\alpha(2) & u_{1,0,0}(r_3)\alpha(3) & u_{1,0,0}(r_4)\alpha(4) & u_{1,0,0}(r_5)\alpha(5) \\ u_{1,0,0}(r_1)\beta(1) & u_{1,0,0}(r_2)\beta(2) & u_{1,0,0}(r_3)\beta(3) & u_{1,0,0}(r_4)\beta(4) & u_{1,0,0}(r_5)\beta(5) \\ u_{2,0,0}(r_1)\alpha(1) & u_{2,0,0}(r_2)\alpha(2) & u_{2,0,0}(r_3)\alpha(3) & u_{2,0,0}(r_4)\alpha(4) & u_{2,0,0}(r_5)\alpha(5) \\ u_{2,0,0}(1)\beta(1) & u_{2,0,0}(r_2)\beta(2) & u_{2,0,0}(r_3)\beta(3) & u_{2,0,0}(r_4)\beta(4) & u_{2,0,0}(r_5)\beta(5) \\ u_{2,1,0}(r_1)\alpha(1) & u_{2,1,0}(r_2)\alpha(2) & u_{2,1,0}(r_3)\alpha(3) & u_{2,1,0}(r_4)\alpha(4) & u_{2,1,0}(r_5)\alpha(5) \end{vmatrix}$$

$$\psi_b^{(0)} = \frac{1}{\sqrt{5!}} \begin{vmatrix} u_{1,0,0}(r_1)\alpha(1) & u_{1,0,0}(r_2)\alpha(2) & u_{1,0,0}(r_3)\alpha(3) & u_{1,0,0}(r_4)\alpha(4) & u_{1,0,0}(r_5)\alpha(5) \\ u_{1,0,0}(r_1)\beta(1) & u_{1,0,0}(r_2)\beta(2) & u_{1,0,0}(r_3)\beta(3) & u_{1,0,0}(r_4)\beta(4) & u_{1,0,0}(r_5)\beta(5) \\ u_{2,0,0}(r_1)\alpha(1) & u_{2,0,0}(r_2)\alpha(2) & u_{2,0,0}(r_3)\alpha(3) & u_{2,0,0}(r_4)\alpha(4) & u_{2,0,0}(r_5)\alpha(5) \\ u_{2,0,0}(1)\beta(1) & u_{2,0,0}(r_2)\beta(2) & u_{2,0,0}(r_3)\beta(3) & u_{2,0,0}(r_4)\beta(4) & u_{2,0,0}(r_5)\beta(5) \\ u_{2,1,0}(r_1)\beta(1) & u_{2,1,0}(r_2)\beta(2) & u_{2,1,0}(r_3)\beta(3) & u_{2,1,0}(r_4)\beta(4) & u_{2,1,0}(r_5)\beta(5) \end{vmatrix}$$

$$\psi_c^{(0)} = \frac{1}{\sqrt{5!}} \begin{vmatrix} u_{1,0,0}(r_1)\alpha(1) & u_{1,0,0}(r_2)\alpha(2) & u_{1,0,0}(r_3)\alpha(3) & u_{1,0,0}(r_4)\alpha(4) & u_{1,0,0}(r_5)\alpha(5) \\ u_{1,0,0}(r_1)\beta(1) & u_{1,0,0}(r_2)\beta(2) & u_{1,0,0}(r_3)\beta(3) & u_{1,0,0}(r_4)\beta(4) & u_{1,0,0}(r_5)\beta(5) \\ u_{2,0,0}(r_1)\alpha(1) & u_{2,0,0}(r_2)\alpha(2) & u_{2,0,0}(r_3)\alpha(3) & u_{2,0,0}(r_4)\alpha(4) & u_{2,0,0}(r_5)\alpha(5) \\ u_{2,0,0}(1)\beta(1) & u_{2,0,0}(r_2)\beta(2) & u_{2,0,0}(r_3)\beta(3) & u_{2,0,0}(r_4)\beta(4) & u_{2,0,0}(r_5)\beta(5) \\ u_{2,1,1}(r_1)\alpha(1) & u_{2,1,1}(r_2)\alpha(2) & u_{2,1,1}(r_3)\alpha(3) & u_{2,1,1}(r_4)\alpha(4) & u_{2,1,1}(r_5)\alpha(5) \end{vmatrix}$$

$$\psi_d^{(0)} = \frac{1}{\sqrt{5!}} \begin{vmatrix} u_{1,0,0}(r_1)\alpha(1) & u_{1,0,0}(r_2)\alpha(2) & u_{1,0,0}(r_3)\alpha(3) & u_{1,0,0}(r_4)\alpha(4) & u_{1,0,0}(r_5)\alpha(5) \\ u_{1,0,0}(r_1)\beta(1) & u_{1,0,0}(r_2)\beta(2) & u_{1,0,0}(r_3)\beta(3) & u_{1,0,0}(r_4)\beta(4) & u_{1,0,0}(r_5)\beta(5) \\ u_{2,0,0}(r_1)\alpha(1) & u_{2,0,0}(r_2)\alpha(2) & u_{2,0,0}(r_3)\alpha(3) & u_{2,0,0}(r_4)\alpha(4) & u_{2,0,0}(r_5)\alpha(5) \\ u_{2,0,0}(1)\beta(1) & u_{2,0,0}(r_2)\beta(2) & u_{2,0,0}(r_3)\beta(3) & u_{2,0,0}(r_4)\beta(4) & u_{2,0,0}(r_5)\beta(5) \\ u_{2,1,1}(r_1)\beta(1) & u_{2,1,1}(r_2)\beta(2) & u_{2,1,1}(r_3)\beta(3) & u_{2,1,1}(r_4)\beta(4) & u_{2,1,1}(r_5)\beta(5) \end{vmatrix}$$

$$\psi_e^{(0)} = \frac{1}{\sqrt{5!}} \begin{vmatrix} u_{1,0,0}(r_1)\alpha(1) & u_{1,0,0}(r_2)\alpha(2) & u_{1,0,0}(r_3)\alpha(3) & u_{1,0,0}(r_4)\alpha(4) & u_{1,0,0}(r_5)\alpha(5) \\ u_{1,0,0}(r_1)\beta(1) & u_{1,0,0}(r_2)\beta(2) & u_{1,0,0}(r_3)\beta(3) & u_{1,0,0}(r_4)\beta(4) & u_{1,0,0}(r_5)\beta(5) \\ u_{2,0,0}(r_1)\alpha(1) & u_{2,0,0}(r_2)\alpha(2) & u_{2,0,0}(r_3)\alpha(3) & u_{2,0,0}(r_4)\alpha(4) & u_{2,0,0}(r_5)\alpha(5) \\ u_{2,0,0}(1)\beta(1) & u_{2,0,0}(r_2)\beta(2) & u_{2,0,0}(r_3)\beta(3) & u_{2,0,0}(r_4)\beta(4) & u_{2,0,0}(r_5)\beta(5) \\ u_{2,1,\overline{1}}(r_1)\alpha(1) & u_{2,1,\overline{1}}(r_2)\alpha(2) & u_{2,1,\overline{1}}(r_3)\alpha(3) & u_{2,1,\overline{1}}(r_4)\alpha(4) & u_{2,1,\overline{1}}(r_5)\alpha(5) \end{vmatrix}$$

$$\psi_f^{(0)} = \frac{1}{\sqrt{5!}} \begin{vmatrix} u_{1,0,0}(r_1)\alpha(1) & u_{1,0,0}(r_2)\alpha(2) & u_{1,0,0}(r_3)\alpha(3) & u_{1,0,0}(r_4)\alpha(4) & u_{1,0,0}(r_5)\alpha(5) \\ u_{1,0,0}(r_1)\beta(1) & u_{1,0,0}(r_2)\beta(2) & u_{1,0,0}(r_3)\beta(3) & u_{1,0,0}(r_4)\beta(4) & u_{1,0,0}(r_5)\beta(5) \\ u_{2,0,0}(r_1)\alpha(1) & u_{2,0,0}(r_2)\alpha(2) & u_{2,0,0}(r_3)\alpha(3) & u_{2,0,0}(r_4)\alpha(4) & u_{2,0,0}(r_5)\alpha(5) \\ u_{2,0,0}(1)\beta(1) & u_{2,0,0}(r_2)\beta(2) & u_{2,0,0}(r_3)\beta(3) & u_{2,0,0}(r_4)\beta(4) & u_{2,0,0}(r_5)\beta(5) \\ u_{2,1,\overline{1}}(r_1)\beta(1) & u_{2,1,\overline{1}}(r_2)\beta(2) & u_{2,1,\overline{1}}(r_3)\beta(3) & u_{2,1,\overline{1}}(r_4)\beta(4) & u_{2,1,\overline{1}}(r_5)\beta(5) \end{vmatrix}$$

4.4 Imagine un átomo de $^{19}_{9}F$ en el que todos sus electrones han sido remplazados por partículas μ^-. Estas partículas poseen la misma carga y espín que el electrón, y su masa es 207 veces la masa del electrón. Asumiendo adecuada la aproximación de partículas independientes, ¿qué cantidad de energía (en eV) debería absorber este átomo para pasar de la configuración fundamental a la primera configuración excitada?

Solución:

La configuración electrónica fundamental del átomo de flúor es $1s^2 2s^2 2p^5$ y, teniendo en cuenta la regla de Madelung, la primera configuración excitada es $1s^2 2s^2 2p^4 3s^1$. La energía que tendríamos que suministrar es la diferencia entre las energías asociadas a ambas configuraciones.

En el modelo de partículas independientes, la energía de cada partícula μ^- está dada por:

$$E_n = -\frac{1}{(4\pi\varepsilon_0)^2}\frac{\mu e^4}{2\hbar^2}Z^2\frac{1}{n^2}$$

donde n representa el número cuántico principal y μ el valor de la masa reducida núcleo-muon:

$$\mu = \frac{m_N m_{\mu^-}}{m_N + m_{\mu^-}} = \frac{19 m_p\, 207 m_e}{19 m_p + 207 m_e}$$

considerando que la masa del protón es $m_p = 1838.46\, m_e$:

$$\mu = 205.78\, m_e = 1.87 \times 10^{-28}\, \text{kg}$$

Sustituyendo las constantes y la masa reducida, calculamos el factor que aparece en la expresión de la energía:

$$\frac{1}{(4\pi\varepsilon_0)^2}\frac{\mu e^4}{2\hbar^2}Z^2 = 3.61 \times 10^{-14}\, \text{J}$$

Por tanto, la energía de cada partícula μ^- estará dada por:

$$E_n = -3.61 \times 10^{-14}\frac{1}{n^2}\, (\text{J})$$

y la energía de la configuración fundamental es:

$$E_0 = 2E_1 + 7E_2 = -3.61 \times 10^{-14}\left[2\frac{1}{1} + 7\frac{1}{4}\right] = -1.3551 \times 10^{-13}\, \text{J}$$

que utilizando la conversión: $1\, \text{J} = 6.242 \times 10^{18}\, \text{eV}$, resulta:

$$E_0 = -845.83\, \text{keV}$$

De igual modo, se puede calcular la energía de la primera configuración excitada, que sería:

$$E_{exc} = 2E_1 + 6E_2 + 1E_3 = -3.61 \times 10^{-14}\left[2\frac{1}{1} + 6\frac{1}{4} + 1\frac{1}{9}\right]$$

$$= -1.3049 \times 10^{-13}\, \text{J}$$

$$E_{exc} = -814.51\, \text{keV}$$

La cantidad de energía que tendría que ser absorbida para pasar de la configuración fundamental a la primera excitada es:

$$\Delta E = E_{exc} - E_0 = -814.51 + 845.83 = 31.32 \text{ keV}$$

4.5
Obténganse los distintos términos espectroscópicos a que da lugar la interacción electrón–electrón en el átomo de carbono ($Z = 6$) dentro de la aproximación Russell–Saunders. Realícese un diagrama esquemático de los niveles obtenidos.

Solución:

El átomo de carbono tiene la siguiente configuración electrónica $1s^2 2s^2 2p^2$. El número total de estados será:

$$C_6^2 = \frac{6!}{2!\,4!} = 15$$

Tenemos que determinar los términos asociados a dos electrones equivalentes en orbitales p (configuración np^2). Para ello construimos una tabla anotando en la primera fila los posibles valores de (m_l, m_s) del primer electrón y en la primera columna los posibles valores de (m_l, m_s) del segundo electrón. En cada celda situaremos los valores de (M_L, M_S), siendo:

$$M_L = m_{l_1} + m_{l_2}$$

$$M_S = m_{s_1} + m_{s_2}$$

Representando los valores de $m_s = 1/2$ y $m_s = -1/2$ mediante los símbolos $\uparrow$ y $\downarrow$, la tabla queda:

	$1\uparrow$	$1\downarrow$	$0\uparrow$	$0\downarrow$	$\bar{1}\uparrow$	$\bar{1}\downarrow$
$1\uparrow$						
$1\downarrow$	2,0					
$0\uparrow$	1,1	1,0				
$0\downarrow$	1,0	$1,\bar{1}$	0,0			
$\bar{1}\uparrow$	0,1	0,0	$\bar{1},1$	$\bar{1},0$		
$\bar{1}\downarrow$	0,0	$0,\bar{1}$	$\bar{1},0$	$\bar{1},\bar{1}$	$\bar{2},0$	

$\searrow d_1 \quad \searrow d_2 \quad \searrow d_3 \quad \searrow d_4 \quad \searrow d_5$

Las celdas sombreadas en gris corresponden a estados que incumplen el principio de exclusión de Pauli. Los estados situados en las diagonales, indicadas mediante los símbolos ↘d_i, dan lugar a distintos términos espectroscópicos tal y como se indica a continuación:

d_5	Término con $L = 2, S = 0 \rightarrow\ ^1D$ [5]
d_4, d_3 y d_2	Término con $L = 1, S = 1 \rightarrow\ ^3P$ [9]
d_1	Término con $L = 0, S = 0 \rightarrow\ ^1S$ [1]

En cada caso, se ha indicado entre corchetes la degeneración del término correspondiente. Nótese que la suma de la degeneración de todos los términos es igual a la degeneración total de equivalencia que presenta la configuración electrónica de partida (C_6^2).

El diagrama esquemático mostrando los términos espectroscópicos obtenidos queda en la forma:

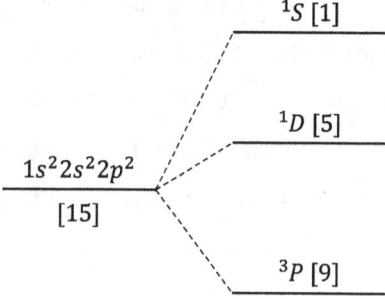

Para ordenar los distintos términos se han aplicado las reglas de Hund. Así, el término de menor energía es el ^3P (posee la mayor multiplicidad), mientras que el de mayor energía es el ^1S (presenta la menor multiplicidad y el menor valor de L).

4.6 La configuración electrónica fundamental del átomo de galio ($Z = 31$) es $[Ar]3d^{10}4s^24p^1$. Una de sus posibles configuraciones excitadas consiste en la promoción de un electrón desde la subcapa $4p$ a la $4d$. Dibújese un diagrama esquemático mostrando los niveles de ambas configuraciones en aproximación L−S, incluyendo sus términos espectroscópicos y niveles de estructura fina. Indíquese en cada caso la degeneración correspondiente.

Solución:

Al igual que en el problema anterior, el número de estados posibles para la configuración fundamental se obtiene considerando únicamente las capas que no están cerradas, en este caso la capa $4p^1$. Por tanto, el número de estados posibles para esta configuración es $C_6^1 = 6$.

El electrón en la capa $4p$ tiene $L = l = 1$ y $S = s = 1/2$, por tanto el momento angular total tomará los valores: $J = 1/2, 3/2$.

En la configuración excitada, $4d^1$, el número de estados posibles es $C_{10}^1 = 10$. En este caso el electrón tiene $L = l = 2$ y $S = s = 1/2$, por tanto el momento angular total tomará los valores: $J = 3/2, 5/2$.

En la tabla se muestra el desdoblamiento de los términos y la corrección espín − órbita (ΔE_{S-O}) obtenida mediante:

$$\Delta E_{S-O} = \frac{\mathcal{A}(\gamma LS)\hbar^2}{2}[J(J+1) - L(L+1) - S(S+1)]$$

Como las subcapas de partida presentan un llenado inferior a la mitad, los niveles de estructura fina de menor energía serán los de menor J (3ª regla de Hund).

Configuración	S	L	Término	J	Nivel	ΔE_{S-O}
$4p^1$ [6]	1/2	1	^2P [6]	1/2	$^2P_{1/2}$ [2]	$-\mathcal{A}_1\hbar^2$
				3/2	$^2P_{3/2}$ [4]	$\mathcal{A}_1\hbar^2/2$
$4d^1$ [10]	1/2	2	^2D [10]	3/2	$^2D_{3/2}$ [4]	$-3\mathcal{A}_2\hbar^2/2$
				5/2	$^2D_{5/2}$ [6]	$\mathcal{A}_2\hbar^2$

A partir de los resultados obtenidos es posible dibujar de forma esquemática el diagrama de niveles de energía que, ordenado en energía creciente, queda como:

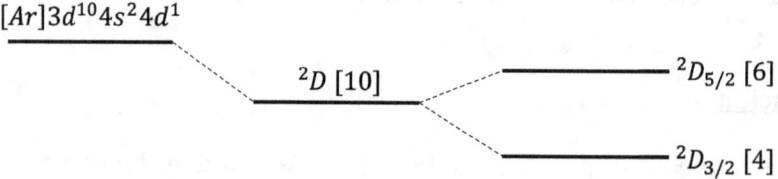

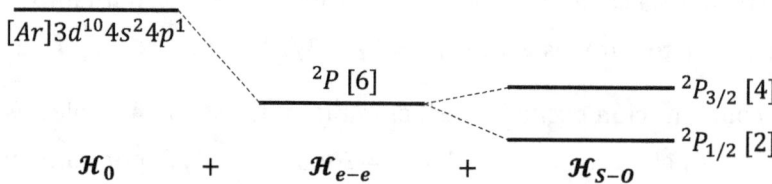

4.7 Obténganse los distintos términos espectrales y niveles de estructura fina, en aproximación L–S, en los que se desdobla la configuración electrónica fundamental de los átomos de titanio y vanadio ($Z = 22$ y 23, respectivamente) y ordénense en energía creciente.

Solución:

En este caso las configuraciones electrónicas son:

Ti ($Z = 22$): $1s^2 2s^2 2p^6 3s^2 3p^6 4s^2 3d^2$

V ($Z = 23$): $1s^2 2s^2 2p^6 3s^2 3p^6 4s^2 3d^3$

Por tanto hay que calcular los términos espectrales asociados a las configuraciones nd^2 y nd^3, ambas con electrones equivalentes.

Configuración nd^2:

Ahora los electrones son equivalentes y es preciso tener cuidado con el principio de exclusión de Pauli. El número total de estados será $C_{10}^2 = 45$.

Al igual que en el problema 4.5, construimos una tabla anotando en la primera fila los posibles valores de (m_l, m_s) del primer electrón y en la primera columna los posibles valores de (m_l, m_s) del segundo electrón. En las distintas celdas de la tabla situamos los valores de (M_L, M_S).

	2↑	2↓	1↑	1↓	0↑	0↓	$\bar{1}$↑	$\bar{1}$↓	$\bar{2}$↑	$\bar{2}$↓
2↑										
2↓	4,0									
1↑	3,1	3,0								
1↓	3,0	3,$\bar{1}$	2,0							
0↑	2,1	2,0	1,1	1,0						
0↓	2,0	2,$\bar{1}$	1,0	1,$\bar{1}$	0,0					
$\bar{1}$↑	1,1	1,0	0,1	0,0	$\bar{1}$,1	$\bar{1}$,0				
$\bar{1}$↓	1,0	1,$\bar{1}$	0,0	0,$\bar{1}$	$\bar{1}$,0	$\bar{1}$,$\bar{1}$	$\bar{2}$,0			
$\bar{2}$↑	0,1	0,0	$\bar{1}$,1	$\bar{1}$,0	$\bar{2}$,1	$\bar{2}$,0	$\bar{3}$,1	$\bar{3}$,0		
$\bar{2}$↑	0,0	0,$\bar{1}$	$\bar{1}$,0	$\bar{1}$,$\bar{1}$	$\bar{2}$,0	$\bar{2}$,$\bar{1}$	$\bar{3}$,0	$\bar{3}$,$\bar{1}$	$\bar{4}$,0	
	↖d_1	↖d_2	↖d_3	↖d_4	↖d_5	↖d_6	↖d_7	↖d_8	↖d_9	

Nuevamente, las celdas sombreadas de gris incumplen el principio de exclusión de Pauli y los estados situados en las diagonales dan lugar a los distintos términos espectroscópicos, así:

d_9	Término con $L = 4$, $S = 0 \rightarrow {}^1G$ [9]
d_8, d_7 y d_6	Término con $L = 3$, $S = 1 \rightarrow {}^3F$ [21]
d_5	Término con $L = 2$, $S = 0 \rightarrow {}^1D$ [5]
d_4, d_3 y d_2	Término con $L = 1$, $S = 1 \rightarrow {}^3P$ [9]
d_1	Término con $L = 0$, $S = 0 \rightarrow {}^1S$ [1]

Los términos y niveles de estructura fina ordenados en energía creciente resultan ser:

Término	S	L	J	Nivel
^{3}F [21]	1	3	2	^{3}F$_2$ [5]
			3	^{3}F$_3$ [7]
			4	^{3}F$_4$ [9]
^{3}P [9]	1	1	0	^{3}P$_0$ [1]
			1	^{3}P$_1$ [3]
			2	^{3}P$_2$ [5]
^{1}G [9]	0	4	4	^{1}G$_4$ [9]
^{1}D [5]	0	2	2	^{1}D$_2$ [5]
^{1}S [1]	0	0	0	^{1}S$_0$ [1]

Configuración nd^3:

Para tratar tres electrones equivalentes, el procedimiento anterior resulta inadecuado. En este caso es más cómodo utilizar un procedimiento alternativo que consiste en generar una tabla con los posibles valores de M_L (ordenados en la primera columna) y M_S (ordenados en la primera fila). En cada celda de la tabla anotamos las posibles combinaciones $(m_{l_1}, m_{s_1}, m_{l_2}, m_{s_2}, m_{l_3}, m_{s_3})$ que no incumplen el principio de exclusión de Pauli. Para tres electrones d:

$$M_L = \pm 6, \pm 5, \pm 4, \pm 3, \pm 2, \pm 1, 0 \text{ y } M_S = \pm 3/2, \pm 1/2$$

Por comodidad, los valores $m_s = +1/2$ y $m_s = -1/2$ se han representado mediante ↑ y ↓, respectivamente. El número total de microestados está dado nuevamente por la degeneración total de equivalencia, que en este caso es $C_{10}^3 = 120$.

	$M_S = +3/2$	$M_S = +1/2$	$M_S = -1/2$	$M_S = -3/2$
$M_L = +6$				
$M_L = +5$		+2↑ +1↑ +2↓		
$M_L = +4$		+2↑ +1↑ +1↓ +2↑ 0↑ +2↓		
$M_L = +3$	+2↑ +1↑ 0↑	+2↑ +1↑ 0↓ +2↑ 0↑ +1↓ +2↑ -1↑ +2↓ +1↑ 0↑ +2↓		
$M_L = +2$	+2↑ +1↑ -1↑	+2↑ +1↑ -1↓ +2↑ 0↑ 0↓ +2↑ -1↑ +1↓		

		+2↑ -2↑ +2↓ +1↑ 0↑ +1↓ +1↑ -1↑ +2↓		
$M_L = +1$	+2↑ +1↑ -2↑ +2↑ 0↑ -1↑	+2↑ +1↑ -2↓ +2↑ 0↑ -1↓ +2↑ -1↑ 0↓ +2↑ -2↑ +1↓ +1↑ 0↑ 0↓ +1↑ -1↑ +1↓ +1↑ -2↑ +2↓ 0↑ -1↑ +2↓		
$M_L = 0$	+2↑ 0↑ -2↑ +1↑ 0↑ -1↑	+2↑ 0↑ -2↓ +2↑ -1↑ -1↓ +2↑ -2↑ 0↓ +1↑ 0↑ -1↓ +1↑ -1↑ 0↓ +1↑ -2↑ +1↓ 0↑ -1↑ +1↓ 0↑ -2↑ 2↓		
$M_L = -1$				
$M_L = -2$				
$M_L = -3$				
$M_L = -4$				
$M_L = -5$				
$M_L = -6$				

Las celdas que se han dejado en blanco se obtienen volteando los espines de sus celdas simétricas y/o multiplicando por (-1) los valores de los correspondientes m_{l_i}. Por ejemplo, el microestado correspondiente a la celda con $M_L = +5$ y $M_S = -1/2$ presenta los mismos valores de $m_{l_1}, m_{l_2}, m_{l_3}$ que el microestado con $M_L = +5$ y $M_S = +1/2$ pero sus espines son los contrarios. Es decir, el microestado es: +2↓ +1↓+2↑. Para obtener las celdas con valores negativos de M_L, basta con multiplicar por (-1) los valores de $m_{l_1}, m_{l_2}, m_{l_3}$ que presenta la celda con el correspondiente valor de M_L positivo. Así, continuando con nuestro ejemplo, el microestado correspondiente a $M_L = -5$ y $M_S = -1/2$ es: -2↓ -1↓-2↑. Las celdas sombreadas en gris corresponden a estados que incumplen el principio de exclusión de Pauli ya que al menos dos de los electrones tienen todos sus números cuánticos iguales. A partir de los valores de M_L y M_S que aparecen en la tabla y del número de microestados presentes en cada celda se deduce que los términos espectrales compatibles son:

Término	S	L	J	Nivel
^{4}F [28]	3/2	3	3/2	$^4F_{3/2}$ [4]
			5/2	$^4F_{5/2}$ [6]
			7/2	$^4F_{7/2}$ [8]
			9/2	$^4F_{9/2}$ [10]
^{4}P [12]	3/2	1	1/2	$^4P_{1/2}$ [2]
			3/2	$^4P_{3/2}$ [4]
			5/2	$^4P_{5/2}$ [6]
^{2}H [22]	1/2	5	9/2	$^2H_{9/2}$ [10]
			11/2	$^2H_{11/2}$ [12]
^{2}G [18]	1/2	4	7/2	$^2G_{7/2}$ [8]
			9/2	$^2G_{9/2}$ [10]
^{2}F [14]	1/2	3	5/2	$^2F_{5/2}$ [6]
			7/2	$^2F_{7/2}$ [8]
^{2}D(2) [10]	1/2	2	3/2	$^2D_{3/2}(2)$ [4]
			5/2	$^2D_{5/2}(2)$ [6]
^{2}P [6]	1/2	1	1/2	$^2P_{1/2}$ [2]
			3/2	$^2P_{3/2}$ [4]

Los términos espectroscópicos y niveles de estructura fina de la tabla se han ordenado en energía creciente atendiendo a las reglas de Hund.

El número entre paréntesis que acompaña al término ^{2}D indica que este término aparece dos veces al resolver la tabla de microestados. Nótese que, sólo teniendo en cuenta que existen dos términos ^{2}D, al sumar la degeneración de todos los términos se obtiene la degeneración total de equivalencia de la configuración electrónica de partida.

Este método alternativo también podría haberse utilizado para resolver la configuración nd^2 si bien resulta de mayor utilidad cuando el número de electrones es superior a dos.

4.8 El ion Ti^{2+} tiene la configuración electrónica fundamental $[Ar]4s^0 3d^2$.

(a) Obténgase la configuración electrónica de su primer estado excitado.

(b) Para dicho estado excitado, determínense sus niveles de estructura fina considerando adecuada la aproximación de Russell–Saunders.

(c) Realícese un diagrama de niveles e indíquese la magnitud del desdoblamiento espín–órbita.

Solución:

(a) La configuración electrónica del primer estado excitado consiste en la promoción de un electrón desde la subcapa $3d$ a la $4p$; por tanto, la configuración electrónica excitada es: $[Ar]4s^0 3d 4p$.

(b) En la configuración excitada los dos electrones son no equivalentes. La degeneración total de equivalencia en este caso es: $C_{10}^1 \times C_6^1 = 60$.

Como el electrón de la subcapa $3d$ tiene $l_1 = 2$ y el que se encuentra en la subcapa $4p$ tiene $l_2 = 1$, los posibles valores del momento angular orbital total son $L = 1, 2$ y 3. De forma similar, como el espín de cada electrón es $s_1 = s_2 = 1/2$ los posibles valores del espín total son $S = 0, 1$. Con esto, los términos espectroscópicos y niveles de estructura fina, en energía creciente, serán:

S	L	Término	J	Nivel	ΔE_{S-O}
1	3	^3F [21]	2	$^3F_2$ [5]	$-4\mathcal{A}_1 \hbar^2$
			3	$^3F_3$ [7]	$-\mathcal{A}_1 \hbar^2$
			4	$^3F_4$ [9]	$3\mathcal{A}_1 \hbar^2$
1	2	^3D [15]	1	$^3D_1$ [3]	$-3\mathcal{A}_2 \hbar^2$
			2	$^3D_2$ [5]	$-\mathcal{A}_2 \hbar^2$
			3	$^3D_3$ [7]	$2\mathcal{A}_2 \hbar^2$
1	1	^3P [9]	0	$^3P_0$ [1]	$-2\mathcal{A}_3 \hbar^2$
			1	$^3P_1$ [3]	$-\mathcal{A}_3 \hbar^2$
			2	$^3P_2$ [5]	$\mathcal{A}_3 \hbar^2$

S	L	Término	J	Nivel	ΔE_{S-O}
0	3	^1F [7]	3	$^1F_3$ [7]	0
0	2	^1D [5]	2	$^1D_2$ [5]	0
0	1	^1P [3]	1	$^1P_1$ [3]	0

(c) En la tabla anterior se ha incluido la magnitud del desdoblamiento espín – órbita, para ello se ha considerado que la corrección a la energía es:

$$\Delta E_{S-O} = \frac{\mathcal{A}(\gamma LS)\hbar^2}{2}[J(J+1) - L(L+1) - S(S+1)]$$

El diagrama de niveles de energía queda

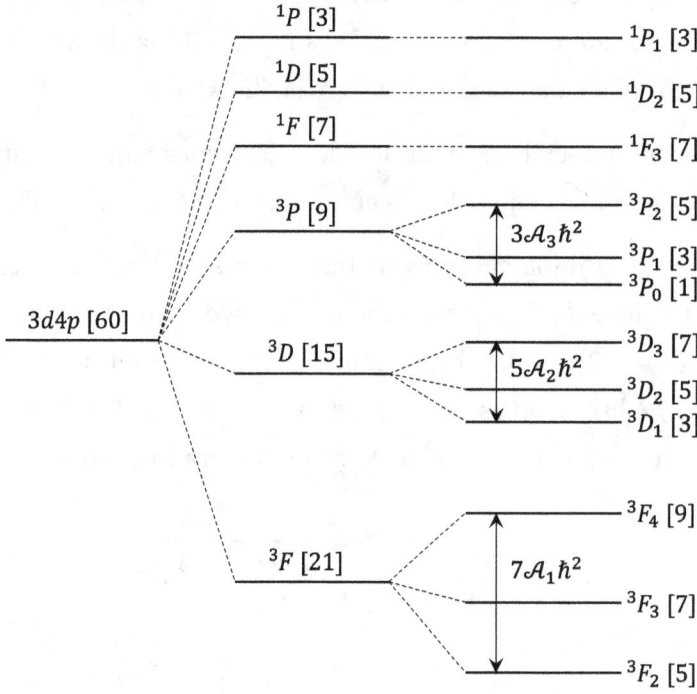

Nótese que los únicos términos espectroscópicos que sufren desdoblamiento en niveles de estructura fina son aquellos con $S \neq 0$. Además. a las constantes de acoplamiento espín – órbita se les ha añadido un subíndice distinto para cada término espectroscópico, indicando que la magnitud del desdoblamiento espín-órbita es diferente para los distintos términos espectrales.

4.9 Considérese el ion Pr^{3+} cuya configuración electrónica fundamental es:

$$1s^2 2s^2 2p^6 3s^2 3p^6 4s^2 3d^{10} 4p^6 5s^2 4d^{10} 5p^6 4f^2$$

(a) Asumiendo adecuada la aproximación de Russell–Saunders, obtenga los distintos niveles de estructura fina que tendrá este ion en su configuración fundamental.

(b) Teniendo en cuenta las reglas de Hund, ¿cuál debería ser el estado fundamental del Pr^{3+}?

Solución:

(a) Ahora los posibles valores de m_l son $\pm 3, \pm 2, \pm 1, 0$ y los de m_s son $\pm 1/2$. De forma similar al procedimiento usado en el problemas anteriores, construímos la siguiente tabla:

	3↑	3↓	2↑	2↓	1↑	1↓	0↑	0↓	$\bar{1}$↑	$\bar{1}$↓	$\bar{2}$↑	$\bar{2}$↓	$\bar{3}$↑	$\bar{3}$↓
3↑									Diagonales	Términos				
3↓	6,0								d_{13}	$L=6, S=0 \to {}^1I$ [13]				
2↑	5,1	5,0							d_{12}, d_{11} y d_{10}	$L=5, S=1 \to {}^3H$ [33]				
2↓	5,0	5,$\bar{1}$	4,0						d_9	$L=4, S=0 \to {}^1G$ [9]				
1↑	4,1	4,0	3,1	3,0					d_8, d_7 y d_6	$L=3, S=1 \to {}^3F$ [21]				
1↓	4,0	4,$\bar{1}$	3,0	3,$\bar{1}$	2,0				d_5	$L=2, S=0 \to {}^1D$ [5]				
0↑	3,1	3,0	2,1	2,0	1,1	1,0			d_4, d_3 y d_2	$L=1, S=1 \to {}^3P$ [9]				
0↓	3,0	3,$\bar{1}$	2,0	2,$\bar{1}$	1,0	1,$\bar{1}$	0,0		d_1	$L=0, S=0 \to {}^1S$ [1]				
$\bar{1}$↑	2,1	2,0	1,1	1,0	0,1	0,0	$\bar{1}$,1	$\bar{1}$,0						
$\bar{1}$↓	2,0	2,$\bar{1}$	1,0	1,$\bar{1}$	0,0	0,$\bar{1}$	$\bar{1}$,0	$\bar{1}$,$\bar{1}$	$\bar{2}$,0					
$\bar{2}$↑	1,1	1,0	0,1	0,0	$\bar{1}$,1	$\bar{1}$,0	$\bar{2}$,1	$\bar{2}$,0	$\bar{3}$,1	$\bar{3}$,0				
$\bar{2}$↓	1,0	1,$\bar{1}$	0,0	0,$\bar{1}$	$\bar{1}$,0	$\bar{1}$,$\bar{1}$	$\bar{2}$,0	$\bar{2}$,$\bar{1}$	$\bar{3}$,0	$\bar{3}$,$\bar{1}$	$\bar{4}$,0			
$\bar{3}$↑	0,1	0,0	$\bar{1}$,1	$\bar{1}$,0	$\bar{2}$,1	$\bar{2}$,0	$\bar{3}$,1	$\bar{3}$,0	$\bar{4}$,1	$\bar{4}$,0	$\bar{5}$,1	$\bar{5}$,0		
$\bar{3}$↓	0,0	0,$\bar{1}$	$\bar{1}$,0	$\bar{1}$,$\bar{1}$	$\bar{2}$,0	$\bar{2}$,$\bar{1}$	$\bar{3}$,0	$\bar{3}$,$\bar{1}$	$\bar{4}$,0	$\bar{4}$,$\bar{1}$	$\bar{5}$,0	$\bar{5}$,$\bar{1}$	$\bar{6}$,0	
	↘d_1	↘d_2	↘d_3	↘d_4	↘d_5	↘d_6	↘d_7	↘d_8	↘d_9	↘d_{10}	↘d_{11}	↘d_{12}	↘d_{13}	

Nuevamente las celdas sombreadas en gris corresponden a estados que incumplen el principio de exclusión de Pauli. En la tabla se han indicado los elementos de las diagonales que dan lugar a los distintos términos espectroscópicos. A partir de los términos obtenidos determinamos los distintos niveles de estructura fina a que da lugar la interacción espín – órbita:

Término	L	S	J	Nivel
^{1}I [13]	6	0	6	^{1}I$_6$ [13]
^{3}H [33]	5	1	6	^{3}H$_6$ [13]
			5	^{3}H$_5$ [11]
			4	^{3}H$_4$ [9]
^{1}G [9]	4	0	4	^{1}G$_4$ [9]
^{3}F [21]	3	1	4	^{3}F$_4$ [9]
			3	^{3}F$_3$ [7]
			2	^{3}F$_2$ [5]
^{1}D [5]	2	0	2	^{1}D$_2$ [5]
^{3}P [9]	1	1	2	^{3}P$_2$ [5]
			1	^{3}P$_1$ [3]
			0	^{3}P$_0$ [1]
^{1}S [1]	0	0	0	^{1}S$_0$ [1]

(c) Teniendo en cuenta las reglas de Hund, el nivel fundamental debería ser el ^{3}H$_4$ pues presenta la mayor multiplicidad, el mayor valor de L y el menor valor de J (capa $4f$ con un llenado inferior a la mitad de su capacidad).

4.10 Considérese el átomo de argón ($Z = 18$) tras su primera ionización (Ar$^+$).

(a) Utilizando el modelo de partículas independientes, calcúlese la energía de la configuración fundamental de este ion.

(b) Realícese un diagrama de niveles mostrando el desdoblamiento espín – órbita para la configuración fundamental y la configuración excitada $3p^44s$ del Ar$^+$. En el caso de la configuración fundamental, ¿cuál debería de ser el signo de la constante de acoplamiento espín – órbita?

Solución:

(a) La configuración electrónica del átomo de Ar es $1s^2 2s^2 2p^6 3s^2 3p^6$; por tanto, el argón ionizado (Ar$^+$) tendrá una configuración electrónica:

$$1s^2 2s^2 2p^6 3s^2 3p^5$$

Como ya hemos visto, en el modelo de partículas independientes, la energía de una configuración se obtiene en términos de la energía de cada electrón, calculándose mediante:

$$E_n = -13.6 \frac{Z^2}{n^2} \text{ (eV)}$$

Así, la energía de la configuración fundamental es:

$$E = 2E_{1s} + 2E_{2s} + 6E_{2p} + 2E_{3s} + 5E_{3p}$$

Como la energía es independiente del valor de momento angular orbital que tiene el electrón, la expresión anterior queda:

$$E = 2E_1 + 8E_2 + 7E_3$$

$$E = -13.6 \times 18^2 \times \left(2 + \frac{8}{4} + \frac{7}{9}\right) = -21052.8 \text{ eV}$$

(b) Desdoblamiento espín – órbita:

<u>Configuración fundamental:</u> El desdoblamiento de la configuración $3p^5$ es el mismo que el que tendría la configuración $3p^1$ ($L=1, S=1/2$) salvo que el ordenamiento en energía de los niveles es el inverso (tercera regla de Hund). La degeneración de equivalencia es: $C_6^1 = 6$.

S	L	Término	J	Nivel
1/2	1	^2P [6]	1/2	$^2P_{1/2}$ [2]
			3/2	$^2P_{3/2}$ [4]

El desdoblamiento espín – órbita está dado por:

$$\Delta E_{S-O} = \frac{\mathcal{A}(\gamma LS)}{2} \hbar^2 [J(J+1) - L(L+1) - S(S+1)]$$

Así:

$$\Delta E_{S-O}(J = 1/2) = \frac{\mathcal{A}(3p^5, 1, 1/2)}{2} \hbar^2 \left[\frac{1}{2}\left(\frac{1}{2}+1\right) - 1 \times 2 - \frac{1}{2}\left(\frac{1}{2}+1\right)\right]$$

$$= -\mathcal{A}(3p^5, 1, 1/2)\hbar^2$$

$$\Delta E_{S-O}(J = 3/2) = \frac{\mathcal{A}(3p^5, 1, 1/2)}{2} \hbar^2 \left[\frac{3}{2}\left(\frac{3}{2}+1\right) - 1 \times 2 - \frac{1}{2}\left(\frac{1}{2}+1\right)\right]$$

$$= \frac{\mathcal{A}(3p^5, 1, 1/2)}{2} \hbar^2$$

Según la tercera regla de Hund, el nivel de menor energía en esta configuración es el $^2P_{3/2}$. Por tanto, la constante de acoplamiento espín – órbita $\mathcal{A}(3p^5, 1, 1/2)$ ha de ser negativa.

<u>Configuración excitada:</u> De forma similar al caso anterior, los términos y niveles de estructura fina de la configuración $3p^4 4s$ son los mismos que para la configuración $np^2 n's$, salvo el orden energético de los niveles que es el inverso (tercera regla de Hund). Por tanto, resolvemos en primer lugar la configuración np^2, para ello generamos una tabla similar a la utilizada en el problema 4.7 para la configuración nd^3. Esta tabla es nuestro punto de partida; así, para dos electrones equivalentes p, los posibles estados que no incumplen el principio de exclusión de Pauli son:

	$M_S = +1$	$M_S = 0$	$M_S = -1$
$M_L = +2$		+1↑ +1↓	
$M_L = +1$	+1↑ 0↑	+1↑ 0↓ +1↓ 0↑	+1↓ 0↓
$M_L = 0$	+1↑ -1↓	+1↑ -1↓ 0↑ 0↓ -1↑ +1↓	+1↑ -1↓
$M_L = -1$	-1↓ 0↑	-1↑ 0↓ -1↓ 0↑	-1↓ 0↓
$M_L = -2$		-1↑ -1↓	

Los términos compatibles con los microestados de la tabla son:

$L = 2, S = 0 \rightarrow {}^1D$ [5]

$L = 1, S = 1 \rightarrow {}^3P$ [9]

$L = 0, S = 0 \rightarrow {}^1S$ [1]

Seguidamente para obtener los estados compatibles con la configuración $np^2 n's$ combinamos los estados de la tabla anterior con los posibles estados del electrón s; es decir, con 0↑ y 0↓ (representados en gris en la tabla siguiente), así obtenemos:

	$M_S = +3/2$	$M_S = +1/2$
$M_L = +2$		0↑ +1↑ +1↓
$M_L = +1$	0↑ +1↑ 0↑	0↓ +1↑ 0↑
		0↑ +1↑ 0↓
		0↑ +1↓ 0↑
$M_L = 0$	0↑ +1↑ -1↓	0↓ +1↑ -1↓
		0↑ +1↑ -1↓
		0↑ 0↑ 0↓
		0↑ -1↑ +1↓

En la tabla se han eliminado las celdas que se obtienen volteando los espines de sus celdas simétricas y/o multiplicando por (-1) los valores de los correspondientes m_{l_i}. Es importante tener en cuenta que ciertos estados, como por ejemplo el 0↑ +1↑ 0↑ parecen incumplir el principio de exclusión de Pauli, pero no es así ya que los electrones presentan distinto valor de número cuántico principal.

Existe un procedimiento alternativo para obtener los términos de la configuración $np^2n's$. Al igual que en el método anterior, partimos de los términos de la configuración np^2 y ahora los combinamos con el término correspondiente a un único electrón en el orbital s (término con $S = 1/2$ y $L = 0$, ^2S) así:

$n's$		np^2		$np^2n's$		
S	L	S	L	S	L	Término
1/2	0	1	1	3/2	1	^4P [12]
				1/2	1	^2P [6]
		0	2	1/2	2	^2D [10]
		0	0	1/2	0	^2S [2]

Es importante señalar que este último procedimiento es válido ya que los términos espectrales de la configuración np^2 verifican el principio de exclusión de Pauli y, además, son no equivalentes con el electrón de la configuración $n's$.

Por tanto, independientemente del método utilizado para determinar los términos espectrales, los niveles de estructura fina son:

S	L	Término	J	Nivel	ΔE_{S-O}
1/2	2	^{2}D [10]	3/2	^{2}D$_{3/2}$ [4]	$-3\mathcal{A}_1\hbar^2/2$
			5/2	^{2}D$_{5/2}$ [6]	$\mathcal{A}_1\hbar^2$
3/2	1	^{4}P [12]	1/2	^{4}P$_{1/2}$ [2]	$-5\mathcal{A}_2\hbar^2/2$
			3/2	^{4}P$_{3/2}$ [4]	$-\mathcal{A}_2\hbar^2$
			5/2	^{4}P$_{5/2}$ [6]	$3\mathcal{A}_2\hbar^2/2$
1/2	1	^{2}P [6]	1/2	^{2}P$_{1/2}$ [2]	$-\mathcal{A}_3\hbar^2$
			3/2	^{2}P$_{3/2}$ [4]	$\mathcal{A}_3\hbar^2/2$
1/2	0	^{2}S [2]	1/2	^{2}S$_{1/2}$ [2]	0

Al igual que en el apartado (a), para que el resultado esté en buen acuerdo con las reglas de Hund, las distintas constantes de acoplamiento espín – órbita que aparecen en la tabla anterior han de ser negativas.

Finalmente, el diagrama de niveles de energía queda:

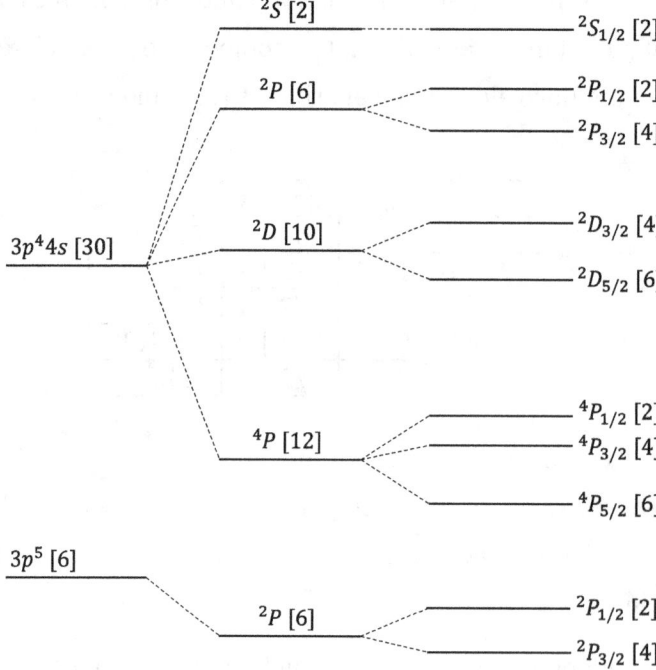

4.11 Lístense los niveles que se obtienen al aplicar la corrección espín-órbita a los términos espectrales de la configuración excitada [Ar]$4s^1 3d^2$ del átomo de escandio ($Z = 21$). Atendiendo a las reglas de Hund, realícese una representación gráfica donde se muestre el ordenamiento energético de los distintos términos y niveles de estructura fina.

Solución:

En este caso la degeneración total de equivalencia será $C_2^1 \times C_{10}^2 = 90$. De forma análoga al problema anterior, para obtener los términos espectrales partimos de la tabla correspondiente a la configuración $3d^2$, nuevamente no se han incluido en la tabla las celdas que se obtienen volteando los espines de sus celdas simétricas (las que estarían en la columna con $M_S = -1$) ni aquellas que se obtienen multiplicando por (-1) los valores de m_{l_i} (las que estarían en las filas con $M_L = -1, -2, -3$ y -4).

	$M_S = +1$	$M_S = 0$
$M_L = +4$		+2↑ +2↓
$M_L = +3$	+2↑ +1↑	+2↑ +1↓
		+1↑ +2↓
$M_L = +2$	+2↑ 0↑	+2↑ 0↓
		+1↑ +1↓
		0↑ +2↓
$M_L = +1$	+2↑ -1↑	+2↑ -1↓
	+1↑ 0↑	+1↑ 0↓
		0↑ +1↓
		-1↑ +2↓
$M_L = 0$	+2↑ -2↑	+2↑ -2↓
	+1↑ -1↑	+1↑ -1↓
		0↑ 0↓
		-1↑ +1↓
		-2↑ +2↓

Ahora combinamos los estados anteriores con los posibles estados del electrón s (0↑ y 0↓) para obtener los estados de la configuración $4s^1 3d^2$, así suprimiendo nuevamente las celdas simétricas:

	$M_S = +3/2$	$M_S = +1/2$
$M_L = +4$		0↑ +2↑ +2↓
$M_L = +3$	0↑ +2↑ +1↑	0↓ +2↑ +1↑ 0↑ +2↑ +1↓ 0↑ +1↑ +2↓
$M_L = +2$	0↑ +2↑ 0↑	0↓ +2↑ 0↑ 0↑ +2↑ 0↓ 0↑ +1↑ +1↓ 0↑ 0↑ +2↓
$M_L = +1$	0↑ +2↑ -1↑ 0↑ +1↑ 0↑	0↓ +2↑ -1↑ 0↓ +1↑ 0↑ 0↑ +2↑ -1↓ 0↑ +1↑ 0↓ 0↑ 0↑ +1↓ 0↑ -1↑ +2↓
$M_L = 0$	0↑ +2↑ -2↑ 0↑ +1↑ -1↑	0↓ +2↑ -2↑ 0↓ +1↑ -1↑ 0↑ +2↑ -2↓ 0↑ +1↑ -1↓ 0↑ 0↑ 0↓ 0↑ -1↑ +1↓ 0↑ -2↑ +2↓

En la tabla se presentan los términos espectrales y su desdoblamiento en niveles de estructura fina junto con sus correspondientes degeneraciones:

S	L	Término	J	Nivel	ΔE_{S-O}
1/2	4	^2G [18]	7/2	$^2G_{7/2}$ [8]	$-5\mathcal{A}_1\hbar^2/2$
			9/2	$^2G_{9/2}$ [10]	$2\mathcal{A}_1\hbar^2$
3/2	3	^4F [28]	3/2	$^4F_{3/2}$ [4]	$-6\mathcal{A}_2\hbar^2$
			5/2	$^4F_{5/2}$ [6]	$-7\mathcal{A}_2\hbar^2/2$
			7/2	$^4F_{7/2}$ [8]	0
			9/2	$^4F_{9/2}$ [10]	$9\mathcal{A}_2\hbar^2/2$
1/2	3	^2F [14]	5/2	$^2F_{5/2}$ [6]	$-2\mathcal{A}_3\hbar^2$
			7/2	$^2F_{7/2}$ [8]	$3\mathcal{A}_3\hbar^2/2$
1/2	2	^2D [10]	3/2	$^2D_{3/2}$ [4]	$-3\mathcal{A}_4\hbar^2/2$
			5/2	$^2D_{5/2}$ [6]	$\mathcal{A}_4\hbar^2$
3/2	1	^4P [12]	1/2	$^4P_{1/2}$ [2]	$-5\mathcal{A}_5\hbar^2/2$
			3/2	$^4P_{3/2}$ [4]	$-\mathcal{A}_5\hbar^2$
			5/2	$^4P_{5/2}$ [6]	$3\mathcal{A}_5\hbar^2/2$
1/2	1	^2P [6]	1/2	$^2P_{1/2}$ [2]	$-\mathcal{A}_6\hbar^2$
			3/2	$^2P_{3/2}$ [4]	$\mathcal{A}_6\hbar^2/2$
1/2	0	^2S [2]	1/2	$^2S_{1/2}$ [2]	0

Como en los problemas anteriores, la corrección a la energía debida a la interacción espín – órbita (ΔE_{S-O}) se ha obtenido mediante la expresión:

$$\Delta E_{S-O} = \frac{\mathcal{A}(\gamma LS)\hbar^2}{2}[J(J+1) - L(L+1) - S(S+1)]$$

Nótese que, al igual que en el problema 4.8, a las constantes de acoplamiento espín – órbita que aparecen en la tabla se les ha añadido un subíndice distinto para cada término espectroscópico, indicando que dichas constantes son, en principio, diferentes para cada uno de los términos.

El diagrama de niveles, ordenados en energía según las reglas de Hund, se muestra en la siguiente figura:

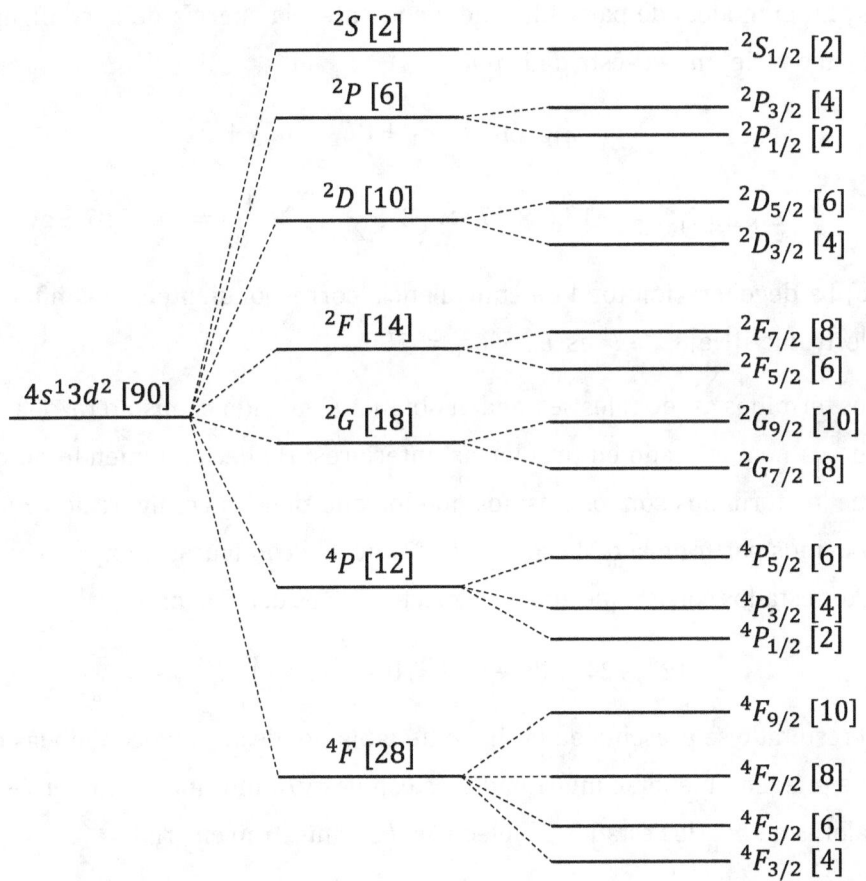

4.12 Considérese el átomo de cloro ($Z = 17$).

(a) Usando el modelo de partículas independientes, determínese la energía que tiene la configuración electrónica excitada $[Ne]3p^4 4d^1$ del cloro.

(b) Obténgase los términos espectrales asociados a dicha configuración excitada en acoplamiento L–S.

(c) Para el término espectral de menor energía determínese los distintos niveles de estructura fina y su separación energética.

Solución:

(a) En el modelo de partículas independientes, la energía de la configuración excitada $[Ne]3p^4 4d^1$ está dada por:

$$E_{[Ne]3p^4 4d^1} = 2E_1 + 8E_2 + 6E_3 + E_4$$

$$E_{[Ne]3p^4 4d^1} = -13.6 \times 17^2 \times \left(2 + \frac{8}{4} + \frac{6}{9} + \frac{1}{16}\right) = -18587.5 \text{ eV}$$

(b) La degeneración total de equivalencia correspondiente a la configuración electrónica $[Ne]3p^4 4d^1$ es $C_6^4 \times C_{10}^1 = 150$.

Los términos espectrales se pueden obtener siguiendo el mismo razonamiento que ya hemos usado en problemas anteriores. De hecho, teniendo en cuenta que los términos son los mismos que los que tiene la configuración $np^2 n'd^1$, podemos partir de la tabla correspondiente a la configuración np^2 y combinar estos estados con los que aporta el electrón d; es decir, con:

$$+2\uparrow, +2\downarrow, +1\uparrow, +1\downarrow, 0\uparrow, 0\downarrow, -1\uparrow, -1\downarrow, -2\uparrow \text{ y } -2\downarrow$$

El resultado se presenta en la siguiente tabla donde se han ocultado las celdas que pueden obtenerse invirtiendo los espines y/o multiplicando por (-1) los valores de m_{l_i} (los estados del electrón d se muestran en gris):

	$M_S = +3/2$	$M_S = +1/2$
$M_L = +4$		+2↑ +1↑ +1↓
$M_L = +3$	+2↑ +1↑ 0↑	+2↓ +1↑ 0↑
		+1↑ +1↑ +1↓
		+2↑ +1↑ 0↓
		+2↑ +1↓ 0↑
$M_L = +2$	+1↑ +1↑ 0↑	+1↓ +1↑ 0↑
	+2↑ +1↑ -1↓	+2↓ +1↑ -1↓
		0↑ +1↑ +1↓
		+1↑ +1↑ 0↓
		+1↑ +1↓ 0↑
		+2↑ +1↑ -1↓
		+2↑ 0↑ 0↓
		+2↑ -1↑ +1↓
$M_L = +1$	0↑ +1↑ 0↑	0↓ +1↑ 0↑
	+1↑ +1↑ -1↓	+1↓ +1↑ -1↓
	+2↑ -1↓ 0↑	+2↓ -1↓ 0↑
		-1↑ +1↑ +1↓
		0↑ +1↑ 0↓
		0↑ +1↓ 0↑
		+1↑ +1↑ -1↓
		+1↑ 0↑ 0↓
		+1↑ -1↑ +1↓
		+2↑ -1↑ 0↓
		+2↑ -1↓ 0↑

	$M_S = +3/2$	$M_S = +1/2$
$M_L = 0$	-1↑ +1↑ 0↑	-1↓ +1↑ 0↑
	0↑ +1↑ -1↓	0↓ +1↑ -1↓
	+1↑ -1↓ 0↑	+1↓ -1↓ 0↑
		-2↑ +1↑ +1↓
		-1↑ +1↑ 0↓
		-1↑ +1↓ 0↑
		0↑ +1↑ -1↓
		0↑ 0↑ 0↓
		0↑ -1↑ +1↓
		+1↑ -1↑ 0↓
		+1↑ -1↓ 0↑
		+2↑ -1↑ -1↓

En la tabla se pueden identificar los siguientes términos:

$L = 4, S = 1/2$: ^2G [18]

$L = 3, S = 3/2$: ^4F [28]

$L = 3, S = 1/2$: $^2F(2)$ [14]

$L = 2, S = 3/2$: ^4D [20]

$L = 2, S = 1/2$: $^2D(3)$ [10]

$L = 1, S = 3/2$: ^4P [12]

$L = 1, S = 1/2$: $^2P(2)$ [6]

$L = 0, S = 1/2$: ^2S [2]

(c) Según las reglas de Hund, el término de menor energía es el que presenta el valor más elevado de S. Al existir varios términos con $S = 4$, el de menor energía es el que tiene el mayor valor de L. Por tanto, el término de menor energía es el ^4F cuyo desdoblamiento ha sido calculado en el problema anterior.

S	L	Término	J	Nivel	ΔE_{S-O}
3/2	3	^{4}F [28]	3/2	$^4F_{3/2}$ [4]	$-6\mathcal{A}\hbar^2$
			5/2	$^4F_{5/2}$ [6]	$-7\mathcal{A}\hbar^2/2$
			7/2	$^4F_{7/2}$ [8]	0
			9/2	$^4F_{9/2}$ [10]	$9\mathcal{A}\hbar^2/2$

4.13 Asumiendo adecuado el acoplamiento Russell–Saunders, obténganse el término espectral y el nivel de estructura fina de menor energía para las configuraciones electrónicas fundamentales de los metales de transición (a) manganeso y (b) hierro, así como para los iones lantánidos en estado de oxidación trivalente (c) europio y (d) disprosio.

Solución:

En el enunciado sólo se pide el término espectral y el nivel de estructura fina de menor energía; por tanto, no es preciso obtener el resto de términos y niveles.

(a) La configuración electrónica fundamental del átomo de manganeso es [Ar]$3d^54s^2$; es decir, tenemos que obtener el término asociado a la configuración nd^5. Los posibles estados de un electrón d son:

$$+2\uparrow \quad +2\downarrow \quad +1\uparrow \quad +1\downarrow \quad 0\uparrow \quad 0\downarrow \quad \bar{1}\uparrow \quad \bar{1}\downarrow \quad \bar{2}\uparrow \quad \bar{2}\downarrow$$

La combinación de cinco electrones que no incumple el principio de exclusión de Pauli y que presenta el mayor valor de proyección de espín total (M_S) es:

$$+2\uparrow \quad +1\uparrow \quad 0\uparrow \quad \bar{1}\uparrow \quad \bar{2}\uparrow$$

La presencia de esta función de onda indica que existe al menos un estado con $M_L = 0$ y $M_S = 5/2$, teniendo que existir un término con $L = 0$ y $S = 5/2$. Por tanto, el término de menor energía es el ^{6}S.

Para dicho término, el único posible valor del momento angular total es $J = 5/2$. Por consiguiente, el nivel de menor energía para la configuración fundamental del átomo de manganeso es el $^6S_{5/2}$.

(b) En el caso del átomo de hierro la configuración electrónica fundamental es $[Ar]3d^6 4s^2$. Teniendo en cuenta que en las configuraciones electrónicas nd^6 y nd^4 el término de menor energía es el mismo, hay que obtener la combinación de cuatro electrones que no incumple el principio de exclusión de Pauli y presenta los mayores valores para las proyecciones de espín y momento angular orbital. Ese estado es:

$$+2\uparrow \quad +1\uparrow \quad 0\uparrow \quad \bar{1}\uparrow$$

La función de onda anterior implica la existencia de, al menos, un estado con $M_L = 2$ y $M_S = 2$ que pertenece a un término con $L = 2$ y $S = 2$; es decir, al término ^5D. Ahora los posibles valores de J son $J = 0, 1, 2, 3$ y 4. Como en el átomo de hierro la capa $3d$ presenta un llenado superior a la mitad de su capacidad, según las reglas de Hund, el nivel de menor energía es el de mayor J. Es decir, el nivel fundamental del átomo de hierro es el $^5D_4$.

(c) La configuración electrónica del ion Eu^{3+} es $[Xe]4f^6$. Al igual que en los apartados anteriores, ahora tendríamos en cuenta los posibles estados de un electrón f. En este caso, la función de onda correspondiente al estado con los mayores valores de M_S y de M_L es:

$$+3\uparrow \quad +2\uparrow \quad +1\uparrow \quad 0\uparrow \quad \bar{1}\uparrow \quad \bar{2}\uparrow$$

Por tanto, existe al menos un estado con $M_L = 3$ y $M_S = 3$ que pertenece a un término con $L = 3$ y $S = 3$. En consecuencia, el término de menor energía es el ^7F. Ahora J toma valores desde $J = 0$ hasta $J = 6$. Como el llenado de la capa $4f$ es inferior a la mitad de su capacidad, el nivel de menor energía es el de menor J. En consecuencia, el nivel fundamental del ion Eu^{3+} es el $^7F_0$.

(d) La configuración electrónica del ion Dy^{3+} es $[Xe]4f^9$. De igual manera que en el apartado (b), el término de menor energía de la configuración nf^9 es el mismo que el de la configuración f^5. Para cinco electrones, el estado con los mayores valores de M_S y de M_L es:

$$+3\uparrow \quad +2\uparrow \quad +1\uparrow \quad 0\uparrow \quad \bar{1}\uparrow$$

Este estado presenta unos valores $M_L = 5$ y $M_S = 5/2$. Por tanto, existe al menos un término con $L = 5$ y $S = 5/2$ y, en consecuencia, un término ^6H que es el de menor energía.

Atendiendo a los posibles valores de J ($J = 5/2, \ldots, 15/2$) y considerando que el llenado de la capa $4f$ es ahora superior a la mitad de su capacidad, el nivel fundamental del ion Dy^{3+} es el $^6H_{15/2}$.

4.14 Considérense las configuraciones electrónicas: (i) $ns^1 nd^1$ y (ii) $nd^1 nf^1$. Asumiendo un acoplamiento j–j puro, obténganse los términos espectrales j–j y el desdoblamiento provocado por el término de correlación electrónica para ambas configuraciones electrónicas.

Solución:

En ambas configuraciones los electrones no son equivalentes ya que presentan distintos valores de momento angular orbital; por tanto, no es preciso tener en cuenta el principio de exclusión de Pauli.

(i) La configuración electrónica $ns^1 nd^1$ tiene una degeneración total de equivalencia igual a $C_2^1 \times C_{10}^1 = 20$.

El electrón del orbital s tiene $l_1 = 0$ y $s_1 = 1/2$; por lo que su momento angular total es $j_1 = 1/2$. De forma similar, el electrón del orbital d tiene $l_2 = 2$ y $s_2 = 1/2$ y sus posibles valores de momento angular total son $j_2 = 3/2, 5/2$.

En la tabla se presentan los términos j–j y su desdoblamiento en niveles $(j_1, j_2)_J$. Para ello se ha teniendo en cuenta que el momento angular total (J) toma valores desde $J = |j_1 - j_2|$ hasta $J = j_1 + j_2$.

j_1	j_2	Término	J	$(j_1, j_2)_J$
1/2	3/2	$\left(\frac{1}{2}, \frac{3}{2}\right)$ [8]	1	$\left(\frac{1}{2}, \frac{3}{2}\right)_1$ [3]
			2	$\left(\frac{1}{2}, \frac{3}{2}\right)_2$ [5]
1/2	5/2	$\left(\frac{1}{2}, \frac{5}{2}\right)$ [12]	2	$\left(\frac{1}{2}, \frac{5}{2}\right)_2$ [5]
			3	$\left(\frac{1}{2}, \frac{5}{2}\right)_3$ [7]

Al tratarse de electrones no equivalentes, la degeneración de los términos j–j se calcula como el producto de las distintas orientaciones posibles que presenta cada uno de los momentos angulares individuales, j_i. Así, la degeneración está dada por $(2j_1 + 1) \times (2j_2 + 1)$.

En el caso de los niveles desdoblados, su degeneración es igual a las posibles orientaciones del momento angular total J; es decir $(2J + 1)$.

(ii) La configuración electrónica $nd^1 nf^1$ tiene una degeneración total de equivalencia igual a $C_{10}^1 \times C_{14}^1 = 140$.

Como hemos visto en el apartado anterior, los posibles valores de momento angular total para el electrón d son $j_1 = 3/2, 5/2$. El electrón del orbital f tiene $l_2 = 3$ y $s_2 = 1/2$ y sus posibles valores de momento angular total son $j_2 = 5/2, 7/2$. Tenemos por tanto:

j_1	j_2	Término	J	$(j_1, j_2)_J$
3/2	5/2	$\left(\frac{3}{2}, \frac{5}{2}\right)$ [24]	1	$\left(\frac{3}{2}, \frac{5}{2}\right)_1$ [3]
			2	$\left(\frac{3}{2}, \frac{5}{2}\right)_2$ [5]
			3	$\left(\frac{3}{2}, \frac{5}{2}\right)_3$ [7]
			4	$\left(\frac{3}{2}, \frac{5}{2}\right)_4$ [9]
3/2	7/2	$\left(\frac{3}{2}, \frac{7}{2}\right)$ [32]	2	$\left(\frac{3}{2}, \frac{7}{2}\right)_2$ [5]
			3	$\left(\frac{3}{2}, \frac{7}{2}\right)_3$ [7]
			4	$\left(\frac{3}{2}, \frac{7}{2}\right)_4$ [9]
			5	$\left(\frac{3}{2}, \frac{7}{2}\right)_5$ [11]
5/2	5/2	$\left(\frac{5}{2}, \frac{5}{2}\right)$ [36]	0	$\left(\frac{5}{2}, \frac{5}{2}\right)_0$ [1]
			1	$\left(\frac{5}{2}, \frac{5}{2}\right)_1$ [3]
			2	$\left(\frac{5}{2}, \frac{5}{2}\right)_2$ [5]
			3	$\left(\frac{5}{2}, \frac{5}{2}\right)_3$ [7]
			4	$\left(\frac{5}{2}, \frac{5}{2}\right)_4$ [9]
			5	$\left(\frac{5}{2}, \frac{5}{2}\right)_5$ [11]
5/2	7/2	$\left(\frac{5}{2}, \frac{7}{2}\right)$ [48]	1	$\left(\frac{5}{2}, \frac{7}{2}\right)_1$ [3]
			2	$\left(\frac{5}{2}, \frac{7}{2}\right)_2$ [5]
			3	$\left(\frac{5}{2}, \frac{7}{2}\right)_3$ [7]
			4	$\left(\frac{5}{2}, \frac{7}{2}\right)_4$ [9]
			5	$\left(\frac{5}{2}, \frac{7}{2}\right)_5$ [11]
			6	$\left(\frac{5}{2}, \frac{7}{2}\right)_6$ [13]

4.15 Considérese el átomo de hafnio ($Z = 72$):

(a) Obténganse los términos espectrales j–j y los niveles $(j_1, j_2)_J$ para la configuración fundamental de este átomo.

(b) Realícese un esquema cualitativo de estos niveles, ordenándolos por comparación con el orden correspondiente al acoplamiento Russell–Saunders.

Solución:

La configuración electrónica del hafnio es $[Xe]4f^{14}\, 5d^2\, 6s^2$; por tanto, hay que obtener los términos espectrales j–j y los niveles para la configuración $5d^2$. La degeneración de equivalencia de esta configuración es $C_{10}^2 = 45$.

Como tenemos dos electrones d con todos sus números cuánticos iguales es preciso tener cuidado con el principio de exclusión de Pauli. En este caso $l_i = 2, s_i = 1/2 \rightarrow j_i = 3/2, 5/2$, los términos espectrales j–j resultantes y sus degeneraciones son:

Término	Degeneración
$\left(\frac{3}{2}, \frac{3}{2}\right)$	$C_{2j+1}^2 = C_4^2 = 6$
$\left(\frac{3}{2}, \frac{5}{2}\right)$	$(2j_1 + 1)(2j_2 + 1) = 24$
$\left(\frac{5}{2}, \frac{5}{2}\right)$	$C_{2j+1}^2 = C_6^2 = 15$

Al aplicar el término de correlación electrónica ($\mathcal{H}_{e-e}$) hay que tener cuidado con aquellos términos en los que $j_1 = j_2$. En ese caso, construimos una tabla anotando los valores $m_j^{(i)}$ de cada electrón en las celdas de la primera fila y en las celdas de la primera columna mientras que en el resto de celdas apuntamos el valor de M_J:

(i) Desdoblamiento del término $\left(\frac{5}{2}, \frac{5}{2}\right)$:

$m_j^{(i)}$	+5/2	+3/2	+1/2	−1/2	−3/2	−5/2
+5/2						
+3/2	$M_J = 4$					
+1/2	$M_J = 3$	$M_J = 2$				
−1/2	$M_J = 2$	$M_J = 1$	$M_J = 0$			
−3/2	$M_J = 1$	$M_J = 0$	$M_J = \bar{1}$	$M_J = \bar{2}$		
−5/2	$M_J = 0$	$M_J = \bar{1}$	$M_J = \bar{2}$	$M_J = \bar{3}$	$M_J = \bar{4}$	
	↘d_1	↘d_2	↘d_3	↘d_4	↘d_5	

d_5 y d_4	Nivel con J = 4 [9]
d_3 y d_2	Nivel con J = 2 [5]
d_1	Nivel con J = 0 [1]

Análogamente al acoplamiento L−S, las celdas sombreadas en gris incumplen el principio de exclusión de Pauli.

(ii) Desdoblamiento del término $\left(\frac{3}{2}, \frac{3}{2}\right)$:

$m_j^{(i)}$	+3/2	+1/2	−1/2	−3/2
+3/2				
+1/2	$M_J = 2$			
−1/2	$M_J = 1$	$M_J = 0$		
−3/2	$M_J = 0$	$M_J = \bar{1}$	$M_J = \bar{2}$	
	↘d_1	↘d_2	↘d_3	

d_3 y d_2	Nivel con J = 2 [5]
d_1	Nivel con J = 0 [1]

(iii) Desdoblamiento del término $\left(\frac{3}{2}, \frac{5}{2}\right)$:

A diferencia de los casos anteriores, en este caso no es preciso tener en cuenta el principio de exclusión de Pauli ya que los dos electrones tienen distinto valor del momento angular individual. Los posibles valores de J se obtienen del mismo modo que en el problema anterior; tomando los valores $J = 1, 2, 3$ y 4 con degeneraciones [3], [5], [7] y [9], respectivamente.

En el problema 4.7 se obtuvieron los términos y niveles de estructura fina en la situación de acoplamiento L−S para la configuración nd^2. A partir de dichos datos y de los obtenidos en este problema para el acoplamiento j−j, es posible construir el esquema de niveles que se ha representado en la figura siguiente. En ella, el esquema de acoplamiento L−S se ha situado en la parte izquierda de la figura mientras que el esquema de acoplamiento j−j se ha localizado en la zona derecha para compararlos, así la zona central corresponde al caso de acoplamiento intermedio. En la figura se ha utilizado el convenio arbitrario de minimizar el cruce de líneas para representar la zona de acoplamiento intermedio y para ordenar verosímilmente los niveles obtenidos en el caso del acoplamiento j–j.

Aunque no se ha mencionado hasta el momento, es importante señalar que el número de niveles para un valor de J dado es independiente de que el átomo verifique la aproximación L–S o la aproximación j–j. Esta situación se aprecia perfectamente en la figura.

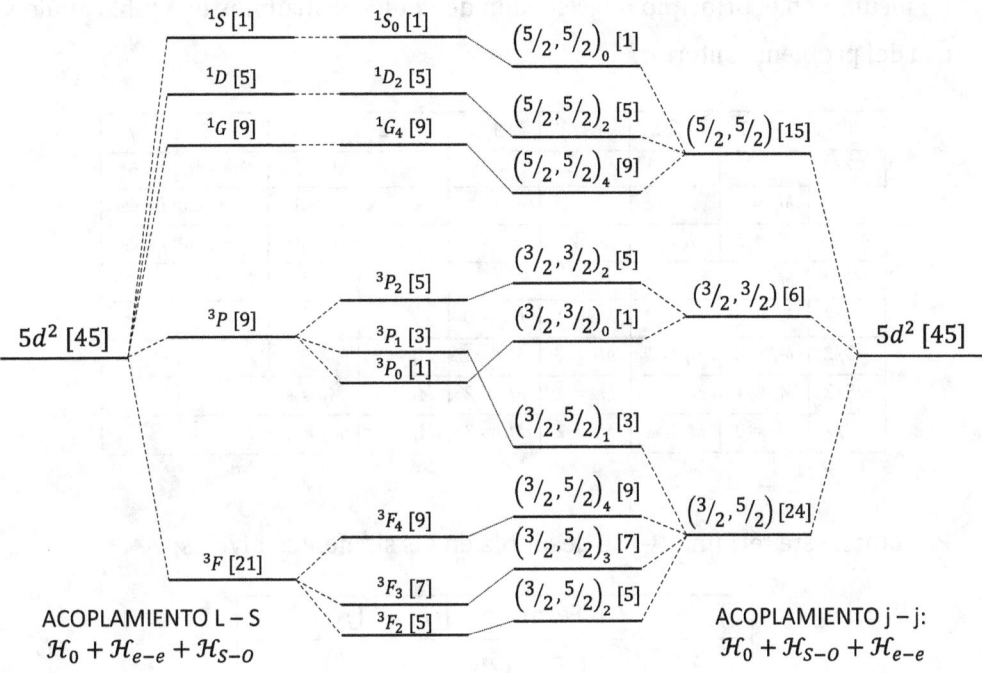

4.16 Asumiendo que se satisface el acoplamiento j–j, lístense los términos espectrales j–j y los niveles $(j_1, j_2)_J$ de la configuración electrónica nf^2. Indíquese en cada caso la degeneración correspondiente.

Solución:

La degeneración total de equivalencia para la configuración nf^2 es $C_{14}^2 = 91$. Cada electrón f posee $l_i = 3, s_i = 1/2$; por tanto, los posibles valores de su momento angular total son $j_i = 5/2, 7/2$ y los términos espectrales j–j para esta configuración son:

$\left(\frac{5}{2}, \frac{5}{2}\right)$ [15] $\left(\frac{5}{2}, \frac{7}{2}\right)$ [48] $\left(\frac{7}{2}, \frac{7}{2}\right)$ [28]

Desdoblamiento del término $\left(\frac{7}{2}, \frac{7}{2}\right)$: Para identificar los distintos niveles que no incumplen el principio de exclusión de Pauli construimos una tabla análoga a la del problema anterior:

$m_j^{(i)}$	+7/2	+5/2	+3/2	+1/2	−1/2	−3/2	−5/2	−7/2
+7/2						d_7 y d_6	Nivel con $J = 6$	
+5/2	$M_J = 6$					d_5 y d_4	Nivel con $J = 4$	
+3/2	$M_J = 5$	$M_J = 4$				d_3 y d_2	Nivel con $J = 2$	
+1/2	$M_J = 4$	$M_J = 3$	$M_J = 2$			d_1	Nivel con $J = 0$	
−1/2	$M_J = 3$	$M_J = 2$	$M_J = 1$	$M_J = 0$				
−3/2	$M_J = 2$	$M_J = 1$	$M_J = 0$	$M_J = \bar{1}$	$M_J = \bar{2}$			
−5/2	$M_J = 1$	$M_J = 0$	$M_J = \bar{1}$	$M_J = \bar{2}$	$M_J = \bar{3}$	$M_J = \bar{4}$		
−7/2	$M_J = 0$	$M_J = \bar{1}$	$M_J = \bar{2}$	$M_J = \bar{3}$	$M_J = \bar{4}$	$M_J = \bar{5}$	$M_J = \bar{6}$	

↖d_1 ↖d_2 ↖d_3 ↖d_4 ↖d_5 ↖d_6 ↖d_7

Por tanto, este término j–j se desdobla en los siguientes niveles:

j_1	j_2	Término	J	$(j_1, j_2)_J$
7/2	7/2	$\left(\frac{7}{2}, \frac{7}{2}\right)$ [28]	0	$\left(\frac{7}{2}, \frac{7}{2}\right)_0$ [1]
			2	$\left(\frac{7}{2}, \frac{7}{2}\right)_2$ [5]
			4	$\left(\frac{7}{2}, \frac{7}{2}\right)_4$ [9]
			6	$\left(\frac{7}{2}, \frac{7}{2}\right)_6$ [13]

El desdoblamiento de los términos $\left(\frac{5}{2},\frac{7}{2}\right)$ y $\left(\frac{5}{2},\frac{5}{2}\right)$ ya ha sido obtenido en los problemas 4.14 y 4.15, respectivamente. Dicho proceso no será repetido en este problema, aunque sí recopilaremos aquí los resultados obtenidos para esos dos términos:

j_1	j_2	Término	J	$(j_1,j_2)_J$
5/2	5/2	$\left(\frac{5}{2},\frac{5}{2}\right)$ [15]	0	$\left(\frac{5}{2},\frac{5}{2}\right)_0$ [1]
			2	$\left(\frac{5}{2},\frac{5}{2}\right)_2$ [5]
			4	$\left(\frac{5}{2},\frac{5}{2}\right)_4$ [9]
5/2	7/2	$\left(\frac{5}{2},\frac{7}{2}\right)$ [48]	1	$\left(\frac{5}{2},\frac{7}{2}\right)_1$ [3]
			2	$\left(\frac{5}{2},\frac{7}{2}\right)_2$ [5]
			3	$\left(\frac{5}{2},\frac{7}{2}\right)_3$ [7]
			4	$\left(\frac{5}{2},\frac{7}{2}\right)_4$ [9]
			5	$\left(\frac{5}{2},\frac{7}{2}\right)_5$ [11]
			6	$\left(\frac{5}{2},\frac{7}{2}\right)_6$ [13]

4.17 La configuración fundamental del átomo de talio ($Z = 81$) es [Xe]$4f^{14}5d^{10}6s^26p^1$. Suponiendo que la aproximación de acoplamiento j–j puro es adecuada, obténganse los términos espectrales j–j y niveles que presenta su configuración excitada [Xe]$4f^{14}5d^{10}6s^16p^2$.

Solución:

La degeneración total de equivalencia asociada a una configuración ns^1np^2 es:

$$C_2^1 \times C_6^2 = 30$$

Como se ha visto anteriormente, el electrón del orbital s tiene un momento angular total $j_1 = 1/2$. Por su parte, cada uno de los electrones del orbital p ($l_i = 1$, $s_i = 1/2$ con $i = 2,3$) tiene dos posibles valores de momento angular total $j_i = 1/2$ ó $3/2$. En consecuencia, los posibles términos espectrales (j_1, j_2, j_3), y sus respectivas degeneraciones, para la configuración excitada, resultan:

Término	Degeneración
$\left(\frac{1}{2}, \frac{1}{2}, \frac{1}{2}\right)$	$\left(2\frac{1}{2} + 1\right) C_2^2 = 2$
$\left(\frac{1}{2}, \frac{3}{2}, \frac{1}{2}\right)$	$\left(2\frac{1}{2} + 1\right) \times \left(2\frac{3}{2} + 1\right) \times \left(2\frac{1}{2} + 1\right) = 16$
$\left(\frac{1}{2}, \frac{3}{2}, \frac{3}{2}\right)$	$\left(2\frac{1}{2} + 1\right) \times C_4^2 = 12$

(i) Desdoblamiento del término $\left(\frac{1}{2}, \frac{1}{2}, \frac{1}{2}\right)$:

En este caso, los dos electrones p presentan los mismos valores de momento angular ($j_2 = j_3 = 1/2$). A fin de no incumplir el principio de exclusión de Pauli, han de diferenciarse en el valor de la proyección del momento angular total (m_{j_i}). Por tanto sólo pueden tener un estado con $M_{\mathcal{J}} = 0$. Es decir, el término $\left(\frac{1}{2}, \frac{1}{2}\right)$ correspondiente a los dos electrones p, da lugar a un nivel con momento angular $\mathcal{J} = 0$ (nótese el cambio de nomenclatura a fin de evitar confundir este momento angular para los dos electrones p con el momento angular total J para los tres electrones).

Los posibles valores del momento angular total para este término se obtienen sumando a $\mathcal{J}$ el valor del momento angular de otro electrón, j_1. Por tanto, J tomará valores desde $|\mathcal{J} - j_1|$ hasta $\mathcal{J} + j_1$. En nuestro caso tenemos un electrón s ($j_1 = 1/2$) y $\mathcal{J} = 0$; por consiguiente, J presenta un único valor $J = 1/2$ y el nivel posee degeneración [2].

(ii) Desdoblamiento del término $\left(\frac{1}{2}, \frac{3}{2}, \frac{1}{2}\right)$:

Ahora los dos electrones p poseen distintos valores de momento angular y no es preciso considerar el principio de exclusión de Pauli. Así $\mathcal{J}$ tomará valores desde $|j_2 - j_3|$ hasta $j_2 + j_3$; es decir, $\mathcal{J} = 1, 2$.

Los valores del momento angular total se obtienen de manera análoga al caso anterior:

$\mathcal{J} = 1, j_1 = 1/2 \rightarrow J = 1/2$ y $3/2$ con degeneración [2] y [4], respectivamente.

$\mathcal{J} = 2, j_1 = 1/2 \rightarrow J = 3/2$ y $5/2$, estando [4] y [6] veces degenerados.

(iii) Desdoblamiento del término $\left(\frac{1}{2}, \frac{3}{2}, \frac{3}{2}\right)$:

Nuevamente los electrones p poseen el mismo valor de momento angular, $j_2 = j_3 = 3/2$. En el problema 4.15 se obtuvo que el término $\left(\frac{3}{2}, \frac{3}{2}\right)$ se desdobla en dos niveles, uno con momento angular $\mathcal{J} = 0$ y el otro con $\mathcal{J} = 2$. Por tanto:

$\mathcal{J} = 0, j_1 = 1/2 \rightarrow J = 1/2$ [2].

$\mathcal{J} = 2, j_1 = 1/2 \rightarrow J = 3/2$ [4] y $J = 5/2$ [6].

En la siguiente tabla se resume el desdoblamiento y niveles obtenidos:

j_1	j_2	j_3	Términos j-j	J	$(j_1, j_2, j_3)_J$
1/2	1/2	1/2	$\left(\frac{1}{2},\frac{1}{2},\frac{1}{2}\right)$ [2]	1/2	$\left(\frac{1}{2},\frac{1}{2},\frac{1}{2}\right)_{1/2}$ [2]
1/2	3/2	1/2	$\left(\frac{1}{2},\frac{3}{2},\frac{1}{2}\right)$ [16]	1/2	$\left(\frac{1}{2},\frac{3}{2},\frac{1}{2}\right)_{1/2}$ [2]
				3/2	$\left(\frac{1}{2},\frac{3}{2},\frac{1}{2}\right)_{3/2}$ (2) [4]
				5/2	$\left(\frac{1}{2},\frac{3}{2},\frac{1}{2}\right)_{5/2}$ [6]
1/2	3/2	3/2	$\left(\frac{1}{2},\frac{3}{2},\frac{3}{2}\right)$ [12]	1/2	$\left(\frac{1}{2},\frac{3}{2},\frac{3}{2}\right)_{1/2}$ [2]
				3/2	$\left(\frac{1}{2},\frac{3}{2},\frac{3}{2}\right)_{3/2}$ [4]
				5/2	$\left(\frac{1}{2},\frac{3}{2},\frac{3}{2}\right)_{5/2}$ [6]

4.18 Obténganse los términos y niveles para la configuración fundamental del átomo de tántalo ($Z = 73$) en acoplamiento j–j puro; indíquese en cada caso la degeneración correspondiente.

Solución:

La configuración electrónica del tántalo es $[Xe]4f^{14}\,5d^3\,6s^2$; por tanto, hay que obtener en primer lugar los términos j–j correspondientes a la configuración $5d^3$, cuya degeneración total de equivalencia es $C_{10}^3 = 120$. Para cada electrón d tenemos que: $l_i = 2, s_i = 1/2 \rightarrow j_i = 3/2, 5/2$. En consecuencia, los términos j–j y sus respectivas degeneraciones son:

Término	Degeneración
$\left(\frac{3}{2},\frac{3}{2},\frac{3}{2}\right)$	$C_4^3 = 4$
$\left(\frac{3}{2},\frac{3}{2},\frac{5}{2}\right)$	$\left(2\frac{5}{2}+1\right)\times C_4^2 = 36$
$\left(\frac{3}{2},\frac{5}{2},\frac{5}{2}\right)$	$\left(2\frac{3}{2}+1\right)\times C_6^2 = 60$
$\left(\frac{5}{2},\frac{5}{2},\frac{5}{2}\right)$	$C_6^3 = 20$

(i) Desdoblamiento del término $\left(\frac{3}{2},\frac{3}{2},\frac{3}{2}\right)$:

Para un electrón con $j_i = 3/2$ los posibles valores de m_{j_i} son $m_{j_i} = \pm 3/2, \pm 1/2$. Como se trata de electrones equivalentes, es preciso combinar estos estados respetando el principio de exclusión de Pauli. En la tabla se muestran dichos estados, ordenados según su valor de M_J.

$M_J = 3/2$	$\left(\frac{3}{2},\frac{1}{2},\frac{\overline{1}}{2}\right)$
$M_J = 1/2$	$\left(\frac{3}{2},\frac{1}{2},\frac{\overline{3}}{2}\right)$
$M_J = -1/2$	$\left(\frac{\overline{3}}{2},\frac{\overline{1}}{2},\frac{3}{2}\right)$
$M_J = -3/2$	$\left(\frac{\overline{3}}{2},\frac{\overline{1}}{2},\frac{1}{2}\right)$

Por tanto, el nivel correspondiente tendrá un valor de $J = 3/2$ y degeneración [4]. Como se puede apreciar en la tabla anterior, los estados con M_J negativos se obtienen multiplicando por (-1) a los estados con M_J positivos.

(ii) Desdoblamiento del término $\left(\frac{5}{2}, \frac{5}{2}, \frac{5}{2}\right)$:

De forma análoga al caso anterior, este término presenta los siguientes estados:

$M_J = 9/2$	$\left(\frac{5}{2}, \frac{3}{2}, \frac{1}{2}\right)$
$M_J = 7/2$	$\left(\frac{5}{2}, \frac{3}{2}, \frac{\bar{1}}{2}\right)$
$M_J = 5/2$	$\left(\frac{5}{2}, \frac{3}{2}, \frac{\bar{3}}{2}\right)$ y $\left(\frac{5}{2}, \frac{1}{2}, \frac{\bar{1}}{2}\right)$
$M_J = 3/2$	$\left(\frac{5}{2}, \frac{1}{2}, \frac{\bar{3}}{2}\right), \left(\frac{5}{2}, \frac{3}{2}, \frac{\bar{5}}{2}\right)$ y $\left(\frac{3}{2}, \frac{1}{2}, \frac{\bar{1}}{2}\right)$
$M_J = 1/2$	$\left(\frac{5}{2}, \frac{1}{2}, \frac{\bar{5}}{2}\right), \left(\frac{5}{2}, \frac{\bar{1}}{2}, \frac{\bar{3}}{2}\right)$ y $\left(\frac{3}{2}, \frac{1}{2}, \frac{\bar{3}}{2}\right)$

donde se han ocultado todos los estados con valores negativos de M_J. Por tanto, tras aplicar la corrección debida a la correlación electrónica, este término se desdobla en tres niveles cuyos momentos angulares totales son $J = 3/2, 5/2, 9/2$ y sus respectivas degeneraciones son [4], [6] y [10].

(iii) Desdoblamiento del término $\left(\frac{3}{2}, \frac{3}{2}, \frac{5}{2}\right)$:

Del problema 4.15 sabemos que dos electrones equivalentes con $j_i = 3/2$ dan lugar a dos niveles, uno con momento angular $\mathcal{J} = 0$ y el otro con momento angular $\mathcal{J} = 2$. Dado que el momento angular del tercer electrón es diferente, $j_3 = 5/2$, el momento angular total de los niveles desdoblados (J) se obtiene sumando los momentos angulares j_3 y $\mathcal{J}$. Por tanto, J toma valores desde $J = |\mathcal{J} - j|$ hasta $J = \mathcal{J} + j$, así:

$\mathcal{J} = 0, j = 5/2 \rightarrow J = 5/2$ y degeneración [6].

$\mathcal{J} = 2, j = 5/2 \rightarrow J = 1/2, 3/2, 5/2, 7/2$ y $9/2$ con degeneraciones [2], [4], [6], [8] y [10].

(iv) Desdoblamiento del término $\left(\frac{5}{2},\frac{5}{2},\frac{3}{2}\right)$:

En el problema 4.15 también vimos que dos electrones equivalentes con $j_i = 5/2$, generan tres niveles con $\mathcal{J} = 0, 2$ y 4. Por tanto, ahora se tiene que:

$\mathcal{J} = 0$, $j = 3/2 \rightarrow J = 3/2$ con degeneración [4].

$\mathcal{J} = 2$, $j = 3/2 \rightarrow J = 1/2, 3/2, 5/2$ y $7/2$ con degeneración [2], [4], [6] y [8].

$\mathcal{J} = 4$, $j = 3/2 \rightarrow J = 5/2, 7/2, 9/2$ y $11/2$ y degeneración [6], [8], [10] y [12].

Los términos j–j y los niveles de estructura fina aparecen resumidos en la siguiente tabla:

j_1	j_2	j_3	Términos j-j	J	$(j_1, j_2, j_3)_J$
3/2	3/2	3/2	$\left(\frac{3}{2},\frac{3}{2},\frac{3}{2}\right)$ [4]	3/2	$\left(\frac{3}{2},\frac{3}{2},\frac{3}{2}\right)_{3/2}$ [4]
3/2	3/2	5/2	$\left(\frac{3}{2},\frac{3}{2},\frac{5}{2}\right)$ [36]	1/2	$\left(\frac{3}{2},\frac{3}{2},\frac{5}{2}\right)_{1/2}$ [2]
				3/2	$\left(\frac{3}{2},\frac{3}{2},\frac{5}{2}\right)_{3/2}$ [4]
				5/2	$\left(\frac{3}{2},\frac{3}{2},\frac{5}{2}\right)_{5/2}$ (2) [6]
				7/2	$\left(\frac{3}{2},\frac{3}{2},\frac{5}{2}\right)_{7/2}$ [8]
				9/2	$\left(\frac{3}{2},\frac{3}{2},\frac{5}{2}\right)_{9/2}$ [10]
3/2	5/2	5/2	$\left(\frac{3}{2},\frac{5}{2},\frac{5}{2}\right)$ [60]	1/2	$\left(\frac{3}{2},\frac{5}{2},\frac{5}{2}\right)_{1/2}$ [2]
				3/2	$\left(\frac{3}{2},\frac{5}{2},\frac{5}{2}\right)_{3/2}$ (2) [4]
				5/2	$\left(\frac{3}{2},\frac{5}{2},\frac{5}{2}\right)_{5/2}$ (2) [6]
				7/2	$\left(\frac{3}{2},\frac{5}{2},\frac{5}{2}\right)_{7/2}$ (2) [8]
				9/2	$\left(\frac{3}{2},\frac{5}{2},\frac{5}{2}\right)_{9/2}$ [10]
				11/2	$\left(\frac{3}{2},\frac{5}{2},\frac{5}{2}\right)_{11/2}$ [12]

j_1	j_2	j_3	Términos j-j	J	$(j_1,j_2,j_3)_J$
5/2	5/2	5/2	$\left(\frac{5}{2},\frac{5}{2},\frac{5}{2}\right)$ [20]	3/2	$\left(\frac{5}{2},\frac{5}{2},\frac{5}{2}\right)_{3/2}$ [4]
				5/2	$\left(\frac{5}{2},\frac{5}{2},\frac{5}{2}\right)_{5/2}$ [6]
				9/2	$\left(\frac{5}{2},\frac{5}{2},\frac{5}{2}\right)_{9/2}$ [10]

4.19 Considérese el isótopo del átomo de oxígeno $^{17}_{8}O$ cuyo espín nuclear es $I = 5/2$. Para su configuración electrónica fundamental, determínense:

(a) Los multipletes de estructura fina considerando que la aproximación Russell–Saunders es adecuada; así como su degeneración y la magnitud de la corrección energética.

(b) El desdoblamiento y la corrección energética que provoca el término de estructura hiperfina magnética en el nivel inferior del multiplete fundamental.

(c) Realícese un diagrama de niveles de energía donde se muestren de forma esquemática todos los desdoblamientos de niveles obtenidos en los apartados anteriores.

Solución:

(a) La configuración electrónica fundamental para el oxígeno es $1s^2 2s^2 2p^4$. La degeneración total de equivalencia para esta configuración es $C_6^4 = 15$.

En este problema se tienen cuatro electrones equivalentes en un orbital p. Los términos espectrales para la configuración $2p^4$ son los mismos que para la configuración $2p^2$, que ha sido resuelta en el problema 4.5. Los términos espectrales obtenidos fueron: ^1S, ^1D y ^3P.

Como ya hemos visto en problemas anteriores, la corrección debida al término espín–órbita, ΔE_{S-O}, está dada por:

$$\Delta E_{S-O} = \frac{\mathcal{A}_{S-O}\hbar^2}{2}[J(J+1) - L(L+1) - S(S+1)]$$

donde $\mathcal{A}_{S-O}$ representa la constante de acoplamiento espín–órbita. En la siguiente tabla se presentan los términos espectrales obtenidos y los niveles de estructura fina junto con la magnitud de la corrección espín–órbita.

S	L	Término	J	Nivel	ΔE_{S-O}
1	1	^3P [9]	2	$^3P_2$ [5]	$\mathcal{A}_{S-O}\hbar^2$
			1	$^3P_1$ [3]	$-\mathcal{A}_{S-O}\hbar^2$
			0	$^3P_0$ [1]	$-2\mathcal{A}_{S-O}\hbar^2$
0	2	^1D [5]	2	$^1D_2$ [5]	0
0	0	^1S [1]	0	$^1S_0$ [1]	0

Atendiendo a las reglas de Hund, el nivel fundamental es el $^3P_2$ ya que el llenado electrónico de la subcapa $2p$ es superior a la mitad de su capacidad; en consecuencia, la constante de acoplamiento espín–órbita ha de ser negativa.

(b) La corrección de estructura hiperfina magnética, $\Delta E_{hf\mu}$, está dada por:

$$\Delta E_{hf\mu} = \frac{\mathcal{A}_{hf\mu}\hbar^2}{2}[F(F+1) - J(J+1) - I(I+1)]$$

donde $\mathcal{A}_{hf\mu}$ representa la constante de estructura hiperfina magnética y F simboliza el momento angular total del átomo que toma valores desde $|I-J|$ hasta $|I+J|$. Así los posibles valores de F son $1/2, 3/2, 5/2, 7/2$ y $9/2$.

Por otro lado, como el espín nuclear de este isótopo es $I = 5/2$ y el momento angular total del nivel inferior del multiplete fundamental es $J = 2$, la corrección de estructura hiperfina magnética queda:

$$\Delta E_{hf\mu} = \frac{\mathcal{A}_{hf\mu}\hbar^2}{2}\left[F(F+1) - \frac{59}{4}\right]$$

En la tabla se recoge el desdoblamiento del nivel fundamental y la magnitud de la corrección hiperfina:

Nivel	F	$\Delta E_{hf\mu}$
$^3P_2$ [5]	1/2	$-7\mathcal{A}_{hf\mu}\hbar^2$
	3/2	$-11\mathcal{A}_{hf\mu}\hbar^2/2$
	5/2	$-3\mathcal{A}_{hf\mu}\hbar^2$
	7/2	$\mathcal{A}_{hf\mu}\hbar^2/2$
	9/2	$5\mathcal{A}_{hf\mu}\hbar^2$

(c) En la siguiente figura se muestra el diagrama de niveles obtenido.

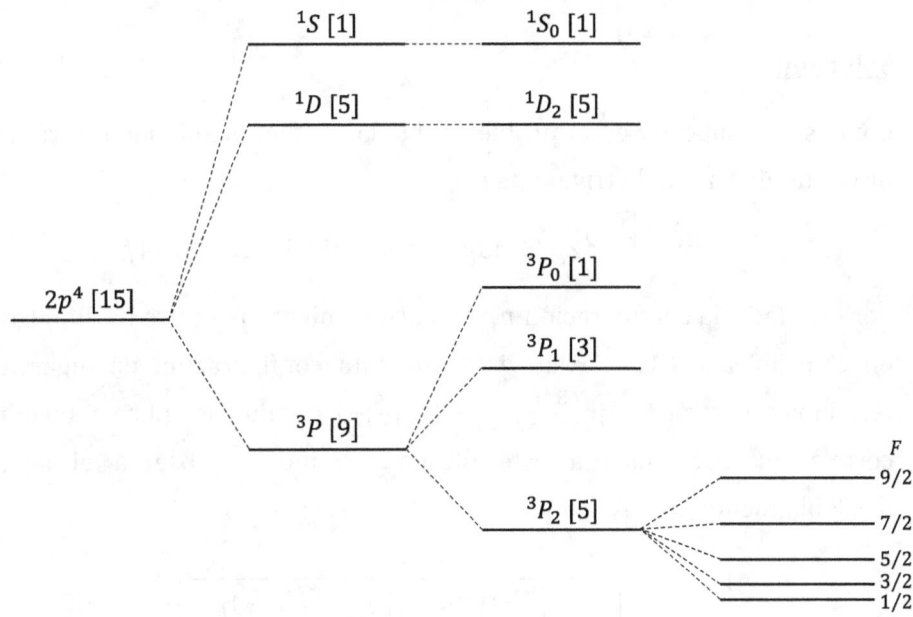

Nótese que al incluir la interacción con el momento magnético intrínseco del núcleo, la degeneración de los niveles de estructura fina se multiplica por la degeneración asociada al espín del núcleo. De este modo, un nivel genérico $^{2S+1}L_J$ al interactuar con el espín del núcleo pasa de estar $(2J+1)$ veces degenerado a estar $(2J+1) \times (2I+1)$ veces. Por su parte, los niveles de estructura hiperfina tienen la degeneración asociada a los posibles valores de la proyección del momento angular total del átomo, M_F, su degeneración es por tanto $(2F + 1)$, cumpliendose que la suma de las degeneraciones de los niveles hiperfinos es igual al producto $(2J + 1) \times (2I + 1)$.

4.20 Considérese el ion $^{147}_{59}\text{Pr}^{3+}$ con espín nuclear $I = 3/2$. Asumiendo un acoplamiento j–j puro, obténgase para su configuración electrónica fundamental, el desdoblamiento que provoca el término de estructura hiperfina magnética en el nivel $(7/2, 7/2)_J$ con mayor valor de momento angular J.

Solución:

Como se ha indicado en el problema 4.9, la configuración electrónica del ion praseodimio en estado trivalente es:

$$\text{Pr}^{3+}: 1s^2 2s^2 2p^6 3s^2 3p^6 4s^2 3d^{10} 4p^6 5s^2 4d^{10} 5p^6 4f^2$$

Por otro lado, la configuración nf^2 en acoplamiento j–j puro ha sido resuelta en el problema 4.16. Se ha visto que esta configuración da lugar a tres términos espectrales j–j: $\left(\frac{5}{2}, \frac{5}{2}\right)$, $\left(\frac{5}{2}, \frac{7}{2}\right)$ y $\left(\frac{7}{2}, \frac{7}{2}\right)$. Cuando se aplica el término de correlación electrónica a éste último término se observa el siguiente desdoblamiento:

j_1	j_2	Término	J	$(j_1, j_2)_J$
7/2	7/2	$\left(\frac{7}{2}, \frac{7}{2}\right)$ [28]	0	$\left(\frac{7}{2}, \frac{7}{2}\right)_0$ [1]
			2	$\left(\frac{7}{2}, \frac{7}{2}\right)_2$ [5]
			4	$\left(\frac{7}{2}, \frac{7}{2}\right)_4$ [9]
			6	$\left(\frac{7}{2}, \frac{7}{2}\right)_6$ [13]

Es decir, en el presente problema hay que estudiar el desdoblamiento del nivel $\left(\frac{7}{2},\frac{7}{2}\right)_6$ debido al término de estructura hiperfina magnética.

Al igual que en el problema anterior, la corrección en energía debida a la interacción hiperfina magnética está dada por la expresión:

$$\Delta E_{hf\mu} = \frac{\mathcal{A}_{hf\mu}\hbar^2}{2}[F(F+1) - J(J+1) - I(I+1)]$$

donde $\mathcal{A}_{hf\mu}$ simboliza la constante de estructura hiperfina magnética y F representa el momento angular total del átomo. En este caso sus posibles valores son $F = 9/2, 11/2, 13/2$ y $15/2$. Teniendo en cuenta los valores de J e I, la corrección en energía debida al término de estructura hiperfina magnética está dada por:

$$\Delta E_{hf\mu} = \frac{\mathcal{A}_{hf\mu}\hbar^2}{2}\left[F(F+1) - \frac{183}{4}\right]$$

Por tanto, el nivel $\left(\frac{7}{2},\frac{7}{2}\right)_6$ se desdobla en los siguiente subniveles de estructura hiperfina:

Nivel	F	$\Delta E_{hf\mu}$
$\left(\frac{7}{2},\frac{7}{2}\right)_6$	9/2	$-21\mathcal{A}_{hf\mu}\hbar^2/2$
	11/2	$-5\mathcal{A}_{hf\mu}\hbar^2$
	13/2	$3\mathcal{A}_{hf\mu}\hbar^2/2$
	15/2	$9\mathcal{A}_{hf\mu}\hbar^2$

5. Interacción radiación – átomo

5.1 Considérese el átomo de tritio ($^{3}_{1}$H):

(a) En aproximación dipolar eléctrica, ¿qué transiciones entre las capas $n = 1, 2$ y 3 están permitidas?

(b) Realícese un diagrama del desdoblamiento de las capas $n = 2$ y 3 en niveles de estructura fina indicando su magnitud en cm^{-1}.

(c) Determínense las transiciones permitidas en la aproximación dipolar eléctrica, usando las reglas de selección $\Delta l = \pm 1$, $\Delta j = 0, \pm 1$.

Solución:

(a) Las transiciones permitidas dentro de la aproximación dipolar eléctrica son aquellas en las que $\Delta l_j = \pm 1$, independientemente de cual sea el cambio en el número cuántico principal. Estas transiciones se han indicado mediante flechas en la siguiente figura:

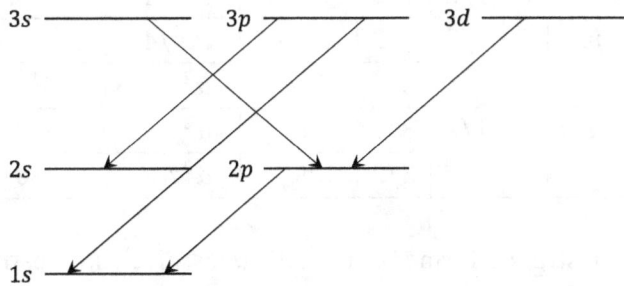

(b) y (c) En los átomos hidrogenoides, como es el caso del átomo de tritio, la corrección completa de estructura fina está dada por:

$$\Delta E_{nj} = E_n \frac{Z^2 \alpha^2}{n^2}\left[\frac{n}{j+1/2} - \frac{3}{4}\right]$$

siendo E_n la energía del nivel caracterizado por el número cuántico principal, n. Esta energía puede obtenerse, en eV, mediante:

$$E_n = -13.6\,\frac{\mu}{m_e}\frac{Z^2}{n^2}$$

donde μ representa la masa reducida. Considerando que protón y neutrón tienen básicamente la misma masa ($m_p = m_n = 1836.65\,m_e$), el valor de la masa reducida es:

$$\mu = \frac{m_N\,m_e}{m_N + m_e} = \frac{3\cdot 1836.65}{3\cdot 1836.65 + 1}m_e = 0.9998\,m_e$$

Por tanto, para el átomo de tritio ($Z = 1$):

$$E_2 = -3.40\text{ eV}$$

$$E_3 = -1.51\text{ eV}$$

Así, teniendo en cuenta que 1 eV = 8065.48 cm^{-1} se obtiene que:

Orbital	l	s	j	Nivel	$\Delta E_{nj}/E_n$	ΔE_{nj} (cm^{-1})
$2s$	0	1/2	1/2	$2s_{1/2}$	$5\alpha^2/16$	-0.46
$2p$	1	1/2	1/2	$2p_{1/2}$	$5\alpha^2/16$	-0.46
			3/2	$2p_{3/2}$	$\alpha^2/16$	-0.09
$3s$	0	1/2	1/2	$3s_{1/2}$	$\alpha^2/4$	-0.16
$3p$	1	1/2	1/2	$3p_{1/2}$	$\alpha^2/4$	-0.16
			3/2	$3p_{3/2}$	$\alpha^2/12$	-0.05
$3d$	2	1/2	3/2	$3d_{3/2}$	$\alpha^2/12$	-0.05
			5/2	$3d_{5/2}$	$\alpha^2/36$	-0.02

La figura muestra, de forma esquemática, los niveles de estructura fina y las transiciones permitidas teniendo en cuenta las reglas de selección indicadas en el enunciado.

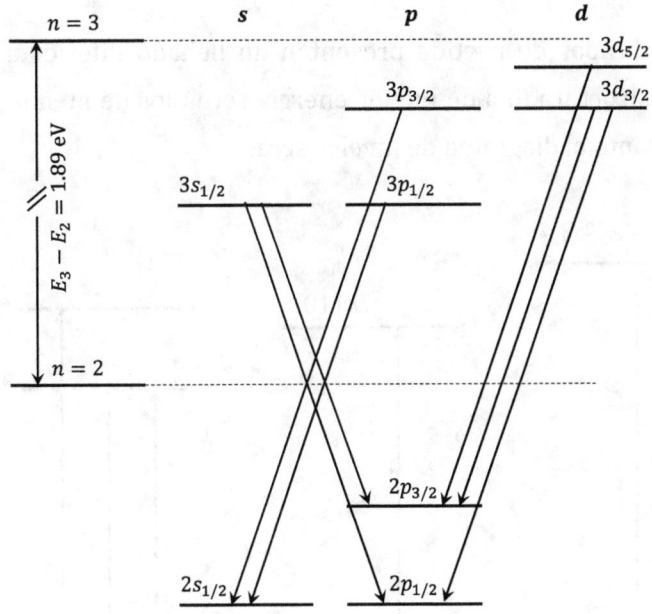

5.2 Los términos espectroscópicos y niveles de estructura fina asociados a la configuración fundamental, $[Ar]3d^{10}4s^24p^1$, y excitada, $[Ar]3d^{10}4s^24d^1$, del átomo de galio ($Z = 31$) han sido obtenidos en el problema 4.6. A partir de los resultados obtenidos, dibújese un diagrama de niveles mostrando las transiciones que están permitidas en aproximación dipolar eléctrica.

Solución:

En la siguiente tabla se presentan los términos y niveles de estructura fina que se obtuvieron en el problema 4.6:

Configuración	S	L	Término	J	Nivel	ΔE_{S-O}
$4p^1$ [6]	1/2	1	^{2}P [6]	1/2	^{2}P$_{1/2}$ [2]	$-\mathcal{A}\hbar^2$
				3/2	^{2}P$_{3/2}$ [4]	$\mathcal{A}\hbar^2/2$
$4d^1$ [10]	1/2	2	^{2}D [10]	3/2	^{2}D$_{3/2}$ [4]	$-3\mathcal{A}'\hbar^2$
				5/2	^{2}D$_{5/2}$ [6]	$9\mathcal{A}'\hbar^2/8$

Como las subcapas de partida presentan un llenado inferior a la mitad, los niveles de estructura fina de menor energía serán los de menor J (3ª regla de Hund). Por tanto el diagrama de niveles será:

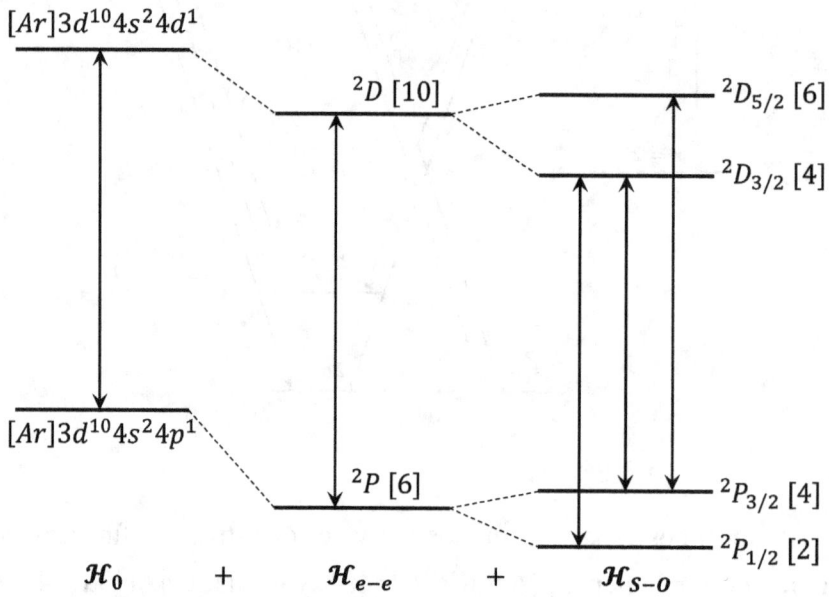

En la figura, las flechas indican las transiciones permitidas en aproximación dipolar eléctrica (DE), en concreto:

- La transición $4p^1 \leftrightarrow 4d^1$ es permitida ya que $\Delta l = 1$.
- La transición entre los términos, $^2P \leftrightarrow {}^2D$ es permitida pues implica $\Delta S = 0$ y $\Delta L = 1$.

Las transiciones entre los niveles de estructura fina que se indican verifican $\Delta J = 0, \pm 1$ estando, por tanto, permitidas en aproximación dipolar eléctrica. La única transición no permitida es la $^2P_{1/2} \leftrightarrow {}^2D_{5/2}$ puesto que involucra un $\Delta J = 2$.

5.3 Considérese el ion Ce^{3+} cuya configuración electrónica fundamental es $[Xe]4f^1$. Asumiendo que es adecuado utilizar el esquema de acoplamiento Russell−Saunders, dibújese un diagrama de niveles donde se muestren las posibles transiciones entre la configuración fundamental y la configuración excitada $[Xe]5d^1$.

Solución:

En la tabla se presenta el desdoblamiento de ambas configuraciones, los distintos niveles se han ordenado en energía creciente atendiendo a las reglas de Hund.

Configuración	S	L	Término	J	Nivel	ΔE_{S-O}
$4f^1$ [14]	1/2	3	^2F [14]	5/2	$^2F_{5/2}$ [6]	$-2\mathcal{A}_1\hbar^2$
				7/2	$^2F_{7/2}$ [8]	$3\mathcal{A}_1\hbar^2/2$
$5d^1$ [10]	1/2	2	^2D [10]	3/2	$^2D_{3/2}$ [4]	$-3\mathcal{A}_2\hbar^2$
				5/2	$^2D_{5/2}$ [6]	$9\mathcal{A}_2\hbar^2/8$

La corrección introducida por el término espín−órbita, ΔE_{S-O}, se ha evaluado considerando que:

$$\Delta E_{S-O} = \frac{\mathcal{A}\hbar^2}{2}[J(J+1) - L(L+1) - S(S+1)]$$

En la figura siguiente se muestra el esquema de niveles con las transiciones que verifican las reglas de selección de la aproximación dipolar eléctrica. Como puede apreciarse todas las posibles transiciones entre los niveles de estructura fina resultan permitidas a orden dipolar eléctrico excepto la transición $^2F_{7/2} \leftrightarrow {}^2D_{3/2}$ ya que ésta involucra un cambio en el momento angular total del electrón de $\Delta J = \pm 2$.

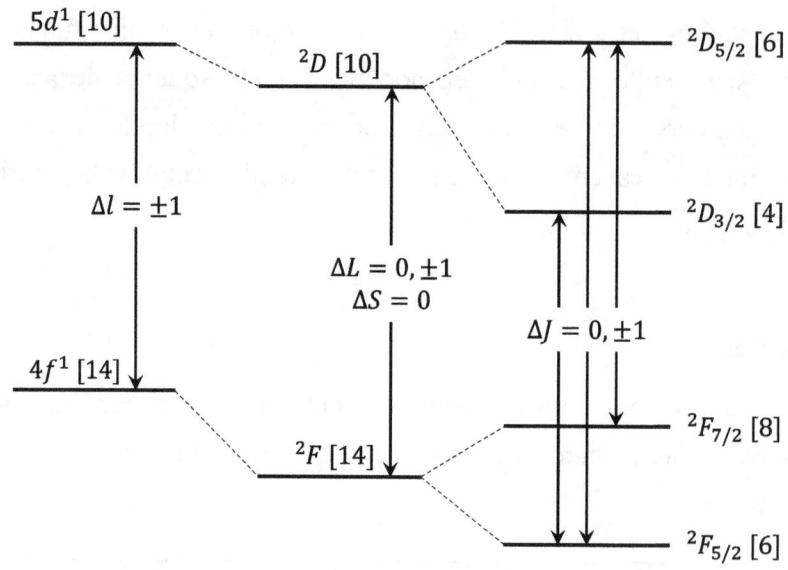

5.4 Los átomos de zinc ($Z = 30$) presentan una intensa banda de absorción a $\lambda = 213.92$ nm. Sabiendo que dicha absorción corresponde a una transición desde la configuración fundamental $[Ar]3d^{10}4s^2$ a la configuración excitada $[Ar]3d^{10}4s4p$, identifíquese cuáles son los niveles de estructura fina entre los cuales tiene lugar dicha transición razonando el motivo de su respuesta.

Solución:

La configuración fundamental, $4s^2$, tiene $L = S = 0$; por tanto, el momento angular total es $J = 0$.

En la configuración excitada $4s4p$ los electrones son no equivalentes, siendo preciso tener en cuenta que:

- La degeneración de equivalencia para esta configuración es $C_2^1 \times C_6^1 = 12$.
- Los momentos angulares orbitales de cada electrón son $l_1 = 0$ y $l_2 = 1$;

en consecuencia, el momento angular orbital total únicamente puede tomar el valor $L = 1$.

- Los momentos angulares intrínsecos de ambos electrones son $s_1 = s_2 = 1/2$; por tanto, el espín total puede tomar los valores $S = 0, 1$.

Con esta información es posible deducir los términos y niveles de estructura fina así como la corrección debida al término espín−órbita (ΔE_{S-O}). Estos datos se recogen en la siguiente tabla:

Configuración	S	L	Término	J	Nivel	ΔE_{S-O}
$4s^2$ [1]	0	0	^{1}S [1]	0	$^1S_0$ [1]	0
$4s4p$ [12]	0	1	^{1}P [3]	1	$^1P_1$ [3]	0
	1	1	^{3}P [9]	0	$^3P_0$ [1]	$-2\mathcal{A}\hbar^2$
				1	$^3P_1$ [3]	$-\mathcal{A}\hbar^2$
				2	$^3P_2$ [5]	$\mathcal{A}\hbar^2$

En la siguiente figura se ha representado esquemáticamente el diagrama de niveles del zinc correspondiente a las configuraciones $4s^2$ y $4s4p$.

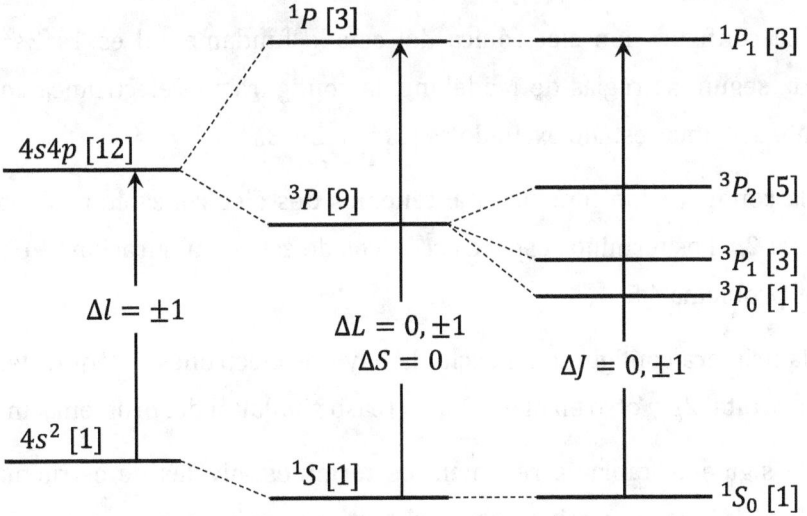

Las flechas en la figura muestran las absorciones permitidas en aproximación dipolar eléctrica considerando las reglas de selección correspondientes a este orden de aproximación (indicadas en la figura). Teniendo en cuenta que las transiciones dipolares eléctricas son las que se observan más intensas en los espectros, la banda de absorción a 213.92 nm debe corresponder a la transición: $^1S_0 \rightarrow {}^1P_1$.

5.5 Considérese el átomo de carbono ($Z = 6$).

(a) Obténgase el desdoblamiento espín–órbita para el estado fundamental y el primer estado excitado de este átomo.

(b) Realícese un diagrama esquemático con los niveles obtenidos indicando las transiciones que estarán permitidas en aproximación dipolar eléctrica.

Solución:

(a) La configuración electrónica del estado fundamental es $1s^2 2s^2 2p^2$. Por tanto, según las reglas de Madelung, la configuración electrónica correspondiente al primer estado excitado es $1s^2 2s^2 2p^1 3s^1$.

En la configuración fundamental tenemos dos electrones equivalentes en un orbital $2p$. Los términos espectroscópicos de esta configuración se obtuvieron en el problema 4.5.

En la primera configuración excitada hay dos electrones no equivalentes, uno en el orbital $2p$ y otro en el orbital $3s$ (caso similar al del problema anterior).

En la siguiente tabla se resumen los términos, niveles de estructura fina y magnitud de la corrección debida al término espín–órbita para ambas configuraciones electrónicas:

Configuración	S	L	Término	J	Nivel	ΔE_{S-O}
$2p^2$ [15]	0	0	^1S [1]	0	$^1S_0$ [1]	0
		2	^1D [5]	2	$^1D_2$ [5]	0
	1	1	^3P [9]	0	$^3P_0$ [1]	$-2\mathcal{A}_1\hbar^2$
				1	$^3P_1$ [3]	$-\mathcal{A}_1\hbar^2$
				2	$^3P_2$ [5]	$\mathcal{A}_1\hbar^2$
$2p3s$ [12]	0	1	^1P [3]	1	$^1P_1$ [3]	0
	1	1	^3P [9]	0	$^3P_0$ [1]	$-2\mathcal{A}_2\hbar^2$
				1	$^3P_1$ [3]	$-\mathcal{A}_2\hbar^2$
				2	$^3P_2$ [5]	$\mathcal{A}_2\hbar^2$

(b) Tras ordenar los términos y niveles de estructura fina teniendo en cuenta las reglas de Hund, se obtiene que el diagrama de niveles es:

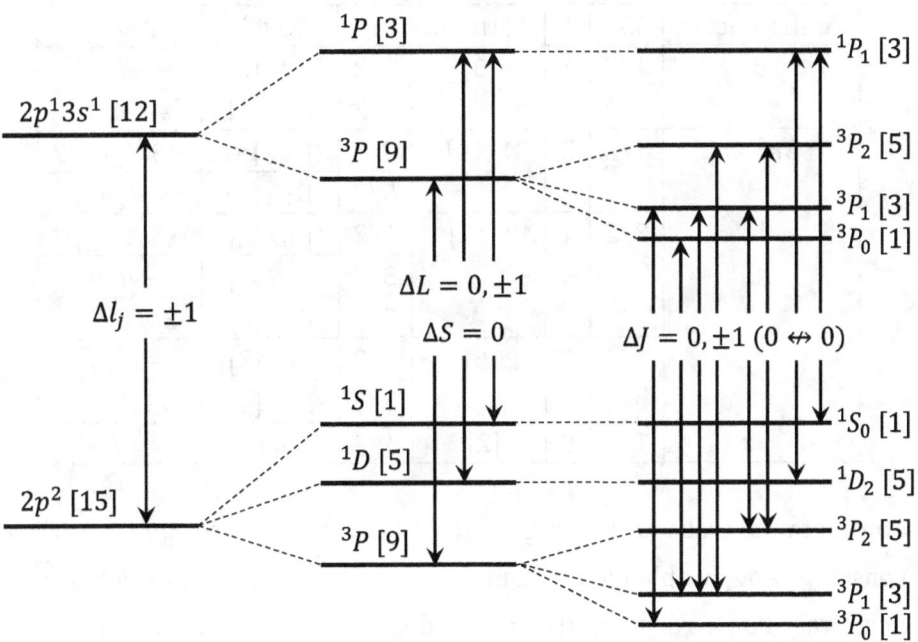

En la figura, las transiciones permitidas en aproximación dipolar eléctrica se han indicado con flechas (también se han incluido las reglas de selección correspondientes a dicha aproximación).

5.6 Considérese el átomo de argón ($Z = 18$) tras su primera ionización (Ar^+). Indíquese qué absorciones tienen lugar, a baja temperatura, desde la configuración electrónica fundamental a la primera configuración excitada en aproximación dipolar eléctrica, así como aquellas que, dentro de la misma aproximación, suceden entre los términos espectroscópicos y niveles de estructura fina en que ambas se desdoblan. Razone su respuesta.

Solución:

En el problema 4.10 se estudiaron ambas configuraciones, asumiendo que es adecuada la aproximación Russell−Saunders, obteniéndose los siguientes resultados:

Configuración	S	L	Término	J	Nivel	ΔE_{S-O}
$3p^5$	1/2	1	^2P [6]	1/2	$^2P_{1/2}$ [2]	$-\mathcal{A}_1 \hbar^2$
				3/2	$^2P_{3/2}$ [4]	$\mathcal{A}_1 \hbar^2/2$
$3p^4 4s$	1/2	2	^2D [10]	3/2	$^2D_{3/2}$ [4]	$-3\mathcal{A}_2 \hbar^2/2$
				5/2	$^2D_{5/2}$ [6]	$\mathcal{A}_2 \hbar^2$
	3/2	1	^4P [12]	1/2	$^4P_{1/2}$ [2]	$-5\mathcal{A}_3 \hbar^2/2$
				3/2	$^4P_{3/2}$ [4]	$-\mathcal{A}_3 \hbar^2$
				5/2	$^4P_{5/2}$ [6]	$3\mathcal{A}_3 \hbar^2/2$
	1/2	1	^2P [6]	1/2	$^2P_{1/2}$ [2]	$-\mathcal{A}_4 \hbar^2$
				3/2	$^2P_{3/2}$ [4]	$\mathcal{A}_4 \hbar^2/2$
	1/2	0	^2S [2]	1/2	$^2S_{1/2}$ [2]	0

Considerando válidas las reglas de Hund, se deduce que las distintas constantes de acoplamiento espín−órbita de la tabla anterior son todas negativas. Por otro lado, al tratarse de absorción a baja temperatura, los únicos niveles que presentan una población apreciable son los de menor energía y, en consecuencia, las posibles absorciones han de partir de esos niveles. Bajo estas condiciones el diagrama de niveles queda:

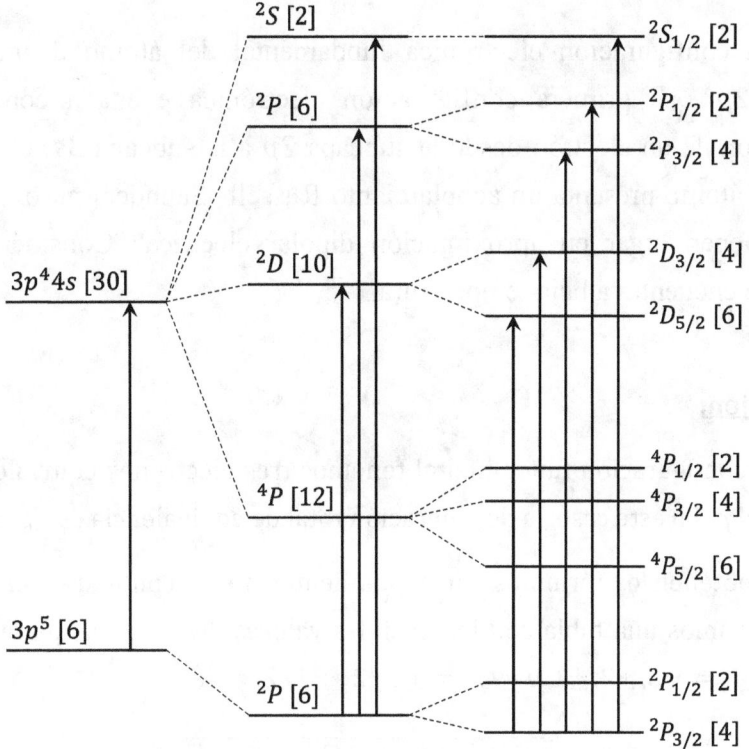

En la figura se han indicado las absorciones permitidas en aproximación dipolar eléctrica, así:

- La transición $3p^5 \to 3p^4 4s$ es permitida a este orden ya que $\Delta l = -1$.

- Las transiciones desde el término ²P de la configuración fundamental a los términos ²D, ²P y ²S de la configuración excitada son permitidas puesto que involucran un $\Delta S = 0$ y un $\Delta L = 1, 0$ y -1, respectivamente.

- Finalmente, se han incluido las transiciones permitidas a orden dipolar eléctrico desde el nivel fundamental (²P$_{3/2}$) a los distintos niveles excitados; en todos los casos se verifica que $\Delta J = 0, \pm 1$.

Como se puede apreciar en la figura, la transición de menor energía permitida a orden dipolar eléctrico desde el estado fundamental es ²P$_{3/2} \to$ ²D$_{5/2}$ y la de mayor energía es ²P$_{3/2} \to$ ²S$_{1/2}$.

5.7 La configuración electrónica fundamental del átomo de nitrógeno es $[He]2s^2 2p^3$, su primera configuración electrónica excitada consiste en la promoción de un electrón desde la subcapa $2p$ a la subcapa $3s$. Considerando que este átomo presenta un acoplamiento Russell–Saunders puro, ¿qué absorciones tienen lugar en aproximación dipolar eléctrica? Considérese que el átomo se encuentra a baja temperatura.

Solución:

En la configuración fundamental tenemos tres electrones equivalentes en un orbital p. En este caso, la degeneración total de equivalencia es $C_6^3 = 20$.

Para obtener los términos correspondientes a esta configuración electrónica construimos una tabla con los posibles valores de M_L y M_S que en este caso son: $M_L = \pm 3, \pm 2, \pm 1, 0$ y $M_S = \pm 3/2, \pm 1/2$:

	$M_S = +3/2$	$M_S = +1/2$
$M_L = +3$		
$M_L = +2$		+1↑ 0↑ +1↓
$M_L = +1$		+1↑ 0↑ 0↓ +1↑ -1↑ +1↓
$M_L = 0$	+1↑ 0↑ -1↑	+1↑ 0↑ -1↓ +1↑ -1↑ 0↓ 0↑ -1↑ +1↓

En la tabla anterior se han ocultado las celdas que pueden obtenerse multiplicando por (-1) y/o volteando los espines. Los estados que aparecen en las celdas indican la existencia de los siguientes términos:

S	L	Término	J	Nivel
1/2	2	^2D [10]	5/2	$^2D_{5/2}$ [6]
			3/2	$^2D_{3/2}$ [4]
1/2	1	^2P [6]	3/2	$^2P_{3/2}$ [4]
			1/2	$^2P_{1/2}$ [2]
3/2	0	^4S [4]	3/2	$^4S_{3/2}$ [4]

La configuración excitada, $2p^2 3s^1$, presenta los mismos términos espectrales que la configuración $np^4 n's^1$ que ha sido tratada en el problema 4.10. A partir de los resultados obtenidos en dicho problema, los términos para esta configuración son:

S	L	Término	J	Nivel	ΔE_{S-O}
1/2	2	^{2}D [10]	3/2	^{2}D$_{3/2}$ [4]	$-3\mathcal{A}_1 \hbar^2 / 2$
			5/2	^{2}D$_{5/2}$ [6]	$\mathcal{A}_1 \hbar^2$
3/2	1	^{4}P [12]	1/2	^{4}P$_{1/2}$ [2]	$-5\mathcal{A}_2 \hbar^2 / 2$
			3/2	^{4}P$_{3/2}$ [4]	$-\mathcal{A}_2 \hbar^2$
			5/2	^{4}P$_{5/2}$ [6]	$3\mathcal{A}_2 \hbar^2 / 2$
1/2	1	^{2}P [6]	1/2	^{2}P$_{1/2}$ [2]	$-\mathcal{A}_3 \hbar^2$
			3/2	^{2}P$_{3/2}$ [4]	$\mathcal{A}_3 \hbar^2 / 2$
1/2	0	^{2}S [2]	1/2	^{2}S$_{1/2}$ [2]	0

En la figura se muestra el diagrama de niveles correspondiente a las configuraciones fundamental y primera excitada del átomo de nitrógeno. Como se puede apreciar, en la configuración fundamental no existe desdoblamiento debido a la interacción espín-órbita, debido a que presenta un llenado igual a la mitad de su capacidad y, según las reglas de Hund, en este caso no existe desdoblamiento de estructura fina.

Nuevamente, las flechas en la figura indican las absorciones permitidas en aproximación dipolar eléctrica. En el enunciado nos dicen que el átomo se encuentra a baja temperatura; por tanto, al igual que en el problema anterior, las únicas absorciones posibles son aquellas que parten del nivel de más baja energía (término ^{4}S y nivel ^{4}S$_{3/2}$) ya que, según la estadística de Maxwell–Boltzmann, sería el único que tendría una población apreciable a esta temperatura.

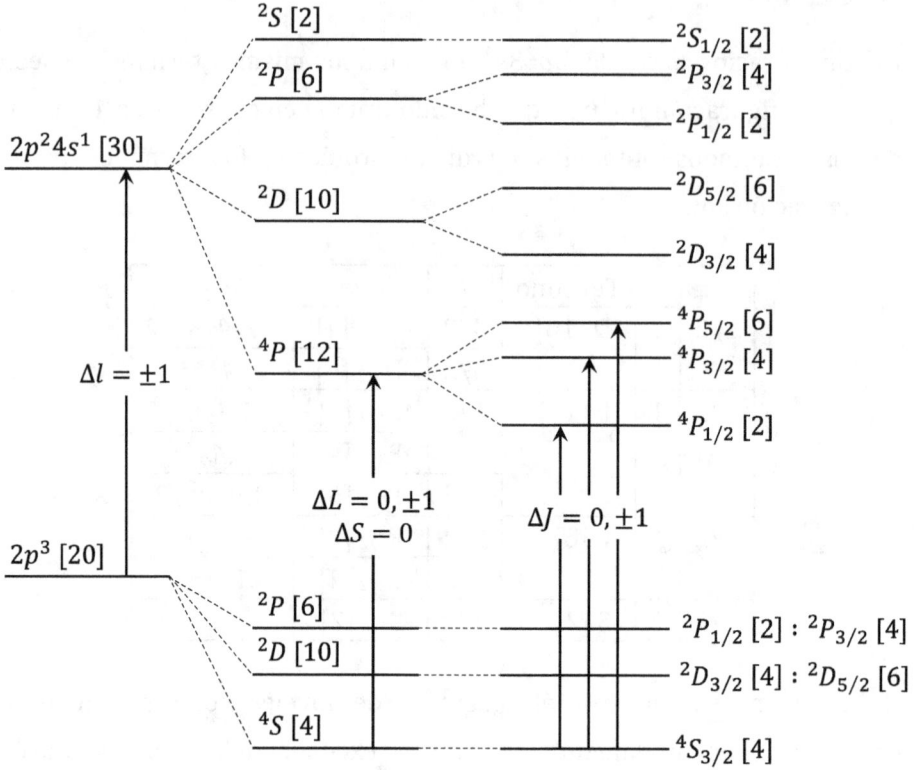

5.8 Considere el átomo de Ti ($Z = 22$) asumiendo adecuado el esquema L–S:

(a) Obténganse los desdoblamientos que sufren las configuraciones electrónicas fundamental y primera excitada.

(b) Dibújese un diagrama de niveles en el que se muestre esquemáticamente el ordenamiento energético de los niveles obtenidos e indíquese en él las absorciones que se observarían a baja temperatura (transiciones desde el estado fundamental) en aproximación dipolar eléctrica.

Solución:

(a) Las configuraciones electrónicas fundamental y primera excitada del átomo de Ti son $[Ar]4s^2 3d^2$ y $[Ar]4s^2 3d^1 4p^1$. Dichas configuraciones, en el esquema de acoplamiento L–S, han sido tratadas en los problemas 4.7 y 4.8 obteniéndose los desdoblamientos siguientes:

Configuración	Término	Nivel
nd^2 [45]	^1G [9]	$^1G_4$ [9]
	^3F [21]	$^3F_4$ [9]
		$^3F_3$ [7]
		$^3F_2$ [5]
	^1D [5]	$^1D_2$ [5]
	^3P [9]	$^3P_2$ [5]
		$^3P_1$ [3]
		$^3P_0$ [1]
	^1S [1]	$^1S_0$ [1]
$nd\,n'p$ [60]	^3F [21]	$^3F_2$ [5]
		$^3F_3$ [7]
		$^3F_4$ [9]
	^3D [15]	$^3D_1$ [3]
		$^3D_2$ [5]
		$^3D_3$ [7]
	^3P [9]	$^3P_0$ [1]
		$^3P_1$ [3]
		$^3P_2$ [5]
	^1F [7]	$^1F_3$ [7]
	^1D [5]	$^1D_2$ [5]
	^1P [3]	$^1P_1$ [3]

(b) Para ordenar los distintos niveles en energía creciente, es preciso tener en cuenta que, en ambas configuraciones electrónicas, las subcapas presentan una ocupación inferior a la mitad de su capacidad. En consecuencia, aplicando las reglas de Hund, el diagrama de niveles de energía queda en la forma siguiente:

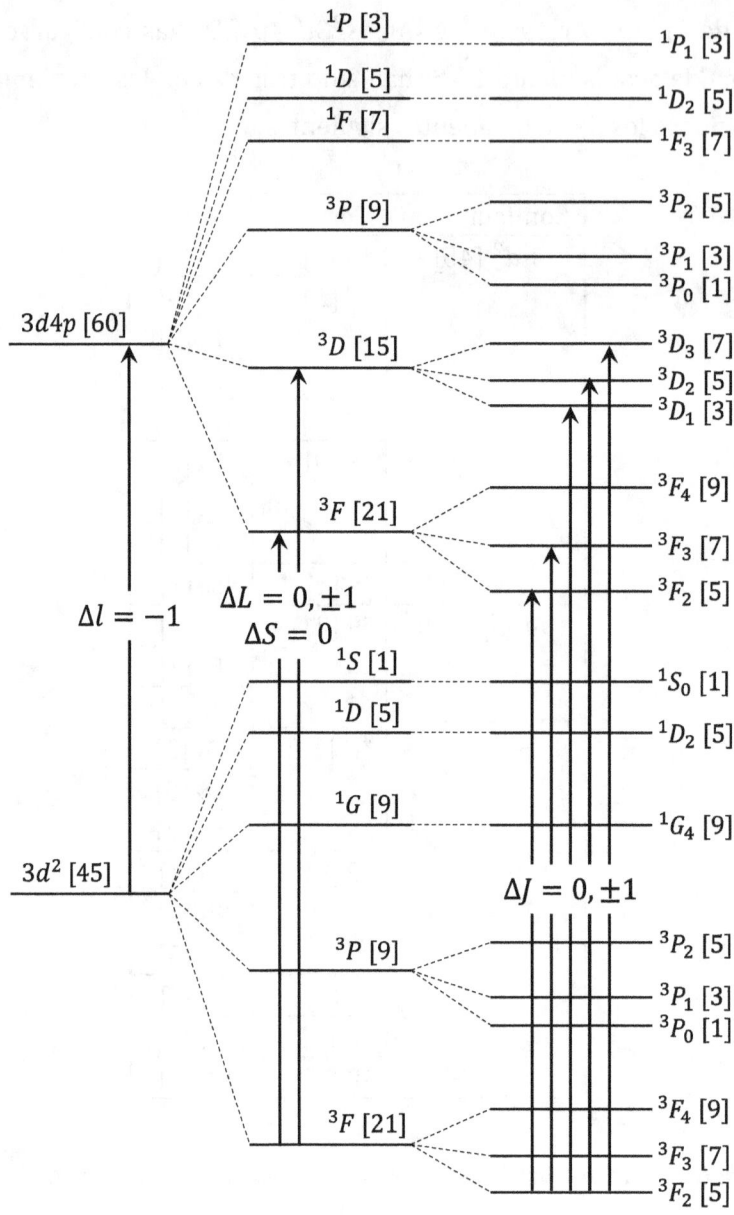

Las flechas indican las transiciones que, partiendo del nivel fundamental de la configuración $3d^2$, verifican las reglas de selección correspondientes a la aproximación dipolar eléctrica (incluidas en la figura).

5.9 Considérese el ion Ca$^+$ cuya configuración electrónica fundamental es [Ar]4s. Asumiendo adecuado el acoplamiento Russell – Saunders:

(a) Obténgase el diagrama de energía mostrando los términos y niveles de estrutura fina de esta configuración y de las dos configuraciones excitadas [Ar]3d y [Ar]4p así como sus degeneraciones correspondientes.

(b) En el diagrama anterior, indíquese qué absorciones están permitidas en aproximación dipolar eléctrica y las emisiones que podrían tener lugar dentro de esta aproximación desde cualquiera de los niveles excitados.

(c) Sabiendo que se observan absorciones a 397 nm, 393 nm, 732 nm y 729 nm siendo las dos primeras muy intensas y las dos últimas muy débiles, obténganse las constantes de acoplamiento espín – órbita asociadas a los distintos términos espectroscópicos.

(d) Determínense las longitudes de onda asociadas a las emisiones permitidas en aproximación dipolar eléctrica y dibújese, de forma esquemática, el espectro de emisión correspondiente.

Solución:

(a) Teniendo en cuenta la regla de Madelung, de las dos configuraciones excitadas la de mayor energía es la configuración [Ar]4p. Los términos y niveles de cada configuración electrónica, junto con sus degeneraciones y corrección energética debida al acoplamiento espín – órbita, son:

Configuración	S	L	Término	J	Nivel	ΔE_{S-O}
[Ar]4s [2]	1/2	0	^{2}S [2]	1/2	^{2}S$_{1/2}$ [2]	0
[Ar]3d [10]	1/2	2	^{2}D [10]	3/2	^{2}D$_{3/2}$ [4]	$-3\mathcal{A}_1\hbar^2/2$
				5/2	^{2}D$_{5/2}$ [6]	$\mathcal{A}_1\hbar^2$
[Ar]4p [6]	1/2	1	^{2}P [6]	1/2	^{2}P$_{1/2}$ [2]	$-\mathcal{A}_2\hbar^2$
				3/2	^{2}P$_{3/2}$ [4]	$\mathcal{A}_2\hbar^2/2$

Para obtener la corrección debida al acoplamiento espín – órbita se ha tenido en cuenta que:

$$\Delta E_{S-O} = \frac{\mathcal{A}(\gamma LS)\hbar^2}{2}[J(J+1) - L(L+1) - S(S+1)]$$

Considerando los valores de L y S, para el término ²D la expresión anterior queda:

$$\Delta E_{S-O} = \frac{\mathcal{A}_1 \hbar^2}{2}\left[J(J+1) - \frac{27}{4}\right]$$

mientras que para el término ²P es:

$$\Delta E_{S-O} = \frac{\mathcal{A}_2 \hbar^2}{2}\left[J(J+1) - \frac{11}{4}\right]$$

Dado que las constantes de acoplamiento espín – órbita son distintas para cada término espectral, en las expresiones anteriores se ha utilizado la notación $\mathcal{A}_1$ y $\mathcal{A}_2$ para identificar dichas constantes. Concretamente, $\mathcal{A}_1$ representa la constante de acoplamiento espín – órbita para el término ²D mientras que $\mathcal{A}_2$ simboliza la del término ²P.

(b) En la figura se muestra el diagrama de niveles junto con las transiciones (absorciones desde el nivel fundamental y emisiones desde los estados excitados) que cumplen las reglas de selección a orden dipolar eléctrico; es decir, aquellas que verifican que:

- Entre configuraciones electrónicas: $\Delta l = \pm 1$.
- Entre términos espectroscópicos: $\Delta S = 0$ y $\Delta L = 0, \pm 1$ ($0 \leftrightarrow 0$).
- Entre niveles de estructura fina: $\Delta J = 0, \pm 1$ ($0 \leftrightarrow 0$).

Adicionalmente, en la figura se ha indicado el cambio que implica la transición dipolar eléctrica en los números cuánticos del electrón.

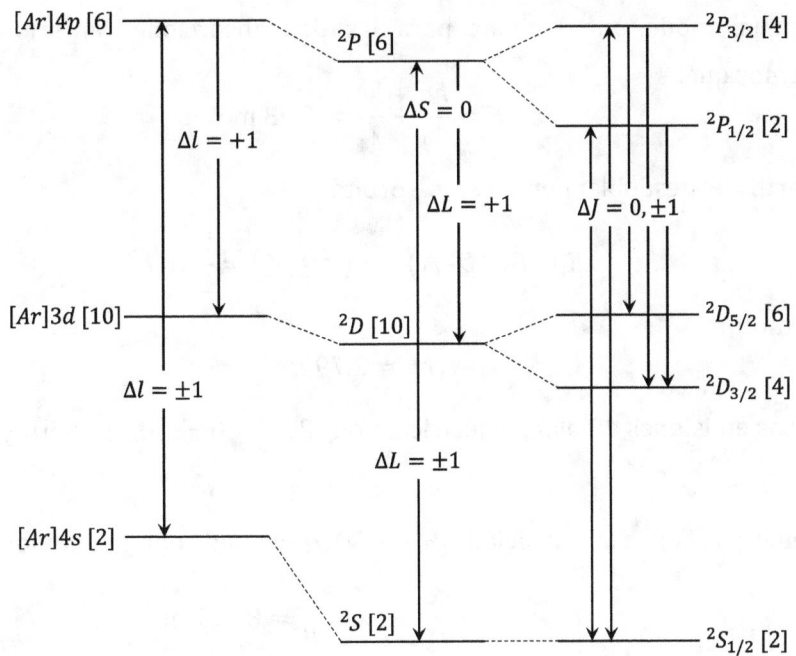

(c) Las dos absorciones más intensas corresponden a las absorciones permitidas en aproximación dipolar eléctrica. Por tanto, las absorciones medidas a $\lambda_1 = 393$ nm y $\lambda_2 = 397$ nm corresponden, respectivamente, a las transiciones $^2S_{1/2} \to {}^2P_{3/2}$ y $^2S_{1/2} \to {}^2P_{1/2}$. La diferencia de energía entre ambas transiciones (ΔE) es:

$$\Delta E = \frac{hc}{\lambda_1} - \frac{hc}{\lambda_2} = 31.81 \text{ meV}$$

Por otro lado, teniendo en cuenta el desdoblamiento espín–órbita:

$$\Delta E = E\left({}^2P_{3/2}\right) - E\left({}^2P_{1/2}\right) = \frac{3}{2}\mathcal{A}_2 \hbar^2$$

En consecuencia:

$$\mathcal{A}_2 \hbar^2 = 21.21 \text{ meV}$$

Las dos absorciones más débiles corresponden a las absorciones prohibidas en aproximación dipolar eléctrica; es decir, son las transiciones $^2S_{1/2} \to {}^2D_{5/2}$ ($\lambda_3 = 729$ nm) y $^2S_{1/2} \to {}^2D_{3/2}$ ($\lambda_4 = 732$ nm). Ambas verificarán reglas de selección correspondientes a términos de orden superior al dipolar eléctrico. De igual modo que hicimos para las dos absorciones anteriores, ahora tenemos que:

$$\Delta E = \frac{hc}{\lambda_3} - \frac{hc}{\lambda_4} = 6.98 \text{ meV}$$

A partir del desdoblamiento espín – órbita:

$$\Delta E = E(^2D_{5/2}) - E(^2D_{3/2}) = \frac{5}{2}\mathcal{A}_1\hbar^2$$

Por tanto:

$$\mathcal{A}_1\hbar^2 = 2.79 \text{ meV}$$

(d) Las emisiones dipolares eléctricas son $^2P_{3/2} \to {}^2D_{5/2}$, $^2P_{3/2} \to {}^2D_{3/2}$ y $^2P_{1/2} \to {}^2D_{3/2}$.

La energía (E_1) de la transición $^2P_{3/2} \to {}^2D_{5/2}$ se puede obtener como:

$$E_1 = \frac{hc}{\lambda_1} - \frac{hc}{\lambda_3} \to \lambda_{emi,1} = 852.7 \text{ nm}$$

De igual modo la longitud de onda para la transición $^2P_{3/2} \to {}^2D_{3/2}$:

$$E_2 = \frac{hc}{\lambda_1} - \frac{hc}{\lambda_4} \to \lambda_{emi,2} = 848.6 \text{ nm}$$

Y, finalmente la longitud de onda para la transición $^2P_{1/2} \to {}^2D_{3/2}$:

$$E_3 = \frac{hc}{\lambda_2} - \frac{hc}{\lambda_4} \to \lambda_{emi,3} = 867.5 \text{ nm}$$

La figura muestra un esquema del espectro de emisión incluyendo únicamente las transiciones permitidas en aproximación dipolar eléctrica.

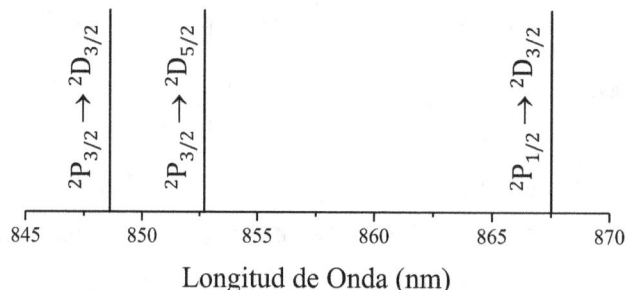

Como el enunciado del problema no aporta información sobre las probabilidades de emisión, al representar el espectro se ha asumido que todas las transiciones presentan la misma intensidad.

5.10 La configuración fundamental del átomo de mercurio ($Z = 80$) es [Xe]$5d^{10}6s^2$. Se sabe que las relajaciones radiativas entre los niveles de estructura fina de las configuraciones electrónicas excitadas $6s7s$ y $6s6p$ dan lugar a diferentes líneas de emisión. Medidas experimentales han demostrado que tres de ellas se encuentran próximas entre sí, con valores de longitud de onda de 546.1 nm, 435.8 nm y 404.7 nm.

(a) Asumiendo adecuado el acoplamiento Russell–Saunders, realícese un diagrama energético mostrando los distintos niveles de estructura fina e indíquense las emisiones permitidas a orden dipolar eléctrico.

(b) ¿Entre qué niveles suceden las transiciones mencionadas? Razone su respuesta.

(c) Con los datos suministrados, resulta posible estimar la constante de acoplamiento espín-órbita para uno de los términos espectroscópicos. Indíquese para cuál y dé una estimación de su valor.

Solución:

(a) En las dos configuraciones electrónicas excitadas que se mencionan en el enunciado los electrones son no equivalentes, sus correspondientes términos y niveles de estructura fina son:

Configuración	S	L	Término	J	Nivel
$6s7s$ [4]	0	0	^{1}S [1]	0	$^1S_0$ [1]
	1	0	^{3}S [3]	1	$^3S_1$ [3]

Configuración	S	L	Término	J	Nivel
6s6p [12]	0	1	¹P [3]	1	¹P$_1$ [3]
	1	1	³P [9]	0	³P$_0$ [1]
				1	³P$_1$ [3]
				2	³P$_2$ [5]

La interacción espín-órbita no genera desdoblamiento en los términos ¹S, ³S y ¹P ya que poseen $S = 0$ y/o $L = 0$. Contrariamente, el término ³P se desdobla en tres niveles de estructura fina. La energía de los niveles de estructura fina procedentes de este término se puede evaluar mediante:

$$E(^3P_J) = E(^3P) + \frac{\mathcal{A}\hbar^2}{2}[J(J+1) - L(L+1) - S(S+1)]$$

donde $\mathcal{A}$ representa la constante de acoplamiento espín-órbita. Como el término ³P tiene $L = S = 1$, la expresión anterior queda:

$$E(^3P_J) = E(^3P) + \frac{\mathcal{A}\hbar^2}{2}[J(J+1) - 4]$$

y la energía de cada uno de los niveles es:

$$J = 2 \rightarrow E(^3P_2) = E(^3P) + \mathcal{A}\hbar^2$$

$$J = 1 \rightarrow E(^3P_1) = E(^3P) - \mathcal{A}\hbar^2$$

$$J = 0 \rightarrow E(^3P_0) = E(^3P) - 2\mathcal{A}\hbar^2$$

La figura siguiente muestra el esquema de niveles ordenado en energías de acuerdo a las reglas de Hund, las emisiones permitidas en aproximación dipolar eléctrica se indican mediante flechas. Así, la transición interconfiguracional $6s7s \rightarrow 6s6p$ está permitida ya que implica un $\Delta l = +1$. Las emisiones permitidas entre los términos, ¹S $\rightarrow$ ¹P y ³S $\rightarrow$ ³P, involucran un $\Delta S = 0$ y un $\Delta L = +1$. Las emisiones permitidas entre niveles de estructura fina son: ¹S$_0$ $\rightarrow$ ¹P$_1$ con $\Delta J = +1$ y ³S$_1$ $\rightarrow$ ³P$_2$, ³P$_1$, ³P$_0$ con $\Delta J = +1, 0$ y -1, respectivamente.

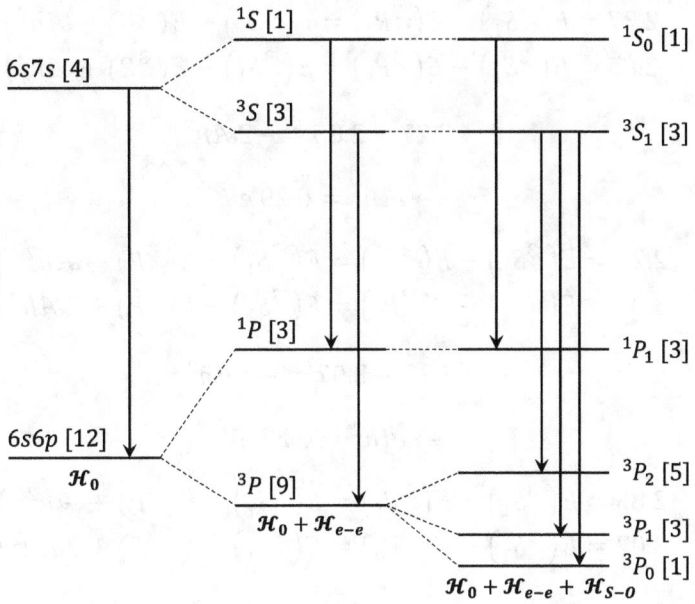

(b) Las tres líneas de emisión: $\lambda_1 = 546.1$ nm, $\lambda_2 = 435.8$ nm y $\lambda_3 = 404.7$ nm, deberían corresponder con las transiciones $^3S_1 \rightarrow {}^3P_2,\, {}^3P_1,\, {}^3P_0$, ya que en acoplamiento L–S, el término espín-órbita ($\mathcal{H}_{S-O}$) del hamiltoniano introduce una corrección energética mucho menor que la debida a la correlación electrónica ($\mathcal{H}_{e-e}$).

A partir de los valores de longitud de onda es posible obtener las energías de cada transición. Así, teniendo en cuenta que $E = hc/\lambda$ se obtiene que:

Transición	λ (nm)	Energía (eV)
$^3S_1 \rightarrow {}^3P_2$	546.1	2.27
$^3S_1 \rightarrow {}^3P_1$	435.8	2.85
$^3S_1 \rightarrow {}^3P_0$	404.7	3.07

(c) A partir de las energías de las distintas transiciones (tabla anterior) es posible estimar la constante de acoplamiento espín-órbita ($\mathcal{A}$) del término espectroscópico ^{3}P. En particular, teniendo en cuenta la diferencia energética entre cualquier par de líneas de emisión se obtiene que:

$$2.27 = E(^3S_1) - E(^3P_2) = E(^3S_1) - E(^3P) - \mathcal{A}\hbar^2$$
$$2.85 = E(^3S_1) - E(^3P_1) = E(^3S_1) - E(^3P) + \mathcal{A}\hbar^2$$

$$\rightarrow 2.27 - 2.85 = -2\mathcal{A}\hbar^2$$

$$\rightarrow \mathcal{A}\hbar^2 = 0.29 \text{ eV}$$

$$2.27 = E(^3S_1) - E(^3P_2) = E(^3S_1) - E(^3P) - \mathcal{A}\hbar^2$$
$$3.07 = E(^3S_1) - E(^3P_0) = E(^3S_1) - E(^3P) + 2\mathcal{A}\hbar^2$$

$$\rightarrow 2.27 - 3.07 = -3\mathcal{A}\hbar^2$$

$$\rightarrow \mathcal{A}\hbar^2 = 0.27 \text{ eV}$$

$$2.85 = E(^3S_1) - E(^3P_1) = E(^3S_1) - E(^3P) + \mathcal{A}\hbar^2$$
$$3.07 = E(^3S_1) - E(^3P_0) = E(^3S_1) - E(^3P) + 2\mathcal{A}\hbar^2$$

$$\rightarrow 2.85 - 3.07 = -\mathcal{A}\hbar^2$$

$$\rightarrow \mathcal{A}\hbar^2 = 0.22 \text{ eV}$$

El valor de la constante de acoplamiento espín-órbita presenta incertidumbre ya que se ha determinado a partir de longitudes de onda de emisión medidas experimentalmente. Como valor de esta constante podemos dar su valor promedio y su incertidumbre, obtenida a partir de la desviación típica de los tres datos:

$$\mathcal{A}\hbar^2 = (0.26 \pm 0.04) \text{ eV}$$

5.11 Al medir el espectro de absorción del ion $^{27}_{13}Al^+$ se detectan cuatro transiciones situadas a 167.1 nm, 266.1 nm, 267.0 nm y 267.4 nm, absorciones que corresponden a transiciones entre los niveles de estructura fina en los que se desdoblan las configuraciones electrónicas fundamental y primera excitada. Sabiendo que la transición más energética es la de mayor intensidad y que las tres más cercanas entre sí son muy débiles:

(a) Asumiendo adecuado el acoplamiento L–S, estímense las posiciones energéticas de los distintos términos espectroscópicos y niveles de estructura fina situando el origen de energía en el nivel de estructura fina de menor energía.

(b) Realícese una representación gráfica de los niveles obtenidos indicando su degeneración y aquellas absorciones que estén permitidas en aproximación dipolar eléctrica.

Solución:

(a) El átomo de aluminio posee trece electrones siendo su configuración electrónica fundamental $1s^2 2s^2 2p^6 3s^2 3p^1$. Por tanto, la configuración electrónica fundamental del ion Al^+ es $1s^2 2s^2 2p^6 3s^2$ y su primera configuración excitada es $1s^2 2s^2 2p^6 3s^1 3p^1$.

El desdoblamiento de las configuraciones ns^2 y $n's^1 n'p^1$ ya ha sido abordado en problemas anteriores (véase por ejemplo el problema 5.4) obteniéndose que:

Configuración	S	L	Término	J	Nivel	ΔE_{S-O}
$3s^2$ [1]	0	0	^1S [1]	0	$^1S_0$ [1]	0
$3s3p$ [12]	0	1	^1P [3]	1	$^1P_1$ [3]	0
	1	1	^3P [9]	0	$^3P_0$ [1]	$-2\mathcal{A}\hbar^2$
				1	$^3P_1$ [3]	$-\mathcal{A}\hbar^2$
				2	$^3P_2$ [5]	$\mathcal{A}\hbar^2$

La única absorción permitida en aproximación dipolar eléctrica y, por tanto, la más intensa, es la transición $^1S_0 \to {}^1P_1$ (verifica $\Delta S = 0$ y $\Delta L = 1$). Al situar el origen de energías en el nivel $^1S_0$, la separación energética (ΔE) entre los niveles $^1S_0$ y $^1P_1$ se obtiene a partir de la energía asociada a la absorción de mayor intensidad, $\lambda = 167.1$ nm, obteniéndose:

$$\Delta E_1 = \frac{hc}{\lambda} = 7.425 \text{ eV}$$

En el enunciado se dice que las tres líneas de absorción cercanas en energía son débiles y, en consecuencia, no deberían estar permitidas en aproximación dipolar eléctrica. La única posibilidad es que estas transiciones conecten el nivel fundamental, $^1S_0$, con los niveles excitados $^3P_2$ ($\lambda_2 = 266.1$ nm), $^3P_1$ ($\lambda_1 = 267.0$ nm) y $^3P_0$ ($\lambda_0 = 267.4$ nm). Hipótesis que está en perfecto acuerdo con el hecho de que estas transiciones sucedan involucrando términos de orden superior al dipolar eléctrico.

Siguiendo el mismo razonamiento que hemos utilizado para el nivel $^1P_1$, las posiciones energéticas (ΔE_J) de los niveles ^3P_J, con $J = 0, 1$ y 2, pueden obtenerse a partir de las energías asociadas a las transiciones $^1S_0 \to {}^3P_J$:

$$\Delta E_J = \frac{hc}{\lambda_J}$$

Utilizando la expresión anterior obtenemos que:

$$^3P_2 \to \Delta E_2 = 4.663 \text{ eV}$$

$$^3P_1 \to \Delta E_1 = 4.647 \text{ eV}$$

$$^3P_0 \to \Delta E_0 = 4.640 \text{ eV}$$

Por otro lado, a partir de estas diferencias energéticas es posible estimar la constante de acoplamiento espín-órbita. Para ello es preciso tener en cuenta el desdoblamiento que esta interacción provoca en el término espectral ^3P:

$$\Delta E_2 - \Delta E_1 = 2\mathcal{A}\hbar^2 \;\; \to \;\; \mathcal{A}\hbar^2 = 8.0 \text{ meV}$$

De forma análoga:

$$\Delta E_1 - \Delta E_0 = \mathcal{A}\hbar^2 \;\; \to \;\; \mathcal{A}\hbar^2 = 7.0 \text{ meV}$$

$$\Delta E_2 - \Delta E_0 = 3\mathcal{A}\hbar^2 \;\; \to \;\; \mathcal{A}\hbar^2 = 7.7 \text{ meV}$$

Al igual que en el problema anterior, nos quedamos con el valor promedio de los tres obtenidos, así:

$$\mathcal{A}\hbar^2 = 7.6 \text{ meV}$$

Una vez conocido el valor de $\mathcal{A}\hbar^2$, podemos obtener la separación energética entre los términos ^1S y ^3P ya que:

$$\left.\begin{array}{l} E(\,^3P_2) = \Delta E_2 \\ E(\,^3P_2) = E(\,^3P) + \mathcal{A}\hbar^2 \end{array}\right\} \rightarrow E(\,^3P) = 4.655 \text{ eV}$$

(b) La figura muestra el diagrama de niveles con las absorciones permitidas en aproximación dipolar eléctrica.

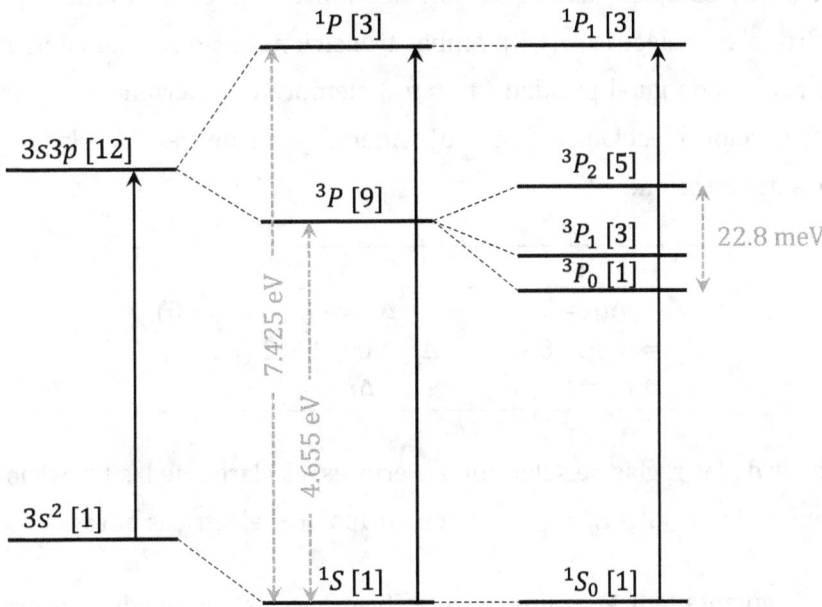

Se han incluido cotas a fin de hacer más patente las diferencias que existen entre las separaciones energéticas de los términos espectroscópicos y las que existen entre los niveles de estructura fina (nótese que los primeros presentan separaciones energéticas del orden del eV mientras que la existente entre los segundos es del orden de decenas de meV).

5.12 Utilizando el desdoblamiento de niveles de estructura fina obtenido en el problema 2.10 para el hidrógeno, indíquese qué transiciones son permitidas en aproximación dipolar magnética y/o cuadrupolar eléctrica dentro de las capas $n = 2$ y $n = 3$ de este átomo.

Solución:

En este problema nos piden que consideremos únicamente aquellas transiciones que cumplen las reglas de selección dipolares magnéticas (DM) y/o cuadrupolares eléctricas (QE). Ambas transiciones sólo suceden entre estados electrónicos de igual paridad ($\pi_i = \pi_f$) siempre que pertenezcan a la misma configuración electrónica ($\Delta n = 0$). Además han de verificar las siguientes reglas de selección:

DM	QE
$\Delta l_j = 0$	$\Delta l_j = 0, \pm 2 \; (0 \leftrightarrow 0)$
$\Delta j = 0, \pm 1 \; (0 \leftrightarrow 0)$	$\Delta j = 0, \pm 1, \pm 2 \; (j + j' \geq 2)$
$\Delta m_j = 0, \pm 1$	$\Delta m_j = 0, \pm 1, \pm 2$

A partir de las reglas de selección anteriores, es claro que las transiciones que cumplen $\Delta l_j = \pm 2$ y $\Delta j = \pm 2$ son cuadrupolares eléctricas puras.

En la siguiente figura se muestran las transiciones que pueden observarse en las capas $n = 2$ y $n = 3$ del átomo de hidrógeno en aproximación dipolar magnética y cuadrupolar eléctrica. Como puede apreciarse, las únicas transiciones puras en aproximación cuadrupolar eléctricas (marcadas con flechas de trazos) son las emisiones $3d_{5/2} \rightarrow 3s_{1/2}$ y $3d_{3/2} \rightarrow 3s_{1/2}$. El resto de emisiones (flechas continuas en la figura) tienen lugar tanto en aproximación dipolar magnética como en aproximación cuadrupolar eléctrica.

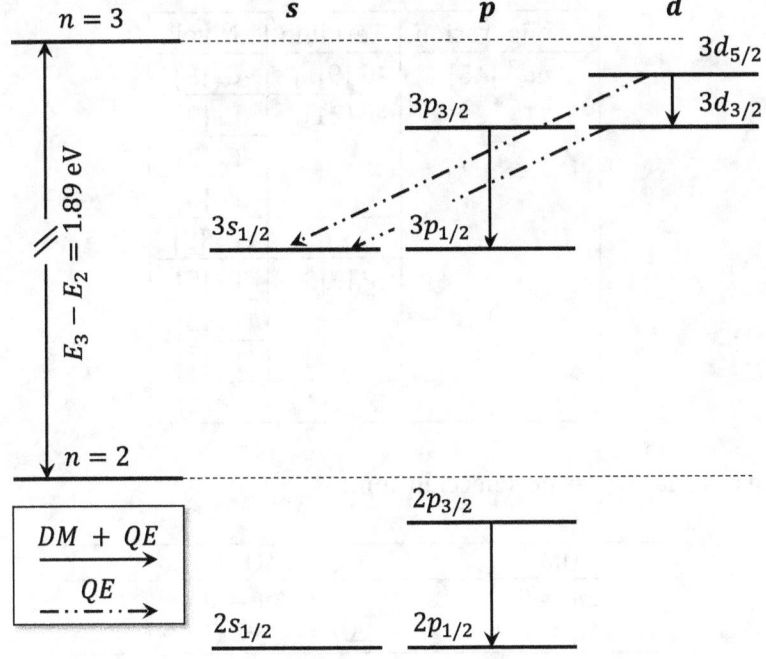

5.13 Para la configuración fundamental del átomo de titanio, indíquese qué emisiones pueden tener lugar entre términos espectroscópicos y niveles de estructura fina considerando las reglas de selección dipolares magnéticas y cuadrupolares eléctricas. Considérese adecuada la aproximación de Russell–Saunders.

Solución:

El primer paso para resolver este problema sería obtener el desdoblamiento que provocan los términos de correlación electrónica y de estructura fina en la configuración electrónica fundamental del Ti ([Ar]$4s^2 3d^2$), asumiendo que es adecuada la aproximación de Russell–Saunders. Este desdoblamiento ha sido abordado en el problema 4.7, obteniéndose:

Configuración	Término	Nivel
nd^2 [45]	^1G [9]	$^1G_4$ [9]
	^3F [21]	$^3F_4$ [9]
		$^3F_3$ [7]
		$^3F_2$ [5]
	^1D [5]	$^1D_2$ [5]
	^3P [9]	$^3P_2$ [5]
		$^3P_1$ [3]
		$^3P_0$ [1]
	^1S [1]	$^1S_0$ [1]

En este caso, las reglas de selección son:

DM	QE
$\Delta n = 0$	$\Delta n = 0$
$\Delta l_j = 0$	$\Delta l_j = 0, \pm 2 \ (0 \not\leftrightarrow 0)$
$\Delta L = 0$	$\Delta L = 0, \pm 1, \pm 2 \ (L + L' \geq 2)$
$\Delta S = 0$	$\Delta S = 0$
$\pi_i = \pi_f$	$\pi_i = \pi_f$
$\Delta J = 0, \pm 1 \ (0 \not\leftrightarrow 0)$	$\Delta J = 0, \pm 1, \pm 2 \ (J + J' \geq 2)$
$\Delta M_J = 0, \pm 1$	$\Delta M_J = 0, \pm 1, \pm 2$

En la figura se muestran las distintas transiciones que se observarían en aproximación dipolar magnética y cuadrupolar eléctrica entre los términos espectrales y niveles de estructura fina para la configuración fundamental del átomo de titanio. Como se indica, las emisiones permitidas entre términos espectrales ($^1S \rightarrow {}^1D$, $^1D \rightarrow {}^1G$ y $^3P \rightarrow {}^3F$) sólo suceden en aproximación cuadrupolar eléctrica pues verifican que $\Delta L = \pm 2$ y $\Delta S = 0$. Dado que estas transiciones incumplen la regla de selección $\Delta L = 0$ están prohibidas en aproximación dipolar magnética; se trata por tanto de emisiones cuadrupolares eléctricas puras.

Entre niveles de estructura fina se observan tanto emisiones permitidas sólo en aproximación cuadrupolar eléctrica pura (flechas discontinuas) como emisiones que verifican las reglas de selección dipolares magnéticas y cuadrupolares eléctricas (flechas continuas), se trata por tanto de emisiones permitidas tanto en aproximación dipolar magnética como en aproximación cudrupolar eléctrica.

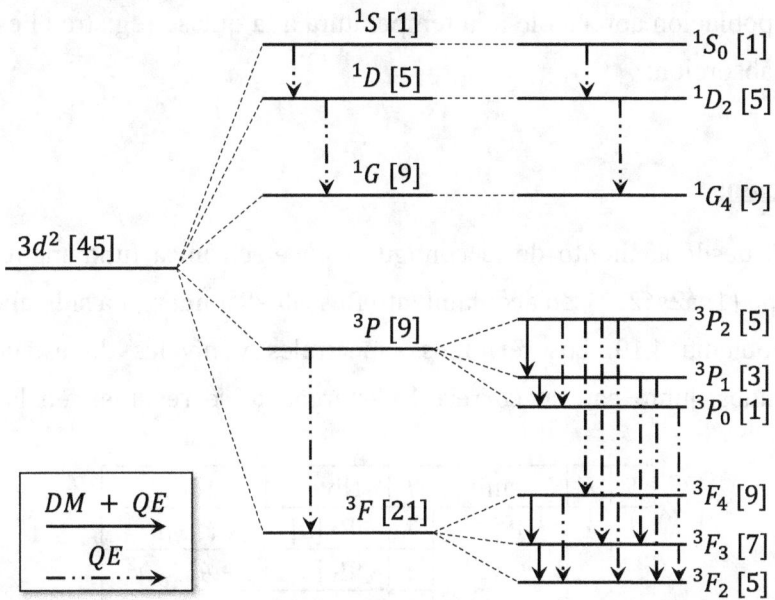

5.14 Considérese el isótopo $^{17}_{8}O$ del átomo de oxígeno. Suponiendo adecuada la aproximación Russell–Saunders, determínese:

(a) El desdoblamiento de sus configuraciones electrónicas fundamental y primera excitada debido a los términos de correlación electrónica y estructura fina. Indíquese en cada caso la degeneración de los niveles correspondientes.

(b) Realícese un diagrama de niveles indicando las absorciones que, en aproximación dipolar eléctrica, se observarían en un espectro medido a baja temperatura.

(c) Sabiendo que el espín nuclear de este isótopo es $I = 5/2$, ¿en cuántas líneas se desdoblaría la absorción de mayor energía si se tiene en cuenta el término de estructura hiperfina magnética? Considérese que todos los niveles hiperfinos del estado fundamental presentan una población apreciable a la temperatura a la que se registra el espectro de absorción.

Solución:

(a) El desdoblamiento de la configuración electrónica fundamental de este isótopo ($1s^2 2s^2 2p^4$), en acoplamiento Russell–Saunders, ha sido abordado en el problema 4.19. Los términos espectrales y niveles de estructura fina obtenidos, junto con su corrección energética, se resumen en la siguiente tabla:

S	L	Término	J	Nivel	ΔE_{S-O}
1	1	^{3}P [9]	2	^{3}P$_2$ [5]	$\mathcal{A}_{S-O}\hbar^2$
			1	^{3}P$_1$ [3]	$-\mathcal{A}_{S-O}\hbar^2$
			0	^{3}P$_0$ [1]	$-2\mathcal{A}_{S-O}\hbar^2$
0	2	^{1}D [5]	2	^{1}D$_2$ [5]	0
0	0	^{1}S [1]	0	^{1}S$_0$ [1]	0

La primera configuración electrónica excitada para este isótopo es $1s^2 2s^2 2p^3 3s^1$, cuya degeneración total de equivalencia es:

$$C_6^3 \times C_2^1 = 40$$

Los posibles términos espectroscópicos de esta configuración se pueden obtener de distintas formas tal y como se ha indicado en el problema 4.10. En este caso, vamos a obtener los posibles estados de la configuración excitada, $2p^3 3s^1$, combinando los posibles estados la configuración $2p^3$ con los que presenta la configuración $2s^1$. Partimos por tanto de los estados correspondientes a tres electrones p que son:

	$M_S = +3/2$	$M_S = +1/2$	$M_S = -1/2$	$M_S = -3/2$
$M_L = +3$				
$M_L = +2$		+1↑ 0↑ +1↓	+1↑ +1↓ 0↓	
$M_L = +1$		+1↑ 0↑ 0↓ +1↑ -1↑ +1↓	+1↑ +1↓ -1↓ 0↑ +1↓ 0↓	
$M_L = 0$	+1↑ 0↑ -1↑	+1↑ 0↑ -1↓ +1↑ -1↑ 0↓ 0↑ -1↑ +1↓	+1↑ 0↓ -1↓ 0↑ +1↓ -1↓ -1↑ +1↓ 0↓	+1↓ 0↓ -1↓
$M_L = -1$		+1↑ -1↑ -1↓ 0↑ -1↑ 0↓	0↑ 0↓ -1↓ -1↑ +1↓ -1↓	
$M_L = -2$		0↑ -1↑ -1↓	-1↑ 0↓ -1↓	
$M_L = -3$				

Los posibles estados asociados a un electrón s son 0 ↑ y 0 ↓ (representados en gris en la tabla siguiente). Al combinar estos dos estados con los mostrados en la tabla anterior se obtiene:

	$M_S = +2$	$M_S = +1$	$M_S = 0$
$M_L = +3$			
$M_L = +2$		0↑ +1↑ 0↑ +1↓	0↓ +1↑ 0↑ +1↓ 0↑ +1↑ +1↓ 0↓
$M_L = +1$		0↑ +1↑ 0↑ 0↓ 0↑ +1↑ -1↑ +1↓	0↓ +1↑ 0↑ 0↓ 0↑ +1↑ +1↓ -1↓ 0↓ +1↑ -1↑ +1↓ 0↑ 0↑ +1↓ 0↓
$M_L = 0$	0↑ +1↑ 0↑ -1↑	0↓ +1↑ 0↑ -1↑ 0↑ +1↑ 0↑ -1↓ 0↑ +1↑ -1↑ 0↓ 0↑ 0↑ -1↑ +1↓	0↓ +1↑ 0↑ -1↓ 0↑ +1↑ 0↓ -1↓ 0↓ +1↑ -1↑ 0↓ 0↑ 0↑ +1↓ -1↓ 0↓ 0↑ -1↑ +1↓ 0↑ -1↑ +1↓ 0↓

Al igual que en problemas anteriores, en la tabla no se han incluido las celdas que se obtienen volteando los espines de sus celdas simétricas ni las que se obtienen multiplicando por (−1) los valores de los correspondientes m_{l_i}.

Los estados de la tabla son compatibles con la presencia de los siguientes términos espectroscópicos:

³D [15], ¹D [5], ³P[9], ¹P [3], ⁵S [5] y ³S[3].

El término de acoplamiento espín - órbita desdobla los términos anteriores en los siguientes niveles de estructura fina:

S	L	Término	J	Nivel
2	0	^{5}S [5]	2	^{5}S$_2$ [5]
1	2	^{3}D [15]	1	^{3}D$_1$ [3]
			2	^{3}D$_2$ [5]
			3	^{3}D$_3$ [7]
1	1	^{3}P[9]	0	^{3}P$_0$ [1]
			1	^{3}P$_1$ [3]
			2	^{3}P$_2$ [5]
1	0	^{3}S[3]	1	^{3}S$_1$ [3]
0	2	^{1}D [5]	2	^{1}D$_2$ [5]
0	1	^{1}P [3]	1	^{1}P$_1$ [3]

Sin embargo, teniendo en cuenta que tanto la capa p como la s presentan un llenado igual a la mitad de su capacidad, los multipletes de estructura fina ^{3}P$_J$ y ^{3}D$_J$ se encuentran degenerados y, en consecuencia, los niveles presentan la misma energía que los términos de los que proceden.

(b) En la figura se presenta el diagrama de niveles, ordenado en energía, atendiendo a las reglas de Hund. Se han incluido las absorciones que verifican las reglas de selección en aproximación dipolar eléctrica (indicadas con flechas en la figura) y que tendrían lugar en condiciones de baja temperatura; es decir, aquellas que parten desde el término espectroscópico y el nivel de estructura fina de menor energía, así:

- La absorción desde la configuración fundamental a la excitada está permitida puesto que $\Delta l = -1$.

- Desde el término espectroscópico fundamental, ^{3}P, las únicas transiciones permitidas son aquellas cuyo estado final presenta la misma multiplicidad ($\Delta S = 0$). Es decir, aquellas absorciones cuyo estado final es el ^{3}D ($\Delta L = 1$), el ^{3}P ($\Delta L = 0$) y/o el ^{3}S ($\Delta L = -1$).

- En cuanto a las absorciones desde el nivel fundamental de estructura fina, ^{3}P$_2$, es preciso señalar que las transiciones que verifican la regla de selección

($\Delta J = 0, \pm 1$) son: $^3P_2 \to {}^3D_1$: $^3D_2$: $^3D_3$, $^3P_2 \to {}^3P_1$: $^3P_2$ y $^3P_2 \to {}^3S_1$. La transición $^3P_2 \to {}^3P_0$, está prohibida en esta aproximación ya que implica $\Delta J = -2$.

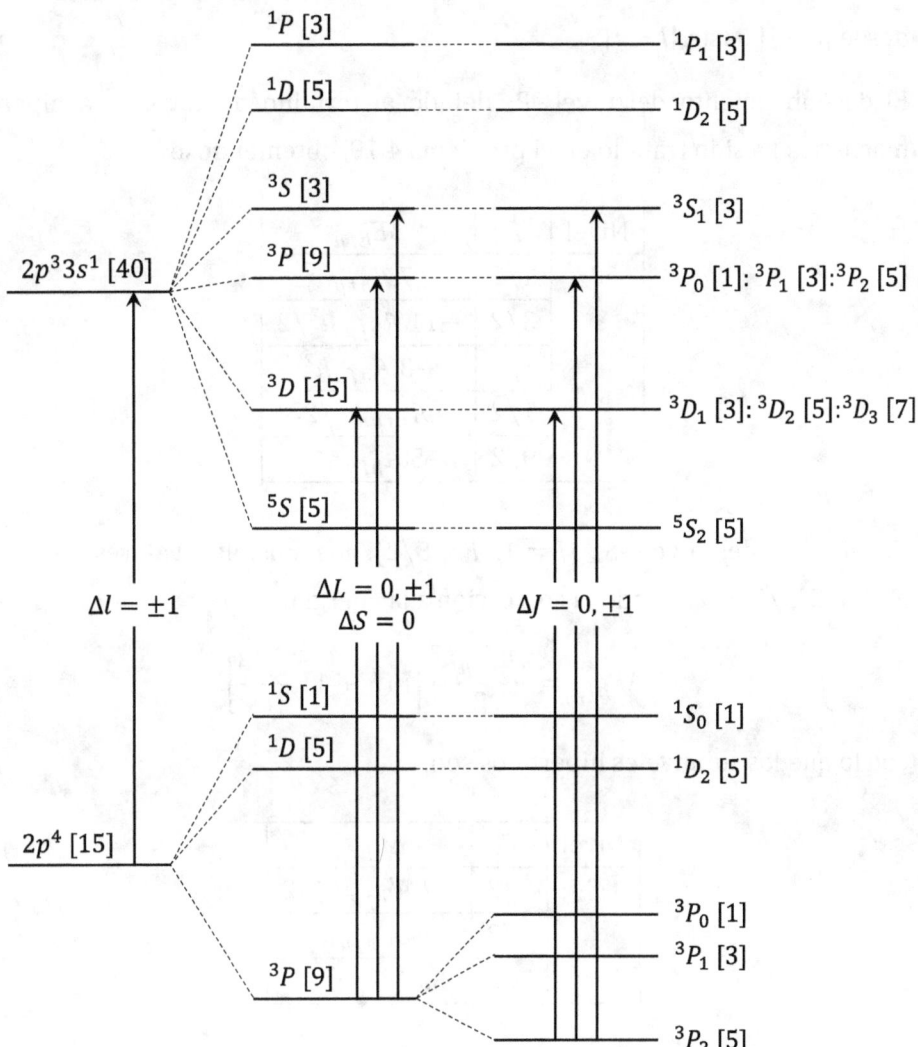

(c) La transición de mayor energía es $^3P_2 \to {}^3S_1$. Por tanto, en primer lugar es preciso determinar el desdoblamiento que provoca el término de estructura hiperfina magnética en ambos niveles. La corrección energética debida a este término de estructura hiperfina está dada por:

$$\Delta E_{hf\mu} = \frac{\mathcal{A}_{hf\mu}\hbar^2}{2}[F(F+1) - J(J+1) - I(I+1)]$$

donde F representa el momento angular total del átomo que toma valores desde $|I - J|$ hasta $|I + J|$.

El desdoblamiento del nivel $^3P_2$ debido al término de estructura hiperfina magnética ha sido tratado en el problema 4.19, obteniéndose:

Nivel	F	$\Delta E_{hf\mu}$
$^3P_2$	1/2	$-7\mathcal{A}_{hf\mu}\hbar^2$
	3/2	$-11\mathcal{A}_{hf\mu}\hbar^2/2$
	5/2	$-3\mathcal{A}_{hf\mu}\hbar^2$
	7/2	$\mathcal{A}_{hf\mu}\hbar^2/2$
	9/2	$5\mathcal{A}_{hf\mu}\hbar^2$

En el caso del nivel $^3S_1$ ($J = 1$, $I = 5/2$), los posibles valores de F son $F = 3/2, 5/2, 7/2$, siendo la corrección a la energía:

$$\Delta E_{hf\mu} = \frac{\mathcal{A}'_{hf\mu}\hbar^2}{2}\left[F(F+1) - \frac{43}{4}\right]$$

con lo que los subniveles hiperfinos son:

Nivel	F	$\Delta E_{hf\mu}$
$^3S_1$	3/2	$-7\mathcal{A}'_{hf\mu}\hbar^2/2$
	5/2	$-\mathcal{A}'_{hf\mu}\hbar^2$
	7/2	$5\mathcal{A}'_{hf\mu}\hbar^2/2$

Nótese que las constantes de acoplamiento hiperfinas se han denominado $\mathcal{A}_{hf\mu}$ y $\mathcal{A}'_{hf\mu}$ para indicar que su valor es diferente para cada uno de los términos.

La figura muestra las absorciones desde las componentes hiperfinas del nivel fundamental que satisfacen las reglas de selección en aproximación dipolar eléctrica ($\Delta F = 0, \pm 1$). Como puede apreciarse, la absorción $^3P_2 \to {}^3S_1$ se desdoblaría en nueve líneas.

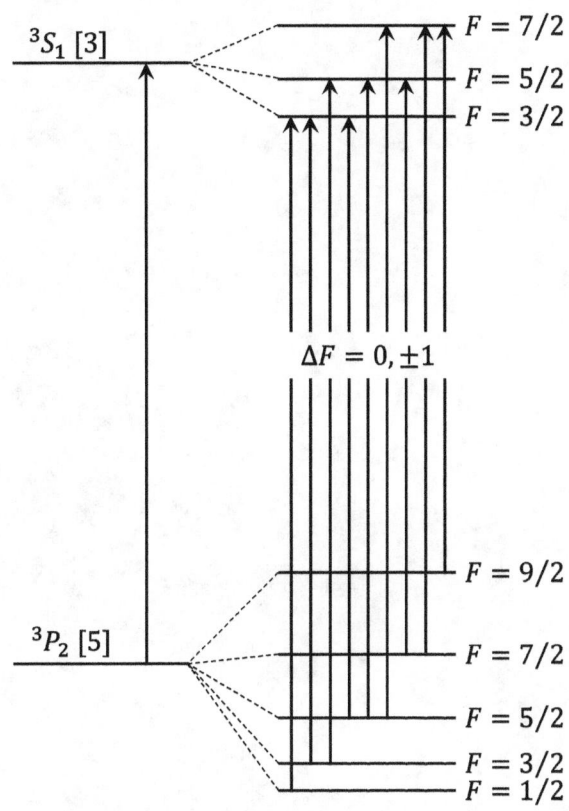

6. Átomos en campos externos

6.1 Considérese el átomo de potasio ($Z = 19$). Suponiendo que es adecuado el acoplamiento Russell–Saunders, obténgase el desdoblamiento de niveles que sufren sus configuraciones electrónicas fundamental y primera excitada cuando este átomo se encuentra en el seno de un campo magnético débil, $B = 0.5\,T$, debido al efecto Zeeman de estructura fina o anómalo. Realícese una representación gráfica del desdoblamiento obtenido.

Solución:

Las configuraciones electrónicas fundamental y primera excitada del átomo de potasio, $[Ar]4s^1$ y $[Ar]4p^1$, han sido abordadas en el problema 5.9. Teniendo en cuenta que la corrección de estructura fina debida al término espín-órbita está dada por:

$$\Delta E_{S-O} = \frac{\mathcal{A}(\gamma LS)\hbar^2}{2}[J(J+1) - L(L+1) - S(S+1)]$$

es fácil obtener que:

Configuración	S	L	Término	J	Nivel	ΔE_{S-O}
$2s^1$ [2]	1/2	0	^{2}S [2]	1/2	^{2}S$_{1/2}$ [2]	0
$2p^1$ [6]	1/2	1	^{2}P [6]	1/2	^{2}P$_{1/2}$ [2]	$-\mathcal{A}\hbar^2$
				3/2	^{2}P$_{3/2}$ [4]	$\mathcal{A}\hbar^2/2$

Al tratarse de un campo magnético débil (efecto Zeeman anómalo) el término Zeeman ($\mathcal{H}_Z$) es mucho menor que el término de acoplamiento espín-órbita; es decir, se verifica que $\mathcal{H}_Z \ll \mathcal{H}_{S-O}$. En esta situación, el término Zeeman introduce una pequeña corrección a la energía que presentan los niveles de estructura fina, dicha corrección está dada por:

$$\Delta E_{M_J} = g_J \mu_B B M_J$$

donde g_J representa el factor de Landé que puede evaluarse mediante:

$$g_J = \frac{3J(J+1) + S(S+1) - L(L+1)}{2J(J+1)}$$

Así, el desdoblamiento que causa el efecto Zeeman anómalo en los niveles de estructura fina que estamos considerando es

Nivel	g_J	M_J	$\Delta E_{M_J}/\mu_B B$	ΔE_{M_J} (μeV)
$^2S_{1/2}$ [2]	1	±1/2	±1/2	±14.47
$^2P_{1/2}$ [2]	2/3	±1/2	±1/3	±9.65
$^2P_{3/2}$ [4]	4/3	±3/2	±2	±57.88
		±1/2	±2/3	±19.29

Y el correspondiente esquema de niveles queda:

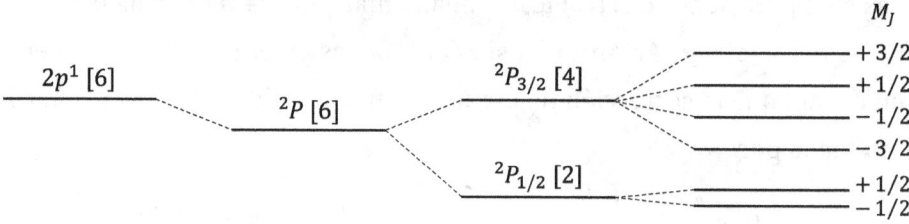

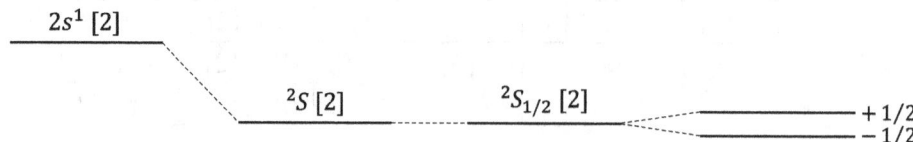

Nótese como al aplicar el campo magnético se rompe completamente la degeneración de todos los niveles de estructura fina.

6.2 Asumiendo adecuado el acoplamiento Russell−Saunders para el átomo de sodio ($Z = 11$), obténgase:

(a) El desdoblamiento de niveles que sufren sus configuraciones electrónicas fundamental y primera excitada cuando este átomo se encuentra en el seno de un campo magnético fuerte, $B = 5\,T$, (efecto Paschen−Back).

(b) Realícese una representación grafica mostrando el desdoblamiento obtenido debido a la presencia del campo magnético.

Solución:

La configuración electrónica fundamental del átomo de sodio es $1s^2 2s^2 2p^6 3s^1$ y su primera configuración excitada es $1s^2 2s^2 2p^6 3p^1$.

Para campos magnéticos fuertes se cumple que el término Zeeman ($\mathcal{H}_Z$) es mayor que el término espín−órbita; es decir, $\mathcal{H}_Z \gg \mathcal{H}_{S-O}$. En esta situación hay que resolver, en primer lugar, el hamiltoniano $\mathcal{H} = \mathcal{H}_C + \mathcal{H}_{e-e}$ y, posteriormente, considerar el término Zeeman como una perturbación. Por tanto, las autofunciones de orden cero son justamente los términos espectrales.

Para el caso particular de las configuraciones electrónicas ns^1 y np^1, el desdoblamiento en términos espectrales (véase el problema anterior) es:

Configuración	S	L	Término
$3s^1$ [2]	1/2	0	^2S [2]
$3p^1$ [6]	1/2	1	^2P [6]

Añadimos ahora el término Zeeman como una perturbación, la corrección energética ($\Delta E_{M_L M_S}$) se obtiene mediante la expresión:

$$\Delta E_{M_L M_S} = \mu_B B (M_L + 2 M_S)$$

El término ²S posee $L = 0$ y $S = 1/2$. En consecuencia $M_L = 0$ y $M_S = \pm 1/2$, los posibles valores de $M_L + 2M_S$ son $M_L + 2M_S = \pm 1$. De forma similar, para el término ²P ($L = 1$ y $S = 1/2$) los posibles valores $M_L + 2M_S = \pm 2, \pm 1, 0$. En la tabla siguiente se muestran los subniveles Zeeman para cada uno de estos dos términos así como la corrección a la energía debida a la presencia del campo magnético $B = 5$ T:

Término	$M_L + 2M_S$	(M_L, M_S)	$\Delta E_{M_L M_S}$ (µeV)
²S [2]	+1	$(0, +1/2)$	289.4
	−1	$(0, -1/2)$	−289.4
²P [6]	+2	$(+1, +1/2)$	578.8
	+1	$(0, +1/2)$	289.4
	0	$(+1, -1/2)$	0
		$(-1, +1/2)$	0
	−1	$(0, -1/2)$	−289.4
	−2	$(-1, -1/2)$	−578.8

Para terminar, aplicamos el término espín-órbita como una perturbación del hamiltoniano $\mathcal{H} = \mathcal{H}_C + \mathcal{H}_{e-e} + \mathcal{H}_Z$. En este caso, la corrección a la energía (ΔE_{S-O}) está dada por $\Delta E_{S-O} = \mathcal{A}\hbar^2 M_L M_S$.

En el caso del término ²S todos los niveles Zeeman tienen $M_L = 0$ y la corrección debida al término espín-órbita es nula. Para el término ²P se tiene:

Término	$M_L + 2M_S$	(M_L, M_S)	$\Delta E_{M_L M_S}$ (µeV)	ΔE_{S-O}
²P [6]	+2	$(+1, +1/2)$	578.8	$\mathcal{A}\hbar^2/2$
	+1	$(0, +1/2)$	289.4	0
	0	$(+1, -1/2)$	0	$-\mathcal{A}\hbar^2/2$
		$(-1, +1/2)$	0	$-\mathcal{A}\hbar^2/2$
	−1	$(0, -1/2)$	−289.4	0
	−2	$(-1, -1/2)$	−578.8	$\mathcal{A}\hbar^2/2$

(b) La figura muestra el desdoblamiento de niveles provocado por el campo magnético aplicado:

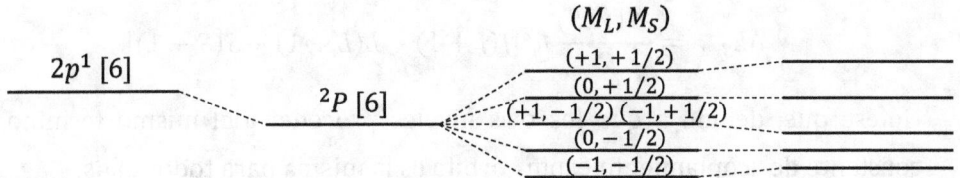

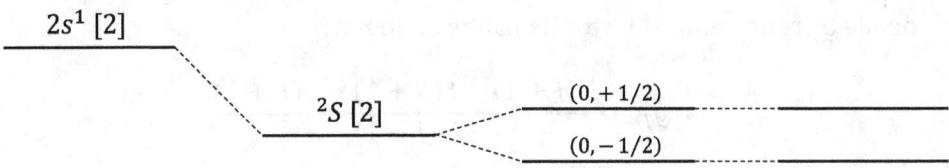

6.3 Calcúlese el desdoblamiento de un término ^3F, así como la separación entre los subniveles Zeeman cuando se aplica un campo magnético:

(a) Débil, efecto Zeeman de estructura fina o anómalo.

(b) Fuerte, efecto Paschen – Back.

Solución:

(a) Cuando el campo magnético es débil se cumple que $\mathcal{H}_{fina} \gg \mathcal{H}_z$; por tanto, aplicamos en primer lugar el desdoblamiento espín - órbita:

Término	S	L	J	Nivel
^3F [21]	1	3	2	$^3F_2$ [5]
			3	$^3F_3$ [7]
			4	$^3F_4$ [9]

La corrección a la energía debida a la interacción espín - órbita, como ya se ha visto, se calcula utilizando la expresión:

$$\Delta E_{S-O} = \frac{\mathcal{A}(\gamma LS)}{2} \hbar^2 [J(J+1) - L(L+1) - S(S+1)]$$

Nótese que, debido a que los tres niveles proceden del mismo término, la constante de acoplamiento espín-órbita es la misma para todos ellos.

Finalmente es preciso evaluar la corrección debida al campo magnético (ΔE_{M_J}) que se relaciona con el módulo del campo magnético y la proyección de J a través de:

$$\Delta E_{M_J} = g_J \mu_B B M_J$$

donde g_J representa el factor de Lande dado por:

$$g_J = \frac{3J(J+1) + S(S+1) - L(L+1)}{2J(J+1)}$$

En la tabla siguiente se recogen ambas correcciones, espín-órbita y efecto Zeeman, para los distintos niveles:

Nivel	ΔE_{S-O}	M_J	$\Delta E_{M_J}/\mu_B B$
$^3F_2$ [5]	$-4\mathcal{A}\hbar^2$	± 2	$\pm 4/3$
		± 1	$\pm 2/3$
		0	0
$^3F_3$ [7]	$-\mathcal{A}\hbar^2$	± 3	$\pm 13/4$
		± 2	$\pm 13/6$
		± 1	$\pm 13/12$
		0	0
$^3F_4$ [9]	$3\mathcal{A}\hbar^2$	± 4	± 5
		± 3	$\pm 15/4$
		± 2	$\pm 5/2$
		± 1	$\pm 5/4$
		0	0

La separación entre los niveles Zeeman dependerá del valor del campo magnético y será distinta para cada uno de los niveles de estructura fina; en particular, se obtiene:

Nivel	$\Delta E_{M_J} - \Delta E_{M_J-1}$
$^3F_2$	$2\mu_B B/3$
$^3F_3$	$13\mu_B B/12$
$^3F_4$	$5\mu_B B/4$

Si asumimos que la constante de acoplamiento espín-órbita es positiva, el diagrama de niveles mostrando el desdoblamiento de los niveles de estructura fina debido al campo magnético queda:

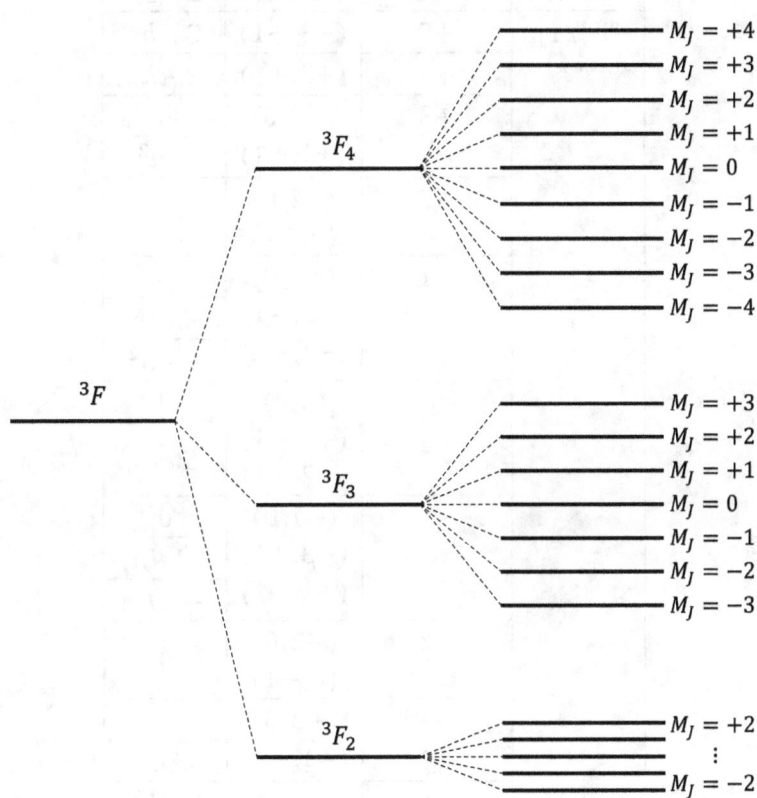

(b) Cuando el campo magnético es fuerte (efecto Paschen-Back) se cumple que $\mathcal{H}_z \gg \mathcal{H}_{\text{fina}}$; por tanto, aplicamos en primer lugar la corrección debida al efecto Zeeman, $\Delta E_{M_L M_S}$:

$$\Delta E_{M_L M_S} = \mu_B B (M_L + 2M_S)$$

De manera que, el desdoblamiento debido al efecto Zeeman será proporcional al valor de $M_L + 2M_S$. Para el término ³F ($L = 3, S = 1$), los posibles valores de M_L y M_S son $M_L = \pm 3, \pm 2, \pm 1, 0$ y $M_S = \pm 1, 0$.

En la última columna de la tabla se ha calculado la corrección debida a la interacción espín - órbita dada por:

$$\Delta E_{S-O} = \mathcal{A}\hbar^2 M_L M_S.$$

Término	$M_L + 2M_S$	(M_L, M_S)	ΔE_{S-O}
³F [21]	+5	(+3, +1)	$3\mathcal{A}\hbar^2$
	+4	(+2, +1)	$2\mathcal{A}\hbar^2$
	+3	(+3, 0)	0
		(+1, +1)	$\mathcal{A}\hbar^2$
	+2	(+2, 0)	0
		(0, +1)	
	+1	(+1, 0)	0
		(+3, −1)	$-3\mathcal{A}\hbar^2$
		(−1, +1)	$-\mathcal{A}\hbar^2$
	0	(0, 0)	0
		(+2, −1)	$-2\mathcal{A}\hbar^2$
		(−2, +1)	
	−1	(−1, 0)	0
		(−3, +1)	$-3\mathcal{A}\hbar^2$
		(+1, −1)	$-\mathcal{A}\hbar^2$
	−2	(−2, 0)	0
		(0, −1)	
	−3	(−3, 0)	0
		(−1, −1)	$\mathcal{A}\hbar^2$
	−4	(−2, −1)	$2\mathcal{A}\hbar^2$
	−5	(−3, −1)	$3\mathcal{A}\hbar^2$

En la siguiente figura se muestra el desdoblamiento del término ³F en presencia de un campo magnético fuerte.

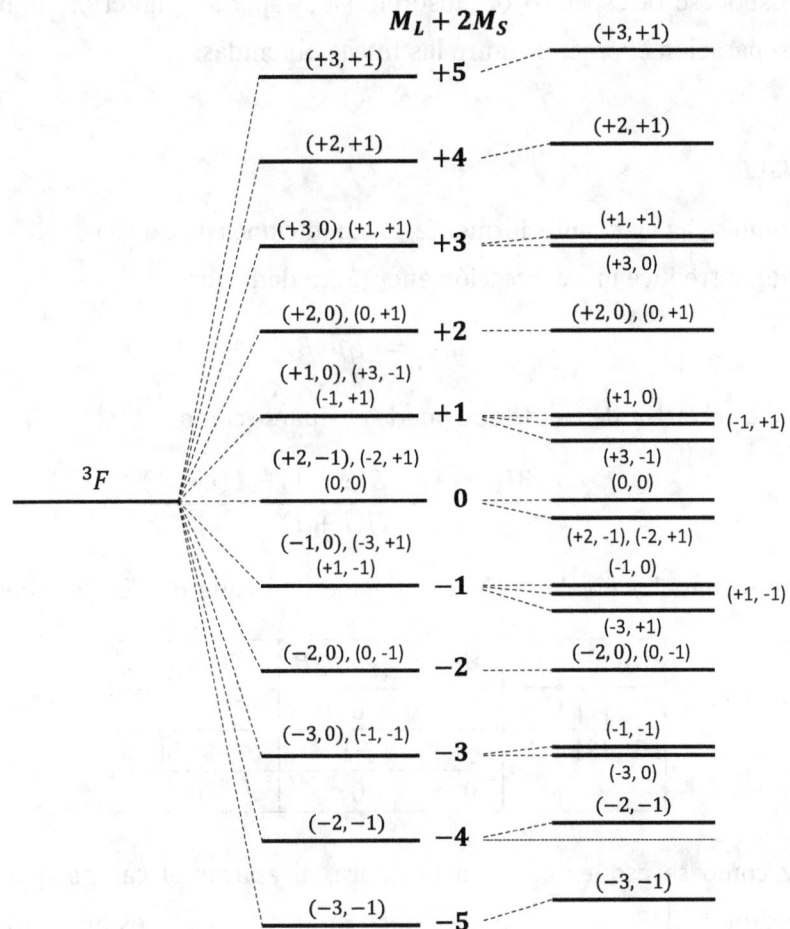

6.4 El zinc atómico presenta una intensa banda de absorción a 213.92 nm correspondiente a la transición entre los niveles de estructura fina $^1S_0 \to {}^1P_1$, permitida en aproximación dipolar eléctrica.

(a) ¿En cuántas líneas se desdobla dicha absorción si se aplica un campo magnético débil $B = 0.2$ T? Indíquese en que aproximación suceden y su carácter σ o π.

(b) Esbócese el espectro de absorción del apartado anterior, indicando la separación energética entre las líneas obtenidas.

Solución:

(a) Como se ha visto anteriormente, en condiciones de campo débil, el término Zeeman introduce una corrección energética dada por:

$$\Delta E_{M_J} = g_J \mu_B B M_J$$

siendo g_J el factor de Landé que puede evaluarse como:

$$g_J = \frac{3J(J+1) + S(S+1) - L(L+1)}{2J(J+1)}$$

Por tanto, para los niveles $^1S_0$ y $^1P_1$, considerando que $B = 0.2$ T, tenemos que:

Nivel	g_J	M_J	$\Delta E_{M_J}/\mu_B B$	ΔE_{M_J} (μeV)
$^1S_0$ [1]	0	0	0	0
$^1P_1$ [3]	1	±1	±1	±11.58
		0	0	0

Tal y como se esquematiza en la figura, al aplicar el campo magnético la absorción a 213.92 nm se desdobla en tres líneas, estando todas ellas permitidas en aproximación dipolar eléctrica ya que satisfacen la regla de selección $\Delta M_J = 0, \pm 1$.

El estado de polarización de las líneas espectrales se caracteriza mediante su carácter σ o π. Para asignarlo a estas tres líneas, se ha tenido en cuenta que dicho carácter está dado por el cambio que tiene lugar en M_J. Así cuando:

$\Delta M_J = 0$, la transición es π

$\Delta M_J = +1$, en emisión, la transición es σ^- (σ^+ en absorción)

$\Delta M_J = -1$, en emisión, la transición es σ^+ (σ^- en absorción)

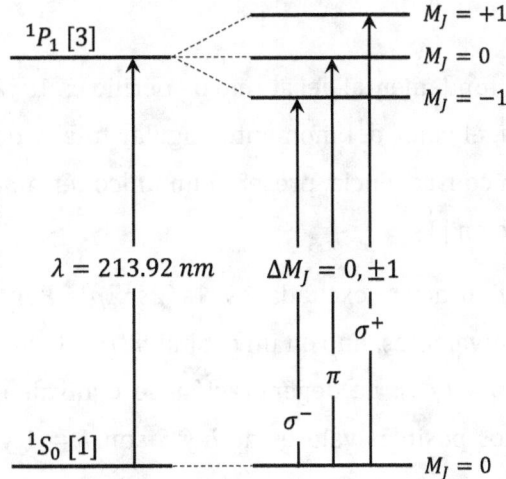

(b) Como se aprecia en la figura, la transición π tiene lugar con la misma energía que la transición entre los niveles de estructura fina. La energía de esta transición es:

$$E_0 = \frac{hc}{\lambda} = 5.80 \text{ eV}$$

Por tanto, las absorciones σ^- y σ^+ estarán situadas simétricamente respecto a la absorción π y separadas de ésta una cantidad $\Delta E = 11.58$ µeV. El espectro de absorción queda:

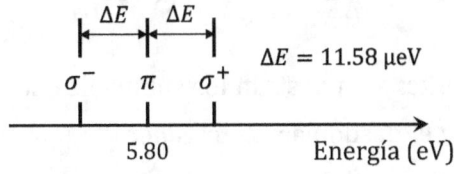

6.5 Considérese el átomo de berilio ($Z = 4$) en el seno de un campo magnético fuerte. Determínese qué transiciones están permitidas en aproximación dipolar eléctrica entre su configuración fundamental y la primera configuración excitada, así como su carácter σ o π en absorción.

Solución:

La configuración fundamental del átomo de berilio es $1s^2 2s^2$. Como la subcapa $2s$ está completa, el valor del momento angular total y del espín total es nulo ($L = S = 0$) y, en consecuencia, presenta un único término espectroscópico, el ^1S, con degeneración [1].

La primera configuración excitada es $1s^2 2s^1 2p^1$. Por tanto, tenemos dos electrones no equivalentes, uno en un orbital p ($l = 1, s = 1/2$) y el otro en un orbital s ($l = 0, s = 1/2$). La degeneración de equivalencia, en este caso, es $C_6^1 \times C_2^1 = 12$ y los posibles valores de L y S son $L = 1$ y $S = 0, 1$, siendo sus correspondientes términos espectroscópicos ^1P, con degeneración [3], y ^3P, con degeneración [9].

Como ya se ha visto en problemas anteriores, al tratarse de un campo magnético fuerte (efecto Paschen – Back), es preciso corregir la energía de los términos espectrales considerando en primer lugar el término Zeeman ($\Delta E_{M_L, M_S}$):

$$\Delta E_{M_L, M_S} = \mu_B B (M_L + 2 M_S)$$

y posteriormente el término espín – órbita (ΔE_{S-O}):

$$\Delta E_{S-O} = \mathcal{A}(\gamma L S)\, \hbar^2 M_L M_S$$

En las tablas siguientes se muestran los subniveles Zeeman producidos por el campo magnético y el desdoblamiento generado por el término espín-órbita (nótese que la corrección $\Delta E_{M_L, M_S}$ es proporcional a los valores mostrados en la columna $M_L + 2M_S$, siendo el factor de proporcionalidad justamente $\mu_B B$).

Configuración	L	S	Término	$M_L + 2M_S$	(M_L, M_S)	ΔE_{S-O}
ns^2	0	0	^1S [1]	0	(0,0)	0

Problemas resueltos de Física Atómica y Molecular

Configuración	L	S	Término	$M_L + 2M_S$	(M_L, M_S)	ΔE_{S-O}
$nsnp$	1	0	^1P [3]	+1	(+1,0)	0
				0	(0,0)	0
				−1	(−1,0)	0
	1	1	^3P [9]	+3	(+1,+1)	$\mathcal{A}\hbar^2$
				+2	(0,+1)	0
				+1	(+1,0)	0
					(−1,+1)	$-\mathcal{A}\hbar^2$
				0	(0,0)	0
				−1	(−1,0)	0
					(+1,−1)	$-\mathcal{A}\hbar^2$
				−2	(0,−1)	0
				−3	(−1,−1)	$\mathcal{A}\hbar^2$

El diagrama de niveles queda:

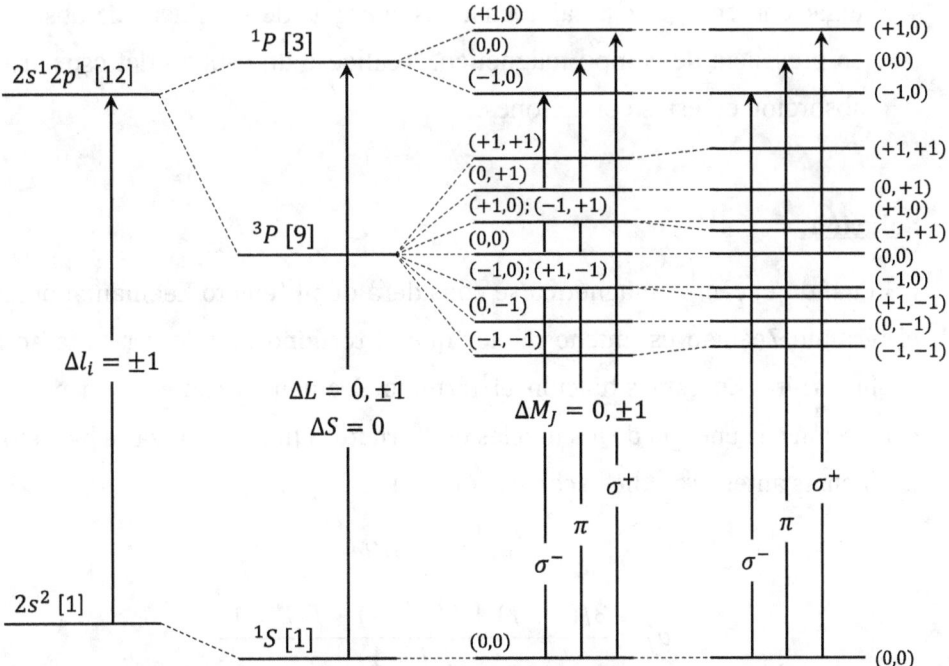

En la figura se han indicado las transiciones permitidas en aproximación dipolar eléctrica junto con las reglas de selección que verifican, así como su carácter σ o π.

6.6 El ion Ar^+ ($Z = 18$) en acoplamiento L–S presenta varias absorciones permitidas en aproximación dipolar eléctrica; estas transiciones tienen lugar desde su configuración fundamental hasta su primera configuración excitada. Suponiendo que este ion se encuentra en el seno de un campo magnético débil $B = 1.5$ T y considerando que todos los subniveles Zeeman del nivel fundamental están poblados:

(a) Determínese el número de líneas en las que se desdoblaría la absorción de menor energía e indíquese el carácter σ o π de cada una de ellas.

(b) Asumiendo que, en ausencia de campo magnético, la absorción tiene lugar con energía E_0, calcúlense las energías de las líneas de absorción en presencia de campo magnético. Realícese un esbozo del espectro de absorción en estas condiciones.

Solución:

(a) Cuando el campo magnético se considera débil (efecto Zeeman anómalo), el término Zeeman es mucho menor que el término debido a la interacción espín-órbita. En esta situación el término Zeeman introduce una pequeña corrección a la energía de los niveles de estructura fina. Como ya se ha visto en problemas anteriores, dicha corrección está dada por:

$$\Delta E_{M_J} = g_J \mu_B B M_J$$

$$g_J = \frac{3J(J+1) + S(S+1) - L(L+1)}{2J(J+1)}$$

Los desdoblamientos de las configuraciones electrónicas fundamental ($1s^2 2s^2 2p^6 3s^2 3p^5$) y primera excitada ($1s^2 2s^2 2p^6 3s^2 3p^4 4s^1$) del ion Ar^+ en acoplamiento L–S han sido abordados en el problema 4.10 Por otro lado, las absorciones permitidas en aproximación dipolar eléctrica han sido determinadas en el problema 5.6. A partir del esquema de niveles mostrado en este último problema se deduce que la absorción de menor energía corresponde a la transición $^2P_{3/2} \to {}^2D_{5/2}$. El desdoblamiento que produce el campo magnético en ambos niveles es:

Nivel	g_J	M_J	$\Delta E_{M_J}/\mu_B B$	ΔE_{M_J} (µeV)
$^2P_{3/2}$ [4]	4/3	$\pm 3/2$	± 2	± 173.64
		$\pm 1/2$	$\pm 2/3$	± 57.88
$^2D_{5/2}$ [6]	6/5	$\pm 5/2$	± 3	± 260.46
		$\pm 3/2$	$\pm 9/5$	± 156.28
		$\pm 1/2$	$\pm 3/5$	± 52.09

En la figura se muestran las absorciones permitidas en aproximación dipolar eléctrica; es decir, aquellas que cumplen $\Delta M_J = -1$ (σ^-), $\Delta M_J = 0$ (π) y $\Delta M_J = +1$ (σ^+). De acuerdo con el enunciado se ha considerado que todos los subniveles Zeeman del estado fundamental se encuentran poblados.

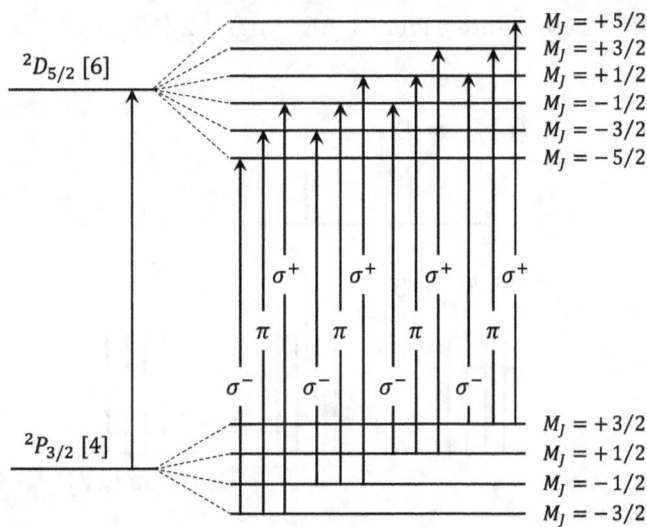

Como se indica en la figura, al aplicar el campo magnético la absorción $^2P_{3/2} \to$ $^2D_{5/2}$ se desdobla en doce líneas, cuatro con carácter σ^-, cuatro con carácter π y cuatro con carácter σ^+.

(b) Si denominamos E_0 a la energía de la transición $^2P_{3/2} \to$ $^2D_{5/2}$, es fácil calcular la energía de cada una de las líneas desdobladas.

Las expresiones indicadas en la tabla se han obtenido considerando que la separación energética entre los subniveles Zeeman del nivel fundamental y del nivel excitado son distintas, $4\mu_B B/3$ y $6\mu_B B/5$ respectivamente.

Carácter	Energía
σ^-	$E_0 - \mu_B B$
	$E_0 - \mu_B B \cdot 17/15$
	$E_0 - \mu_B B \cdot 19/15$
	$E_0 - \mu_B B \cdot 21/15$
π	$E_0 - \mu_B B \cdot 1/5$
	$E_0 - \mu_B B \cdot 1/15$
	$E_0 + \mu_B B \cdot 1/15$
	$E_0 + \mu_B B \cdot 1/5$
σ^+	$E_0 + \mu_B B$
	$E_0 + \mu_B B \cdot 17/15$
	$E_0 + \mu_B B \cdot 19/15$
	$E_0 + \mu_B B \cdot 21/15$

En la figura se compara el espectro de absorción en ausencia (a) y en presencia (b) de campo magnético. Como puede apreciarse las líneas se distribuyen simétricamente respecto a la energía E_0 y aparecen agrupadas según su carácter. Se puede comprobar que la separación entre líneas de un mismo carácter (ΔE) es constante e igual a $\Delta E = \mu_B B \cdot 2/15$.

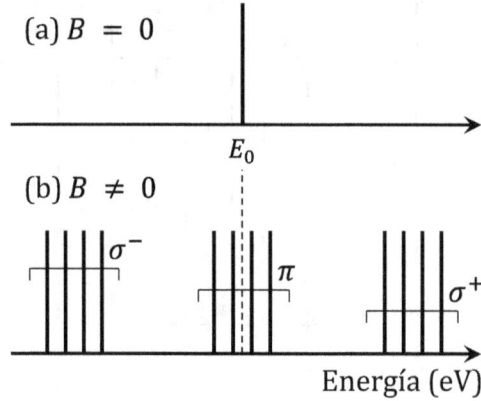

6.7 La configuración fundamental del átomo de cesio ($Z = 55$) es [Xe] $6s^1$. Se sabe que las relajaciones radiativas entre los niveles de estructura fina de la configuración excitada [Xe] $6p^1$ y la configuración fundamental, dan lugar a dos líneas de emisión cuyas longitudes de onda son 852.1 nm y 894.3 nm.

(a) Asumiendo adecuado el acoplamiento Russell–Saunders, realícese un diagrama energético mostrando los distintos niveles de estructura fina y las degeneraciones correspondientes. Indíquense también las emisiones permitidas en aproximación dipolar eléctrica.

(b) ¿A qué longitud de onda cabría esperar la emisión entre los términos espectroscópicos?

(c) Suponga ahora que se aplica un campo magnético débil, $B = 2$ T. ¿Cuál sería el desdoblamiento que sufre la transición más energética de las dos indicadas? Bajo estas condiciones, indíquese el carácter σ o π de las nuevas transiciones.

(d) Dibújese esquemáticamente el espectro de emisión esperado en la situación del apartado (c), obténgase en cada caso la frecuencia de la emisión correspondiente e indíquese en el espectro qué separación en frecuencia presentan las distintas líneas.

Solución:

(a) Tanto en la configuración fundamental como en la excitada existe un único electrón. Por tanto, los términos y niveles de estructura fina son:

Configuración	S	L	Término	J	Nivel
$6p$ [6]	1/2	1	^2P [6]	1/2	$^2P_{1/2}$ [2]
				3/2	$^2P_{3/2}$ [4]
$6s$ [2]	1/2	0	^2S [2]	1/2	$^2S_{1/2}$ [2]

Teniendo en cuenta las reglas de Hund, el diagrama de niveles queda:

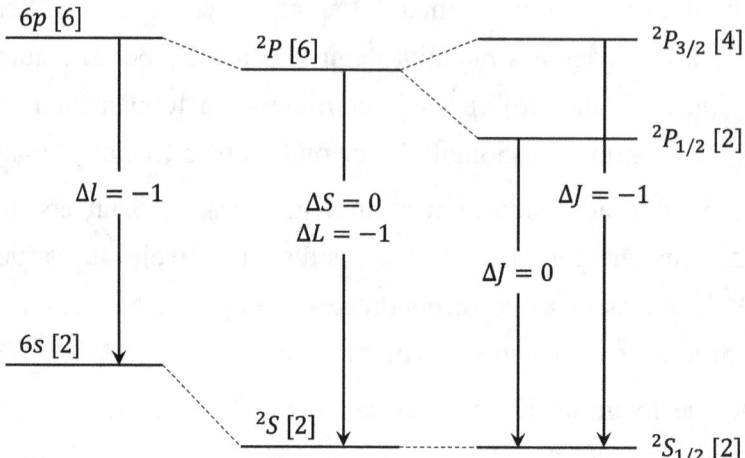

En el esquema anterior se han incluido las transiciones permitidas a orden dipolar eléctrico, indicando los cambios que las emisiones provocan en los números cuánticos del electrón.

(b) Utilizando las longitudes de onda de emisión aportadas en el enunciado se puede obtener la energía de los niveles $^2P_{3/2}$ y $^2P_{1/2}$. Para ello se considera que:

$$E = \frac{hc}{\lambda}$$

Así:

Nivel	λ_{Emi} (nm)	E (eV)
$^2P_{3/2}$	852.1	1.456
$^2P_{1/2}$	894.3	1.387

Por tanto, a partir de los datos experimentales suministrados, la diferencia de energía entre ambos niveles es $\Delta E = 0.069$ eV. Esta separación tiene que ser igual al desdoblamiento provocado por el acoplamiento espín-órbita. Considerando que:

$$\Delta E_{S-O} = \frac{\mathcal{A}\hbar^2}{2}[J(J+1) - L(L+1) - S(S+1)]$$

la energía de los niveles de estructura fina es:

$$E(\,^2P_{3/2}) = E(\,^2P) + \frac{\mathcal{A}\hbar^2}{2}$$

$$E(\,^2P_{1/2}) = E(\,^2P) - \mathcal{A}\hbar^2$$

A partir de estas dos ecuaciones se puede obtener la separación energética entre los niveles de estructura fina:

$$\Delta E = \frac{3}{2}\mathcal{A}\hbar^2$$

Por tanto:

$$\frac{3}{2}\mathcal{A}\hbar^2 = 0.069 \rightarrow \mathcal{A}\hbar^2 = 46 \text{ meV}$$

La energía del término ^2P se puede calcular a partir de cualquiera de las ecuaciones anteriores. Por ejemplo, utilizando la correspondiente al nivel $^2P_{3/2}$ se obtiene que:

$$E(\,^2P) = E(\,^2P_{3/2}) - \frac{\mathcal{A}\hbar^2}{2} = 1.433 \text{ eV}$$

Utilizando esta energía, la longitud de onda de la emisión $^2P \rightarrow {}^2S$ es:

$$\lambda = \frac{hc}{E} = 865.9 \text{ nm}$$

(c) Al aplicar un campo magnético débil se va a romper la degeneración que presentan los niveles de estructura fina, siendo preciso añadir a la energía una pequeña corrección debida al término Zeeman (ΔE_{M_J}):

$$\Delta E_{M_J} = g_J \mu_B B M_J$$

siendo g_J el factor de Landé:

$$g_J = \frac{3J(J+1) + S(S+1) - L(L+1)}{2J(J+1)}$$

En la figura se han incluido las transiciones que verifican la regla de selección dipolar eléctrica, $\Delta M_J = 0, \pm 1$, así como el carácter σ o π de cada transición.

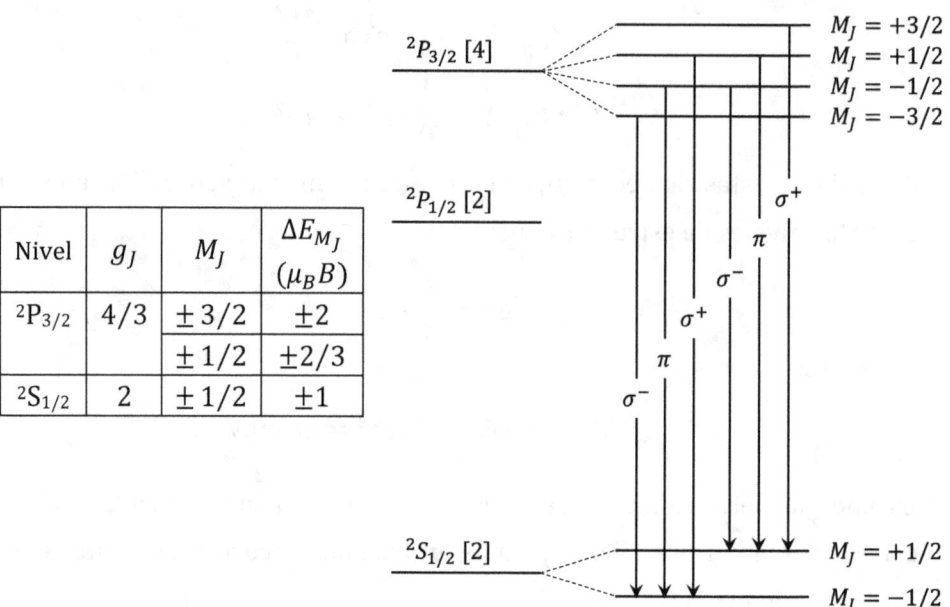

Nivel	g_J	M_J	ΔE_{M_J} ($\mu_B B$)
$^2P_{3/2}$	4/3	±3/2	±2
		±1/2	±2/3
$^2S_{1/2}$	2	±1/2	±1

(d) Si denominamos E_0 a la energía de la transición $^2P_{3/2} \rightarrow {}^2S_{1/2}$ ($E_0 = 1.456$ eV), es posible determinar la energía de cada una de las transiciones que tienen lugar entre los subniveles Zeeman. Concretamente, para un campo $B = 2$ T, se obtiene:

Carácter	Energía	E (eV)	λ (nm)	ν ($\times 10^{14}$ Hz)
σ^-	$E_0 - \mu_B B$	1.45588	852.27	3.5200
	$E_0 - \mu_B B \cdot 5/3$	1.45581	852.31	3.5198
π	$E_0 - \mu_B B \cdot 1/3$	1.45596	852.22	3.5202
	$E_0 + \mu_B B \cdot 1/3$	1.45604	852.17	3.5204
σ^+	$E_0 + \mu_B B$	1.45612	852.13	3.5206
	$E_0 + \mu_B B \cdot 5/3$	1.45619	852.09	3.5208

A partir de los datos anteriores se puede comprobar que las líneas presentan una separación constante en frecuencias cuyo valor es: $\Delta \nu \approx 2.0 \times 10^{10}$ Hz = 20 GHz. De forma esquemática, el espectro de emisión en el seno del campo magnético queda:

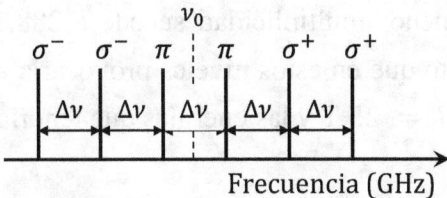

De forma similar al problema anterior, las líneas desdobladas se distribuyen simétricamente respecto a la frecuencia que posee la emisión en ausencia de campo magnético (ν_0).

6.8 La configuración electrónica del estado fundamental del átomo de silicio es $[\text{Ne}]3s^23p^2$.

(a) Realícese un esquema donde se muestre el desdoblamiento en niveles de estructura fina que experimentan la configuración electrónica fundamental y la configuración electrónica excitada $[\text{Ne}]3s^23p4s$. Indíquese en cada caso la degeneración de los distintos niveles y las transiciones permitidas en aproximación dipolar eléctrica.

(b) Entre dichas configuraciones se conocen las siguientes longitudes de onda correspondientes a emisiones entre niveles de estructura fina ($J \to J'$) con espín total igual a uno:

$J \to J'$	λ (nm)
$2 \to 2$	251.61
$2 \to 1$	250.69
$1 \to 2$	252.85

Con los datos suministrados, identifíquense las transiciones y obténganse las constantes de acoplamiento espín–órbita de todos los términos espectroscópicos de ambas configuraciones.

(c) Sabiendo que la emisión de mayor energía entre los niveles de estructura fina de menor multiplicidad sucede a 288.15 nm, determínese el desdoblamiento que en estos niveles provocaría aplicar un campo magnético fuerte $B = 25$ T y las energías que tendrían las transiciones π.

Solución:

(a) En la configuración fundamental tenemos dos electrones equivalentes en orbitales p. Esta configuración fue tratada en el problema 4.5, obteniéndose:

S	L	Término	J	Nivel
0	0	^1S [1]	0	$^1S_0$ [1]
0	2	^1D [5]	2	$^1D_2$ [5]
1	1	^3P [9]	2	$^3P_2$ [5]
			1	$^3P_1$ [3]
			0	$^3P_0$ [1]

En la configuración excitada tenemos dos electrones no equivalentes, uno en un orbital p ($l = 1, s = 1/2$) y el otro en un orbital s ($l = 0, s = 1/2$). La degeneración de equivalencia es, en este caso:

$$C_6^1 \times C_2^1 = 12$$

Los posibles valores de L y S son: $L = 1$ y $S = 0, 1$. En la siguiente tabla se recoge el correspondiente desdoblamiento en niveles de estructura fina.

S	L	Término	J	Nivel
0	1	^1P [3]	1	$^1P_1$ [3]
1	1	^3P [9]	2	$^3P_2$ [5]
			1	$^3P_1$ [3]
			0	$^3P_0$ [1]

En la figura se muestra el desdoblamiento en términos espectrales para ambas configuraciones electrónicas y el de éstos en niveles de estructura fina. Se han indicado mediante flechas las transiciones permitidas en aproximación dipolar eléctrica y las reglas de selección que se verifican en cada caso (nótese que la transición $^3P_0 \to {}^3P_0$ está prohibida ya que corresponde a $\Delta J = 0 \to 0$).

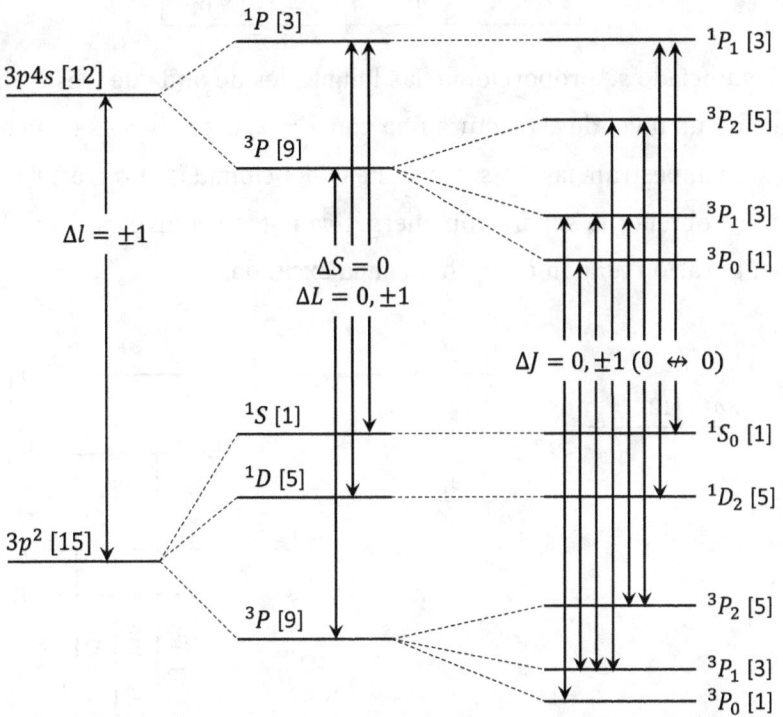

(b) Para los términos espectrales que no sufren desdoblamiento, ^1P, ^1S y ^1D, la constante de acoplamiento es nula.

Por otro lado, para los términos que sí se desdoblan, términos ^3P en ambas configuraciones electrónicas, es preciso tener en cuenta que la corrección energética debida al acoplamiento espín – órbita está dada por:

$$\Delta E_{S-O} = \frac{\mathcal{A}(\gamma LS)\hbar^2}{2}[J(J+1) - L(L+1) - S(S+1)]$$

Sustituyendo los valores de L y S correspondientes al término ^3P, $L = 1$ y $S = 1$:

$$\Delta E_{S-O} = \frac{\mathcal{A}(\gamma LS)\hbar^2}{2}[J(J+1) - 4]$$

Término	Nivel	ΔE_{S-O}
^{3}P	$^3P_2$	$\mathcal{A}(\gamma LS)\hbar^2$
	$^3P_1$	$-\mathcal{A}(\gamma LS)\hbar^2$
	$^3P_0$	$-2\mathcal{A}(\gamma LS)\hbar^2$

En el enunciado se proporcionan las longitudes de onda de tres emisiones que parten de un nivel de estructura fina con $J = 2$, este nivel es el nivel $^3P_2$. En la figura se muestran las tres emisiones mencionadas. Con esta información podemos obtener la separación energética entre los niveles $^3P_2$ y $^3P_1$ tanto en la configuración fundamental como en la excitada.

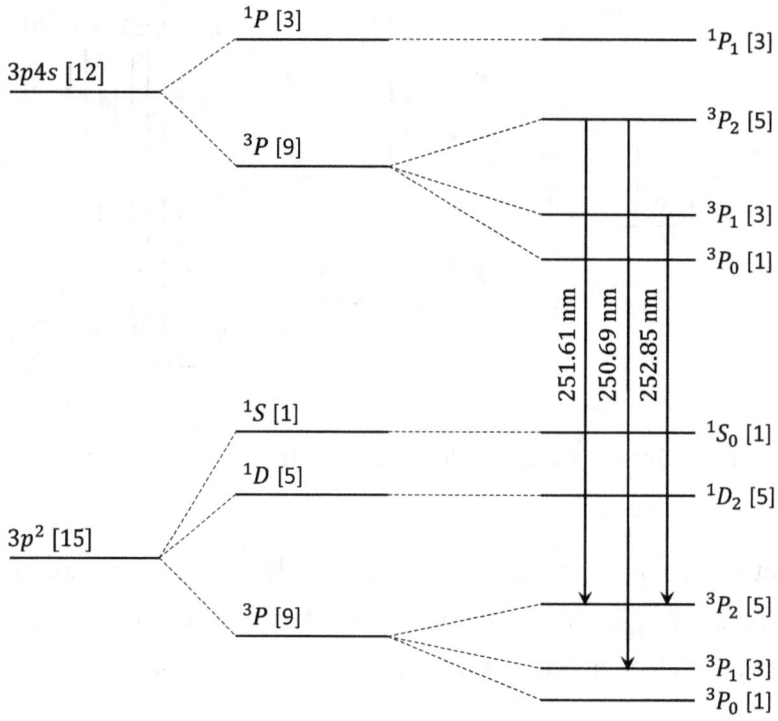

Llamando $\mathcal{A}_1$ a la constante de acoplamiento espín - órbita correspondiente al término ^{3}P de la configuración fundamental, se tiene:

$$\left.\begin{array}{l} E(^3P_2) = E(^3P) + \mathcal{A}_1\hbar^2 \\ E(^3P_1) = E(^3P) - \mathcal{A}_1\hbar^2 \end{array}\right\} \rightarrow E(^3P_2) - E(^3P_1) = 2\mathcal{A}_1\hbar^2$$

Por otro lado, la diferencia energética entre ambos niveles ha de ser igual a la diferencia energética entre las transiciones correspondientes. Considerando que $h = 4.135 \times 10^{-15}$ eV·s, se obtiene:

$$E(^3P_2) - E(^3P_1) = hc\left(\frac{10^9}{250.69} - \frac{10^9}{251.61}\right) = 18.093 \text{ meV}$$

Lo que implica que:

$$2\mathcal{A}_1\hbar^2 = 18.093 \rightarrow \mathcal{A}_1\hbar^2 = 9.046 \text{ meV}$$

Análogamente, si $\mathcal{A}_2$ representa la constante de acoplamiento espín – órbita del término ³P de la configuración excitada:

$$\left.\begin{array}{l} E(^3P_2) - E(^3P_1) = 2\mathcal{A}_2\hbar^2 \\ E(^3P_2) - E(^3P_1) = hc\left(\dfrac{10^9}{251.61} - \dfrac{10^9}{252.85}\right) = 24.178 \text{ meV} \end{array}\right\}$$

$$\mathcal{A}_2\hbar^2 = 12.089 \text{ meV}$$

(c) La emisión de mayor energía entre los niveles de menor multiplicidad es la correspondiente a la transición ¹P₁ → ¹D₂. Estos niveles proceden de los términos espectrales ¹P y ¹D que no sufren desdoblamiento espín – órbita. Por tanto, la energía de la transición ¹P₁ → ¹D₂ coincide con la separación en energía entre los términos ¹P y ¹D. Esta separación es:

$$E(^1P) - E(^1D) = \frac{hc}{288.15 \times 10^{-9}} = 4.31 \text{ eV}$$

Al aplicar un campo magnético fuerte (efecto Paschen – Back) se cumple que $\mathcal{H}_z \gg \mathcal{H}_{fina}$, aplicamos por tanto la corrección debida al efecto Zeeman ($\Delta E_{M_L M_S}$) a los términos espectroscópicos:

$$\Delta E_{M_L M_S} = \mu_B B(M_L + 2M_S)$$

Para el término ¹P tenemos que $L = 1$ y $S = 0$; por tanto $M_L = \pm 1, 0$ y $M_S = 0$. Similarmente, el término ¹D tiene $L = 2$ y $S = 0 \rightarrow M_L = \pm 2, \pm 1, 0$ y $M_S = 0$:

Término	$M_L + 2M_S$	(M_L, M_S)	$\Delta E_{M_L M_S}$ (meV)
^1P	+1	(+1,0)	1.447
	0	(0,0)	0
	−1	(−1,0)	−1.447
Término	$M_L + 2M_S$	(M_L, M_S)	$\Delta E_{M_L M_S}$ (meV)
^1D	+2	(+2,0)	2.894
	+1	(+1,0)	1.447
	0	(0,0)	0
	−1	(−1,0)	−1.447
	−2	(−2,0)	−2.894

Faltaría calcular la corrección debida al término espín-órbita ($\Delta E_{S-O} = \mathcal{A}\hbar^2 M_L M_S$). Sin embargo, como todos los subniveles Zeeman poseen $M_S = 0$, el término espín-órbita no genera ningún desdoblamiento.

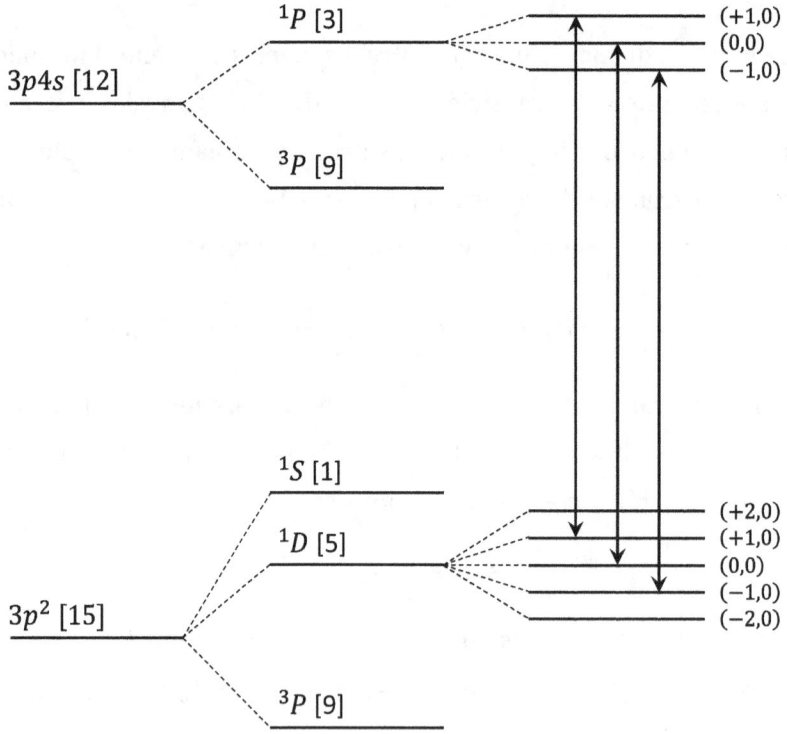

En la figura se han indicado las distintas transiciones π que sucederían en aproximación dipolar eléctrica; es decir, aquellas en las que $\Delta M_J = 0$. Todas ellas aparecerán solapadas con un valor de energía igual al que tenía la transición entre términos espectroscópicos; por tanto, todas ellas tienen lugar a 4.31 eV ($\lambda = 288.15$ nm).

6.9 Considérese el término espectroscópico ^{3}P de la configuración $nsn'p$. Asumiendo adecuado el acoplamiento L–S, represéntese cualitativamente la evolución de sus niveles de estructura fina con la intensidad de campo magnético, considerando que la intensidad de éste evoluciona desde un valor nulo hasta la zona de campo fuerte donde se observa el efecto Paschen–Back.

Solución:

El desdoblamiento del término ^{3}P ha sido tratado en diversos problemas. Por ejemplo, asumiendo una constante de acoplamiento espín-órbita positiva, problema 6.8, el desdoblamiento de este término es:

S	L	Término	Nivel	ΔE_{S-O}
1	1	^{3}P [9]	$^3P_2$ [5]	$\mathcal{A}\hbar^2$
			$^3P_1$ [3]	$-\mathcal{A}\hbar^2$
			$^3P_0$ [1]	$-2\mathcal{A}\hbar^2$

Por tanto, la separación energética entre los niveles de estructura fina para campo magnético nulo es la mostrada en la tabla anterior.

En la zona de campo fuerte, el término Zeeman es mayor que el término espín-órbita lo que provoca el desdoblamiento en subniveles Zeeman del término ^{3}P. La corrección Zeeman ($\Delta E_{M_L M_S}$) en este rango de intensidad de campo está dada por:

$$\Delta E_{M_L M_S} = \mu_B B(M_L + 2M_S)$$

construimos una tabla con los posibles valores de $M_L + 2M_S$ ya que esta cantidad es proporcional a $\Delta E_{M_L M_S}$ e incluímos la corrección espín-órbita $\Delta E_{S-O} = \mathcal{A}\hbar^2 M_L M_S$:

Término	$M_L + 2M_S$	(M_L, M_S)	M_J	ΔE_{S-O}
³P [9]	+3	(+1,+1)	+2	$\mathcal{A}\hbar^2$
	+2	(0,+1)	+1	0
	+1	(−1,+1)	0	$-\mathcal{A}\hbar^2$
		(+1,0)	+1	0
	0	(0,0)	0	0
	−1	(+1,−1)	0	$-\mathcal{A}\hbar^2$
		(−1,0)	−1	0
	−2	(0,−1)	−1	0
	−3	(−1,−1)	−2	$\mathcal{A}\hbar^2$

En la tabla se han incluido los valores de M_J ($M_J = M_L + M_S$) para los distintos estados ya que éste es el único número cuántico que conserva su sentido físico independientemente del valor del campo magnético.

Para representar la evolución de los niveles de estructura fina con el campo magnético situamos la zona de campo nulo a la izquierda de la figura y la de campo fuerte en la zona derecha. Para obtener el diagrama es preciso considerar que en cuanto el campo magnético supera el valor nulo aparece el efecto Zeeman anómalo que rompe completamente la degeneración de los niveles de estructura fina. Por tanto, aparecen desdoblados en todos sus posibles subniveles Zeeman (posibles valores M_J).

Al aumentar la intensidad del campo, los subniveles con $M_J = \pm 2$ de la zona de campo débil, pertenecientes al nivel de estructura fina ³P₂, evolucionarán hasta alcanzar la posición energética de los subniveles correspondientes en la zona de campo fuerte. De forma similar, los subniveles con $M_J = \pm 1$, pertenecientes a los niveles ³P₂ y ³P₁, y los que tienen $M_J = 0$, pertenecientes a ³P₂,

$^3P_1$ y $^3P_0$, evolucionarán hasta alcanzar estos mismos valores de M_J en la zona de campo fuerte. La única regla que se debe respetar es que M_J debe conservarse y, por tanto, dos curvas con igual valor de M_J no pueden cortarse. Como el diagrama es meramente cualitativo uniremos los subniveles M_J de la zona de campo débil con sus correspondientes subniveles en la zona de campo fuerte. A fin de obtener una visión intuitiva utilizamos la curva más simple posible; es decir, una recta. Así obtenemos:

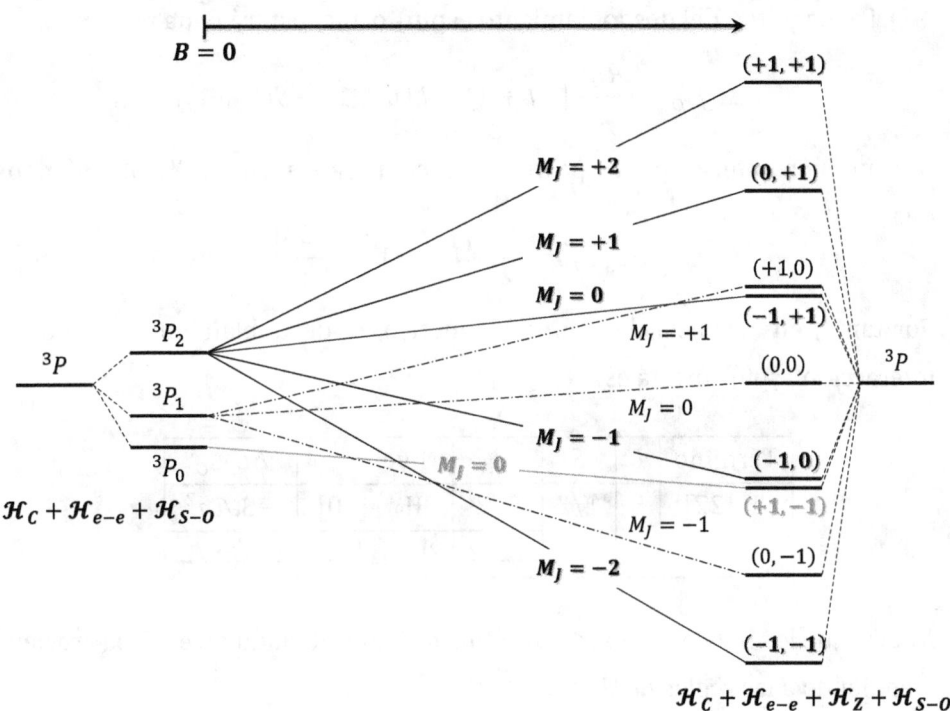

6.10 Realícese una representación esquemática mostrando la evolución de los niveles de estructura fina para un término espectral ^2H, procedente de una configuración electrónica nd^3, en presencia de un campo magnético. Considérese que la intensidad del campo evoluciona desde un valor nulo hasta alcanzar la zona de campo fuerte donde la energía debida al término Zeeman es mucho mayor que la contribución debida al término espín – órbita.

Solución:

El término espectral ²H posee un momento angular orbital total $L = 5$ y espín $S = 1/2$; por tanto su degeneracion es [22]. Al aplicar la corrección espín - órbita, el término se desdobla en dos niveles de estructura fina (ver problema 4.7). La magnitud del desdoblamiento espín - órbita estará dada por:

$$\Delta E_{S-O} = \frac{\mathcal{A}\hbar^2}{2}[J(J+1) - L(L+1) - S(S+1)]$$

La expresión anterior puede particularizarse para el término ²H, obteniéndose que:

$$\Delta E_{S-O} = \frac{\mathcal{A}\hbar^2}{2}\left[J(J+1) - \frac{123}{4}\right]$$

Por tanto, en ausencia de campo magnético, el desdoblamiento debido a la interacción espín - órbita es:

Término	L	S	J	Nivel	ΔE_{S-O}
²H [22]	5	1/2	9/2	²H$_{9/2}$ [10]	$-3\mathcal{A}\hbar^2$
			11/2	²H$_{11/2}$ [12]	$5\mathcal{A}\hbar^2/2$

Nótese que los niveles de estructura fina se han ordenado en energía creciente atendiendo a las reglas de Hund.

En el límite opuesto, para campos magnéticos fuertes (efecto Paschen - Back), la contribución debida al término Zeeman es mucho más grande que la debida al espín - órbita. La degeneración del término espectral se rompe parcialmente y la energía de sus estados debe ser corregida conforme a:

$$\Delta E_{M_L, M_S} = \mu_B B (M_L + 2M_S)$$

Al igual que en el problema anterior, el siguiente paso es añadir la corrección debida al término espín - órbita (ΔE_{S-O}) dada por:

$$\Delta E_{S-O} = \mathcal{A}\hbar^2 M_L M_S$$

El desdoblamiento del término ²H queda:

Término	$M_L + 2M_S$	(M_L, M_S)	M_J	ΔE_{S-O}
²H [22]	+6	$(+5, +1/2)$	$+11/2$	$5\mathcal{A}\hbar^2/2$
	+5	$(+4, +1/2)$	$+9/2$	$2\mathcal{A}\hbar^2$
	+4	$(+3, +1/2)$	$+7/2$	$3\mathcal{A}\hbar^2/2$
		$(+5, -1/2)$	$+9/2$	$-5\mathcal{A}\hbar^2/2$
	+3	$(+2, +1/2)$	$+5/2$	$\mathcal{A}\hbar^2$
		$(+4, -1/2)$	$+7/2$	$-2\mathcal{A}\hbar^2$
	+2	$(+1, +1/2)$	$+3/2$	$1\mathcal{A}\hbar^2/2$
		$(+3, -1/2)$	$+5/2$	$-3\mathcal{A}\hbar^2/2$
	+1	$(0, +1/2)$	$+1/2$	0
		$(+2, -1/2)$	$+3/2$	$-\mathcal{A}\hbar^2$
	0	$(-1, +1/2)$	$-1/2$	$-1\mathcal{A}\hbar^2/2$
		$(+1, -1/2)$	$+1/2$	$-1\mathcal{A}\hbar^2/2$
	-1	$(0, -1/2)$	$-1/2$	0
		$(-2, +1/2)$	$-3/2$	$-\mathcal{A}\hbar^2$
	-2	$(-1, -1/2)$	$-3/2$	$1\mathcal{A}\hbar^2/2$
		$(-3, +1/2)$	$-5/2$	$-3\mathcal{A}\hbar^2/2$
	-3	$(-2, -1/2)$	$-5/2$	$\mathcal{A}\hbar^2$
		$(-4, +1/2)$	$-7/2$	$-2\mathcal{A}\hbar^2$
	-4	$(-3, -1/2)$	$-7/2$	$3\mathcal{A}\hbar^2/2$
		$(-5, +1/2)$	$-9/2$	$-5\mathcal{A}\hbar^2/2$
	-5	$(-4, -1/2)$	$-9/2$	$2\mathcal{A}\hbar^2$
	-6	$(-5, -1/2)$	$-11/2$	$5\mathcal{A}\hbar^2/2$

En la siguiente figura se presenta de forma esquemática la evolución de los niveles de estructura fina con la intensidad del campo magnético aplicado. Los estados (M_L, M_S) procedentes del nivel ²H$_{11/2}$ se han marcado en negrita a fin de diferenciarlos claramente de aquellos que proceden del nivel ²H$_{9/2}$, este mismo criterio se ha aplicado al correspondiente valor de M_J.

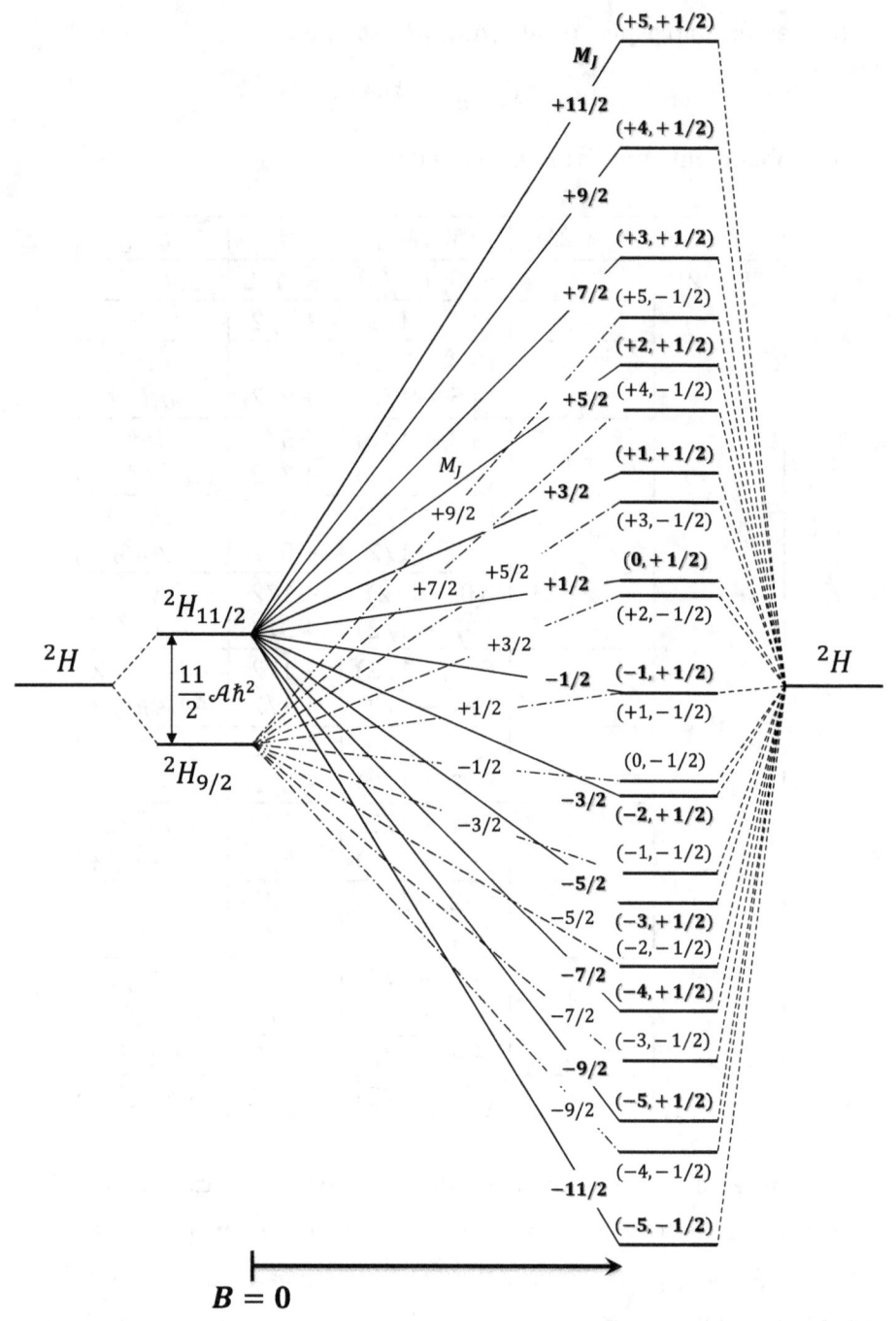

6.11 En el espectro de absorción de los átomos de litio ($Z = 3$) se observa un doblete localizado a $\lambda_1 = 6707.76$ Å y $\lambda_2 = 6707.91$ Å correspondiente a la absorción desde su configuración fundamental a la primera excitada.

(a) Asumiendo adecuado el acoplamiento Russell–Saunders, estímese el valor de la constante de acoplamiento espín–órbita.

(b) Realícese un diagrama mostrando la evolución de los niveles de estructura fina de la configuración excitada con la intensidad del campo magnético aplicado; considérese que la intensidad del campo varía desde $B = 0$ a $B = 1$ T.

(c) En el rango de campo magnético del apartado anterior, ¿para qué valores de campo magnético algunos subniveles Zeeman presentan la misma energía pareciendo estar degenerados?

Solución:

(a) La configuración fundamental del átomo de litio es $1s^2 2s^1$ y su primera configuración excitada es, por tanto, $1s^2 2p^1$. Configuraciones equivalentes a éstas han sido tratadas en el problema 5.9, obteniéndose que el desdoblamiento en acoplamiento L–S es:

Configuración	S	L	Término	J	Nivel	ΔE_{S-O}
$2s^1$ [2]	1/2	0	^{2}S [2]	1/2	^{2}S$_{1/2}$ [2]	0
$2p^1$ [6]	1/2	1	^{2}P [6]	1/2	^{2}P$_{1/2}$ [2]	$-\mathcal{A}\hbar^2$
				3/2	^{2}P$_{3/2}$ [4]	$+\mathcal{A}\hbar^2/2$

En la figura se muestra el diagrama de niveles indicando las absorciones permitidas en aproximación dipolar eléctrica (flechas) y los cambios que estas transiciones provocan en los distintos números cuánticos. Puede apreciarse que en el espectro de absorción aparecería un doblete correspondiente a las transiciones ^{2}S$_{1/2} \to {}^2$P$_{3/2}$ ($\lambda_1 = 6707.76$ Å) y ^{2}S$_{1/2} \to {}^2$P$_{1/2}$ ($\lambda_2 = 6707.91$ Å).

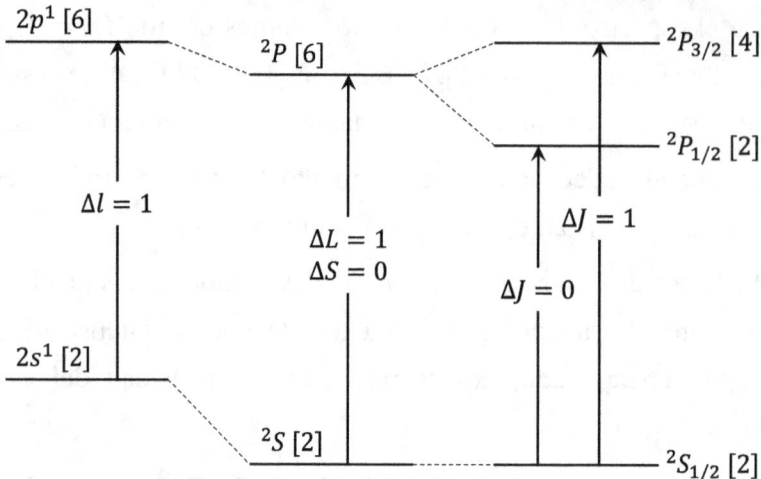

Al igual que en el problema 5.9, la separación energética (ΔE) entre los niveles de estructura fina $^2P_{3/2}$ y $^2P_{1/2}$ puede obtenerse a partir de las energías de ambas transiciones:

$$\Delta E = hc\left(\frac{1}{\lambda_1} - \frac{1}{\lambda_2}\right) = 41.36\ \mu eV$$

Esta separación energética está relacionada con el valor de la constante de acoplamiento espín-órbita a través de:

$$\Delta E = \frac{3}{2}\mathcal{A}\hbar^2$$

Por tanto, a partir de las longitudes de onda del doblete indicadas en el enunciado, se deduce que:

$$\mathcal{A}\hbar^2 = 27.58\ \mu eV$$

(b) Estamos en una situación de campo débil (efecto Zeeman anómalo). En este caso, se rompe completamente la degeneración de los niveles de estructura fina siendo preciso corregir la energía de los niveles de estructura fina añadiendo la corrección debida al término Zeeman (ΔE_{M_J}):

$$\Delta E_{M_J} = g_J \mu_B B M_J$$

donde g_J representa el factor de Lande.

Por tanto, tenemos que:

Término	Nivel	ΔE_{S-O}	g_J	M_J	$\Delta E_{M_J}/\mu_B B$
^2S [2]	$^2S_{1/2}$ [2]	0	3/2	$\pm 1/2$	$\pm 3/4$
^2P [6]	$^2P_{1/2}$ [2]	$-\mathcal{A}\hbar^2$	2/3	$\pm 1/2$	$\pm 1/3$
	$^2P_{3/2}$ [4]	$+\mathcal{A}\hbar^2/2$	4/3	$\pm 3/2$	± 2
				$\pm 1/2$	$\pm 2/3$

En consecuencia, la variación energética de los subniveles Zeeman de los niveles $^2P_{3/2}$ ($E_{J=3/2}$) y $^2P_{1/2}$ ($E_{J=1/2}$) está dada por:

$$E_{J=3/2} = \frac{\mathcal{A}\hbar^2}{2} + \frac{4}{3}\mu_B B M_J$$

$$E_{J=1/2} = -\mathcal{A}\hbar^2 + \frac{2}{3}\mu_B B M_J$$

Variando el campo magnético en el rango $0 \leq B \leq 1$ obtenemos el diagrama solicitado:

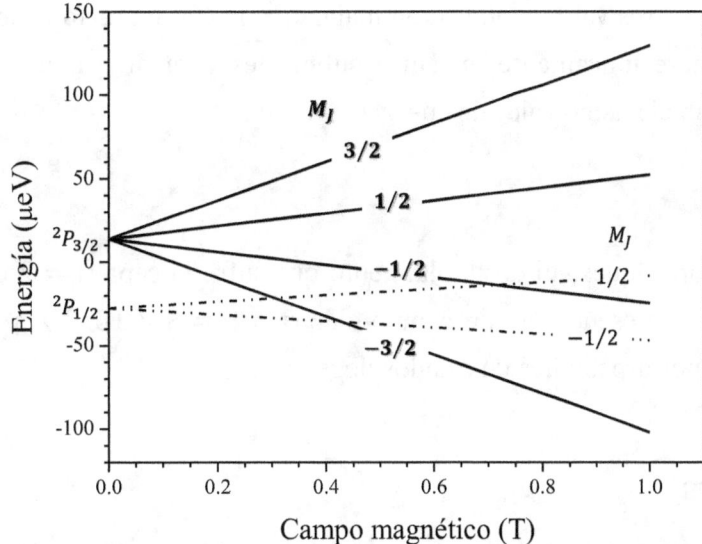

(c) A la vista del diagrama del apartado anterior, existen dos valores de campo magnético para los cuales el subnivel $M_J = -3/2$ del nivel $^2P_{3/2}$ intercepta a los subniveles Zeeman del nivel $^2P_{1/2}$. Así:

$$E_{M_J=-3/2} = E_{M_J=1/2} \rightarrow \frac{\mathcal{A}\hbar^2}{2} - 2\mu_B B = -\mathcal{A}\hbar^2 + \frac{1}{3}\mu_B B$$

$$\rightarrow B = \frac{9\mathcal{A}\hbar^2}{14\mu_B} = 306.32 \text{ mT}$$

$$E_{M_J=-3/2} = E_{M_J=-1/2} \rightarrow \frac{\mathcal{A}\hbar^2}{2} - 2\mu_B B = -\mathcal{A}\hbar^2 - \frac{1}{3}\mu_B B$$

$$\rightarrow B = \frac{9\mathcal{A}\hbar^2}{10\mu_B} = 428.85 \text{ mT}$$

Del mismo modo, el subnivel $M_J = -1/2$ del nivel $^2P_{3/2}$ también intercepta la evolución del subnivel Zeeman $M_J = 1/2$ del nivel $^2P_{1/2}$. Para este caso, la intensidad del campo magnético es:

$$E_{M_J=-1/2} = E_{M_J=1/2} \rightarrow \frac{\mathcal{A}\hbar^2}{2} - \frac{2}{3}\mu_B B = -\mathcal{A}\hbar^2 + \frac{1}{3}\mu_B B$$

$$\rightarrow B = \frac{3\mathcal{A}\hbar^2}{2\mu_B} = 714.75 \text{ mT}$$

Para estos tres valores de campo magnético la configuración excitada parece desdoblarse únicamente en cinco subniveles Zeeman ya que dos de ellos presentan el mismo valor de energía.

6.12 Cuantifíquese el desdoblamiento que sufre la capa $n = 2$ del átomo de hidrógeno en presencia de un campo eléctrico $\mathcal{E} = 5 \times 10^3$ V/m utilizando el método de perturbaciones de estados degenerados.

Solución:

En la capa $n = 2$, sin tener en cuenta el espín, tenemos cuatro estados degenerados (ψ_{nlm}) correspondientes a los orbitales 2s y 2p: ψ_{200}, ψ_{210}, ψ_{211} y $\psi_{21\bar{1}}$. Teniendo en cuenta que todos los estados correspondientes a una capa genérica n tienen una energía dada por:

$$E_n = -13.6 \frac{Z^2}{n^2} \text{ (eV)}$$

los estados de la capa $n = 2$ están degenerados y presentan una energía:

$$E_2 = -13.6 \frac{Z^2}{4}$$

Por otro lado el hamiltoniano asociado a esta perturbación es $\mathcal{H}_\mathcal{E} = e\mathcal{E}z$, utilizando teoría de perturbaciones de estados degenerados, tenemos que evaluar los elementos de matriz:

$$\mathcal{H}_{ll'} = \langle \psi_{nlm} | \mathcal{H}_\mathcal{E} | \psi_{nl'm'} \rangle$$

Como z es un operador impar, estos elementos serán todos nulos salvo aquellos que cumplan que $m' = m$ y $l' = l \pm 1$. Así los únicos elementos no nulos serán:

		$m = 0$		$m = \pm 1$	
		$\|\psi_{200}\rangle$	$\|\psi_{210}\rangle$	$\|\psi_{211}\rangle$	$\|\psi_{21\bar{1}}\rangle$
$m = 0$	$\langle\psi_{200}\|$	$-E$	$\mathcal{H}_{01}$		
	$\langle\psi_{210}\|$	$\mathcal{H}_{10}$	$-E$		
$m = \pm 1$	$\langle\psi_{211}\|$			$-E$	
	$\langle\psi_{21\bar{1}}\|$				$-E$

Nótese que los estados se han ordenado según su número cuántico magnético. Así, la corrección energética a primer orden queda:

- Estados con $m = \pm 1 \rightarrow E = 0$; el campo eléctrico no rompe la degeneración de los estados ψ_{211} y $\psi_{21\bar{1}}$.

- Estados con $m = 0$. Teniendo en cuenta que $\mathcal{H}_{10} = \mathcal{H}_{01}$, la matriz de los coeficientes queda:

$$\begin{pmatrix} -E & \mathcal{H}_{01} \\ \mathcal{H}_{10} & -E \end{pmatrix} = \begin{pmatrix} -E & \mathcal{H}_{01} \\ \mathcal{H}_{01} & -E \end{pmatrix}$$

cuya ecuación característica es:

$$\begin{vmatrix} -E & \mathcal{H}_{01} \\ \mathcal{H}_{10} & -E \end{vmatrix} = E^2 - \mathcal{H}_{01}^2 = 0$$

Por tanto, existen dos posibles autovalores cuyos valores son $E = \pm\mathcal{H}_{01}$. Para calcular los autovectores correspondientes es preciso resolver:

$$\begin{pmatrix} -E & \mathcal{H}_{01} \\ \mathcal{H}_{10} & -E \end{pmatrix} \begin{pmatrix} a \\ b \end{pmatrix} = 0$$

Si $E = \mathcal{H}_{01} \rightarrow a = b$ y la autofunción normalizada es:

$$m = 0 \rightarrow \psi_0^{(A)} = \frac{1}{\sqrt{2}}[\psi_{200} + \psi_{210}]$$

Si $E = -\mathcal{H}_{01} \rightarrow a = -b$ y la autofunción normalizada en este caso es:

$$m = 0 \rightarrow \psi_0^{(B)} = \frac{1}{\sqrt{2}}[\psi_{200} - \psi_{210}]$$

Para calcular la corrección energética de los estados desdoblados es preciso calcular el elemento de matriz $\mathcal{H}_{01}$. Teniendo en cuenta que $z = r\cos\theta$ podemos escribir este elemento de matriz como:

$$\mathcal{H}_{01} = \langle\psi_{200}|e\mathcal{E}z|\psi_{210}\rangle$$
$$= e\mathcal{E} \int R_{20}(r)[Y_0^0(\theta,\varphi)]^* \, r\cos\theta \, R_{21}(r)Y_1^0(\theta,\varphi)r^2 \sen\theta \, dr \, d\theta \, d\varphi$$

Utilizando la definición de los armónicos esféricos se puede comprobar que:

$$Y_0^0(\theta,\varphi) = \frac{1}{\sqrt{4\pi}}$$

$$Y_1^0(\theta,\varphi) = \sqrt{\frac{3}{4\pi}}\cos\theta$$

Por tanto, el elemento de matriz $\mathcal{H}_{01}$ es:

$$\mathcal{H}_{01} = e\mathcal{E}\int_0^\infty R_{20}(r)\,R_{21}(r)r^3 dr \int_0^\pi \frac{\sqrt{3}}{4\pi}\cos^2\theta\,\sen\theta\,d\theta \int_0^{2\pi} d\varphi$$

Resolviendo las integrales angulares la expresión anterior queda:

$$\mathcal{H}_{01} = \frac{\sqrt{3}}{3} e\mathcal{E} \int_0^\infty R_{20}(r)\, R_{21}(r)\, r^3\, dr$$

Teniendo en cuenta que las funciones R_{20} y R_{21} son:

$$R_{20}(r) = \left(Z/2a_B\right)^{3/2} \left(2 - \frac{Zr}{a_B}\right) exp[-Zr/2a_B]$$

$$R_{21}(r) = \left(Z/2a_B\right)^{3/2} \frac{Zr}{\sqrt{3}\,a_R}\, exp[-Zr/2a_B]$$

el elemento de matriz puede evaluarse a partir de:

$$\mathcal{H}_{01} = \frac{\sqrt{3}}{3} e\mathcal{E} \left(Z/2a_B\right)^3 \left[\frac{2Z}{\sqrt{3}\,a_B} \int_0^\infty r^4\, exp[-Zr/a_B]\, dr \right.$$

$$\left. - \frac{Z^2}{\sqrt{3}\,a_B^2} \int_0^\infty r^5\, exp[-Zr/a_B]\, dr \right]$$

Las integrales radiales se resuelven fácilmente considerando que:

$$\int_0^\infty x^n\, e^{-ax}\, dx = \frac{\Gamma(n+1)}{a^{n+1}}$$

Así, se obtiene que la expresión para el elemento de matriz $\mathcal{H}_{01}$ es:

$$\mathcal{H}_{01} = \frac{-3e\mathcal{E}a_B}{Z}$$

Por tanto, los niveles con $m = 0$ se desdoblan en dos niveles con energías $E = \pm 3e\mathcal{E}a_B/Z$. Para el átomo de hidrógeno ($Z = 1$), la corrección energética debida al campo eléctrico del enunciado, $\mathcal{E} = 5 \times 10^3$ V/m, es $E = \pm 0.79$ μeV; la situación se ilustra en la figura.

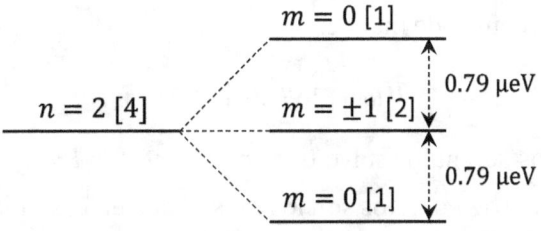

6.13 Usando el método de perturbaciones para estados degenerados, constrúyase la matriz que representa el efecto Stark lineal para el nivel $n = 3$ del átomo de hidrógeno debido a la aplicación de un campo eléctrico estático, $\mathcal{E}$. Obténgase de forma cuantitativa el desdoblamiento de este nivel y las funciones de onda de los niveles desdoblados.

Solución:

Si no se tiene en cuenta el espín, el segundo estado excitado del átomo de hidrógeno, $n = 3$, presenta una degeneración n^2. Las funciones de onda, ψ_{nlm}, correspondientes a estos estados son:

Subcapa	$3s$	$3p$			$3d$				
nlm	300	310	311	31$\bar{1}$	320	321	32$\bar{1}$	322	32$\bar{2}$
ψ_{nlm}	ψ_{300}	ψ_{310}	ψ_{311}	$\psi_{31\bar{1}}$	ψ_{320}	ψ_{321}	$\psi_{32\bar{1}}$	ψ_{322}	$\psi_{32\bar{2}}$

y la energía de todos estos estados degenerados está dada por:

$$E_n = -13.6 \frac{Z^2}{n^2} \text{ (eV)}$$

Por tanto, la energía de los nueve estados degenerados de la configuración excitada $n = 3$ del átomo de hidrógeno es:

$$E_3 = -13.6 \frac{1^2}{3^2} = 1.51 \text{ eV}$$

Aplicando teoría de perturbaciones de estados degenerados tenemos que calcular los elementos de matriz:

$$\mathcal{H}_{ll'm} = \langle \psi_{3lm} | e\, \mathcal{E}\, z | \psi_{3l'm'} \rangle$$

Estos elementos son nulos salvo que $m' = m$ y $l' = l \pm 1$; entonces, los únicos elementos de matriz no nulos son los mostrados en la siguiente tabla:

		$m=0$			$m=1$		$m=\bar{1}$		$m=\pm 2$	
		$\|\psi_{300}\rangle$	$\|\psi_{310}\rangle$	$\|\psi_{320}\rangle$	$\|\psi_{311}\rangle$	$\|\psi_{321}\rangle$	$\|\psi_{31\bar{1}}\rangle$	$\|\psi_{32\bar{1}}\rangle$	$\|\psi_{322}\rangle$	$\|\psi_{32\bar{2}}\rangle$
$m=0$	$\langle\psi_{300}\|$	$-E$	$\mathcal{H}_{010}$							
	$\langle\psi_{310}\|$	$\mathcal{H}_{100}$	$-E$	$\mathcal{H}_{120}$						
	$\langle\psi_{320}\|$		$\mathcal{H}_{210}$	$-E$						
$m=1$	$\langle\psi_{311}\|$				$-E$	$\mathcal{H}_{121}$				
	$\langle\psi_{321}\|$				$\mathcal{H}_{211}$	$-E$				
$m=\bar{1}$	$\langle\psi_{31\bar{1}}\|$						$-E$	$\mathcal{H}_{12\bar{1}}$		
	$\langle\psi_{32\bar{1}}\|$						$\mathcal{H}_{21\bar{1}}$	$-E$		
$m=\pm 2$	$\langle\psi_{322}\|$								$-E$	
	$\langle\psi_{32\bar{2}}\|$									$-E$

Nótese que los estados se han ordenado según su número cuántico magnético. Así, la corrección energética a primer orden queda:

- Estados con $m=\pm 2 \rightarrow E=0$; el campo eléctrico no rompe la degeneración de los estados ψ_{322} y $\psi_{32\bar{2}}$.

- Estados con $m=\pm 1$. Teniendo en cuenta que $\mathcal{H}_{121}=\mathcal{H}_{211}=\mathcal{H}_{12\bar{1}}=\mathcal{H}_{21\bar{1}}$, la matriz de los coeficientes queda:

$$\begin{pmatrix} -E & \mathcal{H}_{121} \\ \mathcal{H}_{211} & -E \end{pmatrix} = \begin{pmatrix} -E & \mathcal{H}_{12\bar{1}} \\ \mathcal{H}_{12\bar{1}} & -E \end{pmatrix}$$

Y la ecuación característica de esta matriz es:

$$\begin{vmatrix} -E & \mathcal{H}_{121} \\ \mathcal{H}_{121} & -E \end{vmatrix} = 0 \rightarrow E^2 - \mathcal{H}_{121}^2 = 0$$

En consecuencia los autovalores son $E=\pm\mathcal{H}_{121}$. Para calcular los autovectores es preciso resolver la ecuación:

$$\begin{pmatrix} -E & \mathcal{H}_{121} \\ \mathcal{H}_{121} & -E \end{pmatrix}\begin{pmatrix} a \\ b \end{pmatrix} = 0$$

Si $E=\mathcal{H}_{121} \rightarrow a=b$ y las autofunciones normalizadas quedan:

$$m=1 \rightarrow \psi_1^{(A)} = \frac{1}{\sqrt{2}}[\psi_{311}+\psi_{321}]$$

$$m=\bar{1} \rightarrow \psi_{\bar{1}}^{(A)} = \frac{1}{\sqrt{2}}[\psi_{31\bar{1}}+\psi_{32\bar{1}}]$$

Si $E = -\mathcal{H}_{121} \rightarrow a = -b$ y las autofunciones normalizadas quedan:

$$m = 1 \rightarrow \psi_1^{(B)} = \frac{1}{\sqrt{2}}[\psi_{311} - \psi_{321}]$$

$$m = \bar{1} \rightarrow \psi_{\bar{1}}^{(B)} = \frac{1}{\sqrt{2}}[\psi_{31\bar{1}} - \psi_{32\bar{1}}]$$

Calculamos el elemento de matriz $\mathcal{H}_{121}$:

$$\mathcal{H}_{121} = \langle \psi_{311}|e\mathcal{E}z|\psi_{321}\rangle$$

$$= e\mathcal{E}\int R_{31}(r)[Y_1^1(\theta,\varphi)]^* \, r\cos\theta \, R_{32}(r)Y_2^1(\theta,\varphi) \, r^2 sen\theta \, dr \, d\theta \, d\varphi$$

donde:

$$Y_1^1(\theta,\varphi) = -\sqrt{\frac{3}{8\pi}} sen\theta \, e^{i\varphi}$$

$$Y_2^1(\theta,\varphi) = -\sqrt{\frac{15}{8\pi}} sen\theta \, \cos\theta \, e^{i\varphi}$$

Realizando las integrales angulares se llega a:

$$\mathcal{H}_{121} = \frac{\sqrt{15}}{5} e\mathcal{E}\int_0^\infty R_{31}(r) \, r^3 \, R_{32}(r) \, dr$$

teniendo en cuenta que:

$$R_{31}(r) = \left(2Z/3a_B\right)^{3/2} \frac{Zr}{9a_B}\left[2 - \frac{Zr}{3a_B}\right] exp[-Zr/3a_B]$$

$$R_{32}(r) = \left(2Z/3a_B\right)^{3/2} \frac{1}{3\sqrt{5}} \left(\frac{Zr}{3a_B}\right)^2 exp[-Zr/3a_B]$$

podemos evaluar la integral radial, para obtener que:

$$\mathcal{H}_{121} = -\frac{9}{2Z} e\mathcal{E}a_B$$

- Estados con $m = 0$. Teniendo en cuenta que $\mathcal{H}_{120} = \mathcal{H}_{210}$ y que, además, $\mathcal{H}_{100} = \mathcal{H}_{010}$, la matriz de los coeficientes queda:

$$\begin{pmatrix} -E & \mathcal{H}_{01} & 0 \\ \mathcal{H}_{010} & -E & \mathcal{H}_{120} \\ 0 & \mathcal{H}_{120} & -E \end{pmatrix}$$

La ecuación característica es en este caso:

$$\begin{vmatrix} -E & \mathcal{H}_{010} & 0 \\ \mathcal{H}_{010} & -E & \mathcal{H}_{120} \\ 0 & \mathcal{H}_{120} & -E \end{vmatrix} = 0 \rightarrow -E^3 + \mathcal{H}_{120}^2 E + \mathcal{H}_{010}^2 E = 0$$

Los autovalores son $E = 0$ y $E = \pm\sqrt{\mathcal{H}_{010}^2 + \mathcal{H}_{120}^2}$. De forma análoga al caso anterior, calculamos los valores de $\mathcal{H}_{010}$ y $\mathcal{H}_{120}$.

$$\mathcal{H}_{010} = \langle \psi_{300}|e\mathcal{E}z|\psi_{310}\rangle$$

$$= e\mathcal{E} \int R_{30}(r)[Y_0^0(\theta,\varphi)]^* \, r\cos\theta \, R_{31}(r)Y_1^0(\theta,\varphi)r^2 \mathrm{sen}\theta \, dr \, d\theta \, d\varphi$$

donde:

$$Y_0^0(\theta,\varphi) = \frac{1}{\sqrt{4\pi}}$$

$$Y_1^0(\theta,\varphi) = \sqrt{\frac{3}{4\pi}}\cos\theta$$

Calculando las integrales angulares se llega a:

$$\mathcal{H}_{010} = \frac{\sqrt{3}}{3}e\mathcal{E}\int_0^\infty R_{30}(r)\,R_{31}(r)r^3 dr$$

Como:

$$R_{30}(r) = \left(Z/3a_B\right)^{3/2}\left[2 - \frac{4Zr}{3a_B} + \frac{4}{3}\left(\frac{Zr}{3a_B}\right)^2\right]\exp[-Zr/3a_B]$$

$$R_{31}(r) = \left(2Z/3a_B\right)^{3/2}\frac{Zr}{9a_B}\left[2 - \frac{Zr}{3a_B}\right]\exp[-Zr/3a_B]$$

Realizando la integral radial llegamos a:

$$\mathcal{H}_{010} = -\frac{3\sqrt{6}}{Z}e\mathcal{E}a_B$$

La expresión para el elemento de matriz $\mathcal{H}_{120}$ es:

$$\mathcal{H}_{120} = \langle \psi_{310}|e\mathcal{E}z|\psi_{320}\rangle =$$
$$= e\mathcal{E} \int R_{31}(r)[Y_1^0(\theta,\varphi)]^* \, r\cos\theta \, R_{32}(r) Y_2^0(\theta,\varphi) r^2 \sin\theta \, dr \, d\theta \, d\varphi$$

Teniendo en cuenta que:

$$Y_2^0(\theta,\varphi) = \sqrt{\frac{5}{16\pi}} (3\cos^2\theta - 1)$$

e integrando la parte angular, la expresión de este elemento de matriz queda:

$$\mathcal{H}_{120} = \frac{2\sqrt{15}}{15} e\mathcal{E} \int R_{31}(r) r^3 R_{32}(r) \, dr$$

Realizando la integral radial:

$$\mathcal{H}_{120} = -\frac{3\sqrt{3}}{Z} e\mathcal{E}a_B$$

Para calcular los autovectores es preciso resolver la siguiente ecuación:

$$\begin{pmatrix} -E & \mathcal{H}_{010} & 0 \\ \mathcal{H}_{010} & -E & \mathcal{H}_{120} \\ 0 & \mathcal{H}_{120} & -E \end{pmatrix} \begin{pmatrix} a \\ b \\ c \end{pmatrix} = 0$$

donde, teniendo en cuenta los resultados anteriores, E puede ser:

$$E = 0$$

$$E = \pm\sqrt{\mathcal{H}_{010}^2 + \mathcal{H}_{120}^2} = \pm|\mathcal{H}_{010}|\sqrt{\frac{3}{2}}$$

a.1) Si $E = 0$:

$$\left.\begin{array}{r} b = 0 \\ \mathcal{H}_{010}a + \mathcal{H}_{120}c = 0 \end{array}\right\} \rightarrow a = -\frac{\mathcal{H}_{120}}{\mathcal{H}_{010}} c = -\frac{1}{\sqrt{2}} c$$

Y la autofunción normalizada queda:

$$\psi_0^{(C)} = \frac{1}{\sqrt{3}} [\psi_{300} - \sqrt{2}\psi_{320}]$$

a.2) Si $E = |\mathcal{H}_{010}|\sqrt{\frac{3}{2}}$:

$$\left.\begin{array}{r}-|\mathcal{H}_{010}|\sqrt{\dfrac{3}{2}}a + \mathcal{H}_{010}b = 0 \\[2mm] \dfrac{\mathcal{H}_{010}}{\sqrt{2}}b - |\mathcal{H}_{010}|\sqrt{\dfrac{3}{2}}c = 0\end{array}\right\} \to \begin{array}{l}a = \sqrt{2}c \\ b = -\sqrt{3}c\end{array}$$

Y la autofunción normalizada queda:

$$\psi_0^{(D)} = \frac{1}{3}\left[\sqrt{2}\psi_{300} - \sqrt{6}\psi_{310} + \psi_{320}\right]$$

a.3) Si $E = -|\mathcal{H}_{010}|\sqrt{\dfrac{3}{2}}$:

$$\left.\begin{array}{r}|\mathcal{H}_{010}|\sqrt{\dfrac{3}{2}}a + \mathcal{H}_{010}b = 0 \\[2mm] \dfrac{\mathcal{H}_{010}}{\sqrt{2}}b + |\mathcal{H}_{010}|\sqrt{\dfrac{3}{2}}c = 0\end{array}\right\} \to \begin{array}{l}a = \sqrt{2}c \\ b = \sqrt{3}c\end{array}$$

Y la autofunción normalizada queda:

$$\psi_0^{(E)} = \frac{1}{3}\left[\sqrt{2}\psi_{300} + \sqrt{6}\psi_{310} + \psi_{320}\right]$$

Finalmente, teniendo en cuenta que:

$$\left.\begin{array}{r}\mathcal{H}_{121} = -\dfrac{9}{2Z}e\mathcal{E}a_B \\[2mm] \mathcal{H}_{010} = -\dfrac{3\sqrt{6}}{Z}e\mathcal{E}a_B\end{array}\right\}$$

la energía de los estados con $m = \pm 1$ en función de $\mathcal{H}_{010}$ es:

$$\mathcal{H}_{121} = \frac{1}{2}\sqrt{\frac{3}{2}}\mathcal{H}_{010}$$

Por tanto, en el átomo de hidrógeno el efecto Stark lineal desdobla la capa $n = 3$ en cinco estados equiespaciados en energía:

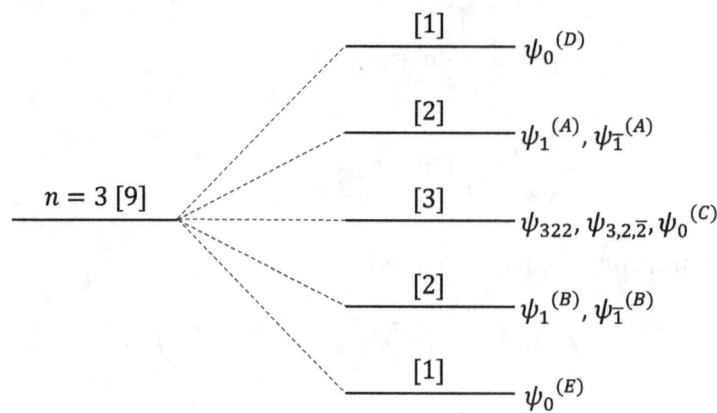

6.14 A partir de los resultados obtenidos en los problemas 6.12 y 6.13, realícese un diagrama de Grotrian donde se muestre el desdoblamiento, cuando el átomo de hidrógeno se encuentra en el seno de un campo eléctrico estático y uniforme, $\mathcal{E}$, de la línea de Balmer de menor energía, en aproximación dipolar eléctrica. Indíquese el carácter σ o π de las distintas transiciones.

Solución:

La línea de Balmer de menor energía es la emisión $n = 3 \rightarrow n = 2$. Al aplicar un campo eléctrico estático y uniforme ambas capas se van a desdoblar por efecto Stark. En consecuencia, en presencia de un campo eléctrico, existen diversas líneas procedentes de la emisión $n = 3 \rightarrow n = 2$.

En los problemas 6.12 y 6.13 se ha calculado el desdoblamiento que sufren las capas $n = 3$ y $n = 2$ del átomo de hidrógeno en presencia de un campo eléctrico estático ($\mathcal{E}$). A partir de los resultados obtenidos y teniendo en cuenta que en aproximación dipolar eléctrica la regla de selección es $\Delta m = 0, \pm 1$, presentando carácter π aquellas transiciones en las que $\Delta m = 0$ y σ aquellas en las que $\Delta m = \pm 1$, es posible obtener las diversas transiciones en las que se desdobla la emisión del enunciado.

Como se muestra en la figura, la línea de Balmer de menor energía se desdobla en dieciséis líneas, ocho de ellas con carácter π y ocho con carácter σ, (a) y (b) respectivamente.

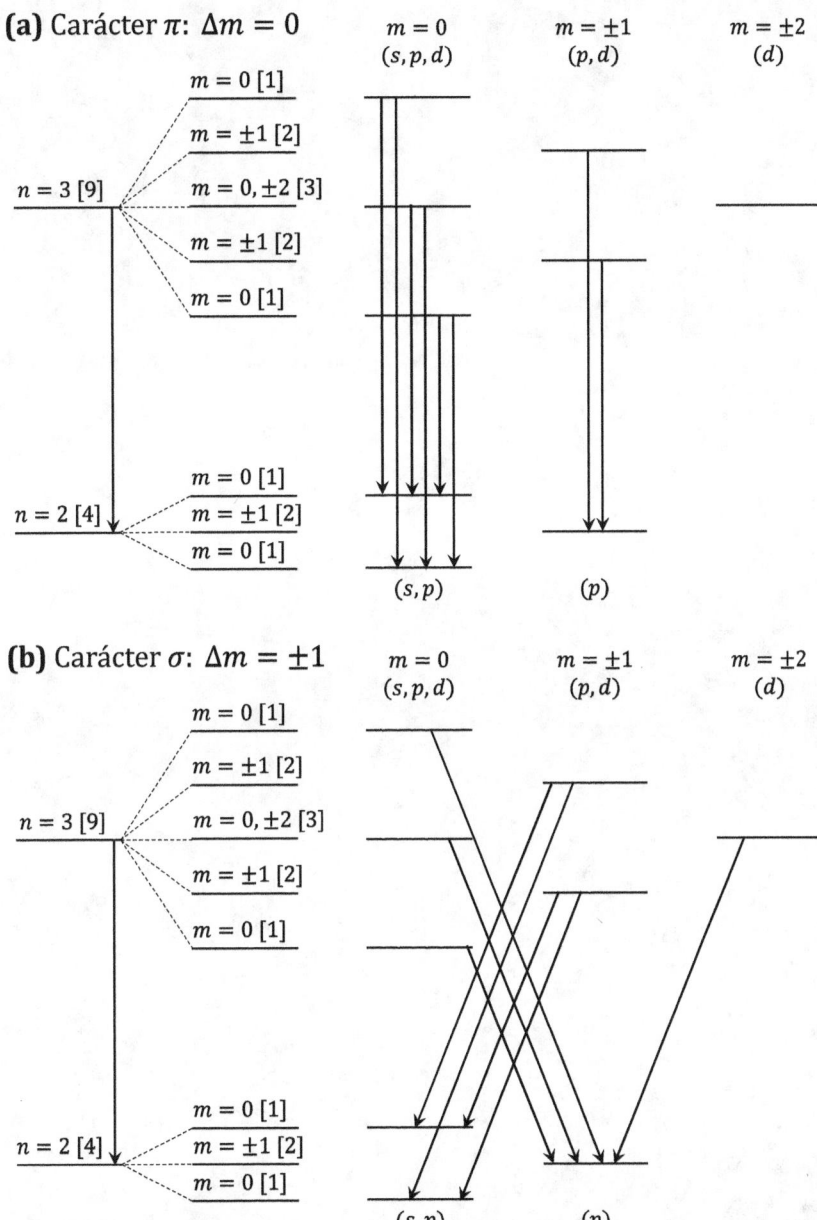

7. Física Molecular

7.1 Obténganse los términos moleculares asociados a las configuraciones de electrones no equivalentes (a) $\pi\pi$, (b) $\sigma\pi$, (c) $\delta\delta$, (d) $\delta\delta\delta$ y (e) $\sigma\delta\delta$.

Solución:

(a) Un electrón en el orbital molecular π tiene $\lambda = 1$, es decir, $m_l = \pm 1$ y $s = 1/2$. En consecuencia, para dos electrones no equivalentes existen las siguientes posibilidades:

m_{l_1}	m_{l_2}	$\Lambda = \vert\Sigma\, m_{l_i}\vert$
+1	+1	2
−1	+1	0
+1	−1	0
−1	−1	2

Así $\Lambda = 0, 2$ y $S = 0, 1$; por tanto, la multiplicidad es $2S + 1 = 1, 3$. Los términos moleculares $(^{2S+1}\Lambda)$ correspondientes a la configuración $\pi\pi$ son $^1\Sigma^+$, $^1\Sigma^-$, $^3\Sigma^+$, $^3\Sigma^-$, $^1\Delta$ y $^3\Delta$, donde se ha tenido en cuenta que los términos Σ al proceder de orbitales moleculares π pueden tener simetría par o impar.

Es importante comprobar que la degeneración de la configuración de partida, $g(\pi\pi) = C_4^1 \times C_4^1 = 16$, coincide con la suma de las degeneraciones de los términos moleculares obtenidos; así como:

$$g(^1\Sigma^+) = g(^1\Sigma^-) = 1 \times 1 = 1 \qquad g(^1\Delta) = 1 \times 2 = 2$$

$$g(^3\Sigma^+) = g(^3\Sigma^-) = 3 \times 1 = 3 \qquad g(^3\Delta) = 3 \times 2 = 6$$

tenemos que:

$$g(^1\Sigma^+) + g(^1\Sigma^-) + g(^3\Sigma^+) + g(^3\Sigma^-) + g(^1\Delta) + g(^3\Delta) = 16$$

(b) En el orbital molecular σ el electrón tiene $\Lambda = 0$ y $S = 1/2$, por tanto el término molecular correspondiente es el $^2\Sigma^+$. En el orbital π el electrón tiene $\Lambda = 1$ y $S = 1/2$, dando lugar al término molecular $^2\Pi$.

Los términos moleculares correspondientes a la configuración $\sigma\pi$ se obtienen componiendo los dos anteriores:

	$^2\Sigma^+$ ($\Lambda = 0, S = 1/2$)		Término
$^2\Pi$ ($\Lambda = 1, S = 1/2$)	$\Lambda = 1$	$S = 0$	$^1\Pi$
		$S = 1$	$^3\Pi$

La degeneración de la configuración de partida es $g(\sigma\pi) = C_2^1 \times C_4^1 = 8$. La degeneración de los términos moleculares obtenidos es:

$$g(^1\Pi) = 1 \times 2 = 2 \qquad g(^3\Pi) = 3 \times 2 = 6$$

Como puede apreciarse la suma de ambas degeneraciones es exactamente igual a la degeneración de la configuración de partida.

(c) Para orbitales moleculares δ ($\lambda = 2$) los posibles valores de m_l son ± 2 lo que implica que para electrones no equivalentes en configuración $\delta\delta$ tenemos que $\Lambda = 0, 4$ tal y como se muestra en la tabla:

m_{l_1}	m_{l_2}	$\Lambda = |\Sigma m_{l_i}|$
+2	+2	4
−2	−2	4
+2	−2	0
−2	+2	0

Los posibles términos moleculares son Σ y Γ para $\Lambda = 0$ y $\Lambda = 4$, respectivamente. Teniendo en cuenta que los dos electrones tienen $s_1 = s_2 = 1/2 \to S = 0, 1$, la multiplicidad $(2S + 1)$ será igual a 1 y 3. Adicionalmente, dado que los términos Σ proceden de orbitales moleculares δ, estos pueden tener simetría par o impar. Así los términos moleculares $(^{2S+1}\Lambda)$ correspondientes a la configuración $\delta\delta$ son:

$$^3\Sigma^+, \ ^3\Sigma^-, \ ^1\Sigma^+, \ ^1\Sigma^-, \ ^3\Gamma, \ ^1\Gamma$$

La degeneración de la configuración de partida es $g(\delta\delta) = C_4^1 \times C_4^1 = 16$ y la degeneración de los términos moleculares obtenidos es:

$$g(^3\Sigma^+) = g(^3\Sigma^-) = 3 \times 1 = 3$$

$$g(^1\Sigma^+) = g(^1\Sigma^-) = 1 \times 1 = 1$$

$$g(^3\Gamma) = 3 \times 2 = 6$$

$$g(^1\Gamma) = 1 \times 2 = 2$$

La suma de degeneraciones de todos los términos moleculares queda:

$$g(^3\Sigma^+) + g(^3\Sigma^-) + g(^1\Sigma^+) + g(^1\Sigma^-) + g(^3\Gamma) + g(^1\Gamma) = 16$$

que es exactamente igual a la degeneración de la configuración de partida.

(d) Un único electrón en un orbital molecular δ tiene $s = 1/2$ y $m_l = \pm 2$ ($\lambda = 2$), siendo el término molecular correspondiente el $^2\Delta$. Componiendo este término con todos los del apartado anterior, se obtienen los términos moleculares correspondientes a la configuración $\delta\delta\delta$ para electrones no equivalentes que resultan ser:

	$^2\Delta$ ($\Lambda = 2, S = 1/2$)		Término
$^3\Sigma^+$ ($\Lambda = 0, S = 1$)	$\Lambda = 2$	$S = 1/2$	$^2\Delta$
		$S = 3/2$	$^4\Delta$
$^3\Sigma^-$ ($\Lambda = 0, S = 1$)	$\Lambda = 2$	$S = 1/2$	$^2\Delta$
		$S = 3/2$	$^4\Delta$
$^1\Sigma^+$ ($\Lambda = 0, S = 0$)	$\Lambda = 2$	$S = 1/2$	$^2\Delta$

	$^2\Delta\ (\Lambda = 2, S = 1/2)$		Término
$^1\Sigma^-\ (\Lambda = 0, S = 0)$	$\Lambda = 2$	$S = 1/2$	$^2\Delta$
$^3\Gamma\ (\Lambda = 4, S = 1)$	$\Lambda = 6$	$S = 1/2$	^2I
		$S = 3/2$	^4I
	$\Lambda = 2$	$S = 1/2$	$^2\Delta$
		$S = 3/2$	$^4\Delta$
$^1\Gamma\ (\Lambda = 4, S = 0)$	$\Lambda = 6$	$S = 1/2$	^2I
	$\Lambda = 2$	$S = 1/2$	$^2\Delta$

Por tanto, para electrones no equivalentes en configuración $\delta\delta\delta$, los posibles términos moleculares son $^2\Delta$ (6), $^4\Delta$ (3), ^2I (2) y ^4I.

La degeneración de la configuración de partida es $g(\delta\delta\delta) = C_4^1 \times C_4^1 \times C_4^1 = 64$ y la degeneración de los términos moleculares obtenidos es:

$$g(\,^2\Delta) = g(\,^2I) = 2 \times 2 = 4 \qquad g(\,^4\Delta) = g(\,^4I) = 4 \times 2 = 8$$

Teniendo en cuenta el número de términos que hemos obtenido del mismo tipo, la suma de degeneraciones de los términos moleculares es:

$$6\,g(\,^2\Delta) + 3\,g(\,^4\Delta) + 2g(\,^2I) + g(\,^4I) = 24 + 24 + 8 + 8 = 64$$

valor que coincide con la degeneración de la configuración de partida.

(e) Para obtener los términos moleculares correspondientes a la configuración $\sigma\delta\delta$ de electrones no equivalentes, componemos los términos de la configuración $\delta\delta$ ($^3\Sigma^+$, $^3\Sigma^-$, $^1\Sigma^+$, $^1\Sigma^-$, $^3\Gamma$ y $^1\Gamma$) con el término molecular de la configuración σ ($^2\Sigma^+$). Así obtenemos:

	$^2\Sigma^+\ (\Lambda = 0, S = 1/2)$		Término
$^3\Sigma^+\ (\Lambda = 0, S = 1)$	$\Lambda = 0$	$S = 1/2$	$^2\Sigma^+$
		$S = 3/2$	$^4\Sigma^+$
$^3\Sigma^-\ (\Lambda = 0, S = 1)$	$\Lambda = 0$	$S = 1/2$	$^2\Sigma^-$
		$S = 3/2$	$^4\Sigma^-$
$^1\Sigma^+\ (\Lambda = 0, S = 0)$	$\Lambda = 0$	$S = 1/2$	$^2\Sigma^+$

	$^2\Sigma^+$ ($\Lambda = 0, S = 1/2$)		Término
$^1\Sigma^-$ ($\Lambda = 0, S = 0$)	$\Lambda = 0$	$S = 1/2$	$^2\Sigma^-$
$^3\Gamma$ ($\Lambda = 4, S = 1$)	$\Lambda = 4$	$S = 1/2$	$^2\Gamma$
		$S = 3/2$	$^4\Gamma$
$^1\Gamma$ ($\Lambda = 4, S = 0$)	$\Lambda = 4$	$S = 1/2$	$^2\Gamma$

Por tanto, los términos moleculares para la configuración de electrones no equivalentes $\sigma\delta\delta$ son:

$$^2\Sigma^+ (2),\ ^2\Sigma^- (2),\ ^2\Gamma (2),\ ^4\Sigma^+,\ ^4\Sigma^- \text{ y } ^4\Gamma$$

La degeneración de la configuración de partida es $g(\pi\delta\delta) = C_2^1 \times C_4^1 \times C_4^1 = 32$. La degeneración de los términos moleculares es:

$$g(^2\Sigma^+) = g(^2\Sigma^-) = 2 \times 1 = 2 \qquad g(^2\Gamma) = 2 \times 2 = 4$$

$$g(^4\Sigma^+) = g(^4\Sigma^-) = 4 \times 1 = 4 \qquad g(^4\Gamma) = 4 \times 2 = 8$$

La suma de las degeneraciones de todos los términos obtenidos es:

$$2g(^2\Sigma^+) + 2g(^2\Sigma^-) + g(^4\Sigma^+) + g(^4\Sigma^-) + 2g(^2\Gamma) + g(^4\Gamma) = 32$$

7.2 Obténganse los términos moleculares para las configuraciones de electrones equivalentes (a) δ^2 y (b) δ^3, así como para la configuración mixta (c) $\sigma\sigma^2$.

Solución:

(a) En el problema anterior se ha obtenido que los términos moleculares para la configuración de electrones no equivalentes $\delta\delta$ son $^3\Sigma^+$, $^3\Sigma^-$, $^1\Sigma^+$, $^1\Sigma^-$, $^3\Gamma$ y $^1\Gamma$. En este problema tenemos la misma configuración pero con electrones equivalentes, configuración δ^2, en este caso no todos los términos anteriores van a ser válidos. Así:

- Si $\Lambda = 4$, para que todos los números cuánticos no sean iguales, los dos espines han de ser antiparalelos. Es decir, dado que S ha de ser cero, el único término molecular válido es el: $^1\Gamma$.

- Si $\Lambda = 0$, puede ocurrir que:
    - $S = 0$, lo que implica que la parte de espín de la función de onda es antisimétrica y, por tanto, la parte espacial es simétrica. El único término válido de los que tienen esos números cuánticos es el $^1\Sigma^+$.
    - $S = 1$, ahora la parte de espín de la función de onda es simétrica y, por tanto, la parte espacial será antisimétrica y el único término válido es el $^3\Sigma^-$.

La degeneración para la configuración δ^2, si los electrones son equivalentes, es $C_4^2 = 6$ y la suma de degeneraciones de todos los términos compatibles es:

$$g(\,^1\Gamma) + g(\,^1\Sigma^+) + g(\,^3\Sigma^-) = 6$$

(b) En el apartado (d) del problema anterior se ha obtenido que los términos moleculares correspondientes a la configuración de electrones no equivalentes $\delta\delta\delta$ son $^2\Delta$ (6), $^4\Delta$ (3), ^2I (2) y ^4I. Como en este caso tenemos electrones equivalentes en configuración δ^3, nuevamente, no todos los términos anteriores van a ser válidos. Entonces:

- Si $\Lambda = 6$ y:
    - $S = 3/2$, los tres electrones tienen todos sus números cuánticos iguales. Por tanto, el término ^4I no es válido en esta situación.
    - $S = 1/2$, dos de los tres electrones tienen todos sus números cuánticos iguales, por lo que el término ^2I tampoco es válido.

- Si $\Lambda = 2$ y:
    - $S = 3/2$, de nuevo, dos de los tres electrones tienen todos sus números cuánticos iguales. Por lo tanto, el término $^4\Delta$ tampoco es válidos si los electrones son equivalentes.

- $S = 1/2$, no todos los números cuánticos de los tres electrones son iguales; en consecuencia, el término $^2\Delta$ sí resulta válido para la configuración δ^3.

Finalmente, comprobamos que la degeneración de la configuración de partida coincide con la suma de las degeneraciones de los términos válidos. La degeneración de la configuración δ^3 es $g(\delta^3) = C_4^3 = 4$, valor que coincide exactamente con la degeneración del término molecular $^2\Delta$ que es el único término válido, $g(^2\Delta) = 4$.

Podríamos haber llegado a la misma solución de una forma mucho más simple y rápida, considerando que las configuraciones δ y δ^3, la primera con un único electrón, y la segunda con un único hueco, dan lugar al mismo término molecular. Para demostrarlo basta considerar que un electrón en la configuración δ tiene $\Lambda = 2$ y $S = 1/2$, lo que da lugar al término molecular $^2\Delta$ que es exactamente el término obtenido utilizando el procedimiento anterior.

(c) En primer lugar consideraríamos la configuración σ^2. Sin embargo, como el orbital está completo no es preciso obtener su término molecular. La configuración mixta $\sigma\sigma^2$ tiene el mismo término molecular que la configuración monoelectrónica σ; es decir, dado que $\Lambda = 0$ y $S = 1/2$, el término molecular es $^2\Sigma^+$. La degeneración de esta configuración es, $g(\sigma\sigma^2) = C_2^1 \times C_2^2 = 2$, valor que coincide exactamente con la degeneración del término molecular obtenido:

$$g(^2\Sigma^+) = 2 \times 1 = 2$$

7.3 Obténganse los términos moleculares y los niveles producidos por el desdoblamiento espín–órbita que sufren los electrones en las siguientes configuraciones: (a) Dos electrones equivalentes en configuración δ^2. (b) Cuatro electrones equivalentes en configuración π^4. (c) Cuatro electrones en una configuración mixta $\pi^1\pi^3$.

Solución:

(a) Esta configuración se ha resuelto en el problema anterior, obteniéndose que los términos moleculares son: $^1\Gamma$, $^1\Sigma^+$ y $^3\Sigma^-$.

Para obtener su desdoblamiento debido a la interacción espín-órbita es preciso considerar que la componente z del momento angular electrónico total toma valores desde $\Lambda + \Sigma$ a $\Lambda - \Sigma$, siendo Σ la componente z del momento angular de espín. Así:

Término	Λ	Σ	$\Lambda + \Sigma, \ldots, \Lambda - \Sigma$	Nivel
$^1\Gamma$	4	0	4	$^1\Gamma_4$
$^1\Sigma^+$	0	0	0	$^1\Sigma_0^+$
$^3\Sigma^-$	0	$0, \pm 1$	$0, \pm 1$	$^3\Sigma_1^-$, $^3\Sigma_0^-$, $^3\Sigma_{-1}^-$

(b) En la configuración π^4 el orbital está completo, en consecuencia tiene $\Lambda = 0$ y $S = 0$. Además, considerando que la parte de espín de la función de onda es antisimétrica, el único término válido es el $^1\Sigma^+$. Al igual que en el apartado anterior, este término da lugar al nivel de estructura fina $^1\Sigma_0^+$.

(c) Las configuraciones π^3 y π dan lugar al mismo término molecular. Así, dado que un electrón en el orbital molecular π tiene $\Lambda = 1$ y $S = 1/2$, el término molecular correspondiente es $^2\Pi$. Para obtener los términos moleculares de la configuración $\pi\pi^3$, componemos el término anterior consigo mismo obteniendo:

	$^2\Pi$ ($\Lambda = 1, S = 1/2$)		Término
$^2\Pi$ ($\Lambda = 1, S = 1/2$)	$\Lambda = 0$	$S = 0$	$^1\Sigma^+$, $^1\Sigma^-$
		$S = 1$	$^3\Sigma^+$, $^3\Sigma^-$
	$\Lambda = 2$	$S = 0$	$^1\Delta$
		$S = 1$	$^3\Delta$

Finalmente, para calcular el desdoblamiento debido al acoplamiento espín–órbita tenemos en cuenta los posibles valores que toma la componente z del momento angular electrónico total:

Término	Λ	Σ	$\Lambda + \Sigma, \dots, \Lambda - \Sigma$	Nivel
$^3\Delta$	2	$\pm 1, 0$	$+3, +2, +1$	$^3\Delta_3, {}^3\Delta_2, {}^3\Delta_1$
$^1\Delta$	2	0	$+2$	$^1\Delta_2$
$^3\Sigma^\pm$	0	$\pm 1, 0$	$\pm 1, 0$	$^3\Sigma_1^\pm, {}^3\Sigma_0^\pm, {}^3\Sigma_{-1}^\pm$
$^1\Sigma^\pm$	0	0	0	$^1\Sigma_0^\pm$

7.4 Utilizando el diagrama de energía mostrado en la figura, correspondiente a los orbitales moleculares de diversas moléculas diatómicas homonucleares, obténgase la configuración electrónica fundamental y el término molecular correspondiente para las moléculas: (a) N_2, (b) O_2 y (c) F_2.

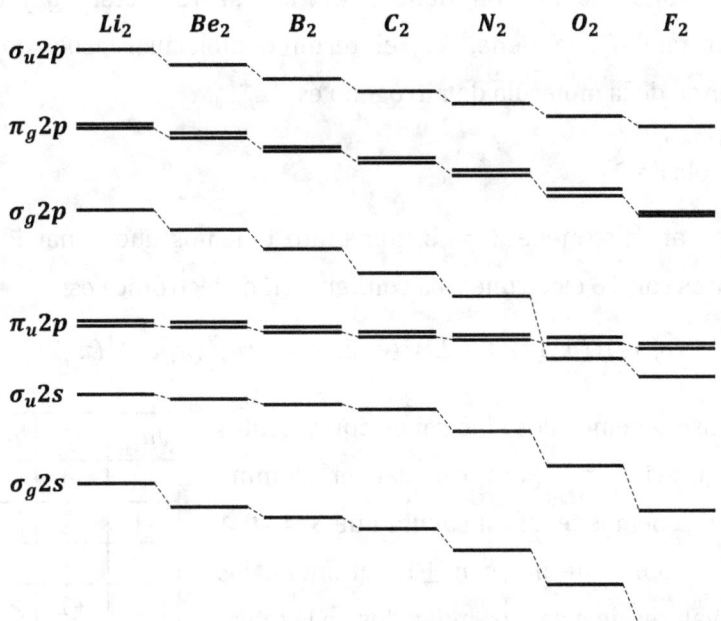

Solución:

El diagrama de energía mostrado en la figura es útil para saber el orden energético de los orbitales moleculares $(\pi_u 2p)$ y $(\sigma_g 2p)$, lo que nos ayudará a efectuar el llenado electrónico.

(a) Molécula de N_2:

El átomo de nitrógeno tiene $Z = 7$; por consiguiente, al formar la molécula tendremos que llenar los orbitales moleculares con 14 electrones. La configuración electrónica es:

$$(\sigma_g 1s)^2 (\sigma_u 1s)^2 (\sigma_g 2s)^2 (\sigma_u 2s)^2 (\pi_u 2p)^4 (\sigma_g 2p)^2$$

En el orbital más energético tenemos dos electrones equivalentes en configuración σ^2. En este caso, al partir de orbitales σ, la parte espacial es par (carácter +), además $\Lambda = 0$ y, debido al principio de exclusión de Pauli, los espines se sitúan de forma antiparalela, por tanto $S = 0$. Adicionalmente, como el orbital de partida tiene simetría par (carácter "g") el término molecular también la tiene. Así, el término molecular asociado al estado fundamental de la molécula de nitrógeno es $^1\Sigma_g^+$.

(b) Molécula de O_2:

El oxígeno atómico tiene $Z = 8$; por tanto tenemos que llenar los orbitales moleculares con 16 electrones. La configuración electrónica es:

$$(\sigma_g 1s)^2 (\sigma_u 1s)^2 (\sigma_g 2s)^2 (\sigma_u 2s)^2 (\sigma_g 2p)^2 (\pi_u 2p)^4 (\pi_g 2p)^2$$

En este caso tenemos dos electrones equivalentes en configuración π^2. Para calcular el término molecular debemos tener en cuenta que $S = 0, 1$ y que los valores de m_{l_i} son ± 1. Entonces, los posibles valores de Λ son los indicados en la tabla.

m_{l_1}	m_{l_2}	$\Lambda = \left|\Sigma\, m_{l_i}\right|$
+1	+1	2
-1	-1	2
+1	-1	0
-1	+1	0

Dado que la multiplicidad es $(2S + 1) = 1, 3$, los posibles terminos moleculares para electrones no equivalentes serían:

$\Lambda = 2$: $\ ^1\Delta_g$ y $\ ^3\Delta_g$

$\Lambda = 0$: $\ ^1\Sigma_g^+$, $\ ^1\Sigma_g^-$, $\ ^3\Sigma_g^+$ y $\ ^3\Sigma_g^-$

En nuestro caso los electrones son equivalentes; en consecuencia, no todos los términos anteriores van a ser válidos. Se distinguen dos casos:

- Si $\Lambda = 2$, para que los dos electrones no tengan todos sus números cuánticos iguales es preciso imponer que sus espines sean antiparalelos. Por tanto, el único término válido es el correspondiente a $S = 0$ y el término molecular válido es el $\ ^1\Delta_g$.

- Si $\Lambda = 0$, existen dos alternativas:

    - Si $S = 0$, los espines son antiparalelos y, en consecuencia, la parte de espín de la función de onda es antisimétrica; por tanto, la parte espacial será simétrica. El término molecular compatible es el $\ ^1\Sigma_g^+$.

    - Si $S = 1$, los espines son paralelos y la parte de espín de la función de onda es simétrica; por tanto la parte espacial será antisimétrica. El término molecular válido es el $\ ^3\Sigma_g^-$.

En este caso, los dos últimos electrones están situados en el orbital $(\pi_g 2p)^2$ tendiendo a presentar sus espines paralelos en los orbitales antienlazantes, $(\pi_g 2p_x)^1 (\pi_g 2p_y)^1$. Teniendo esto en cuenta, de entre todos los términos moleculares válidos ($\ ^1\Delta_g$, $\ ^1\Sigma_g^+$ y $\ ^3\Sigma_g^-$) el término fundamental para la molécula de O_2 debe ser $\ ^3\Sigma_g^-$.

(c) Molécula de F_2:

El flúor atómico tiene $Z = 9$, por tanto, en la molécula de flúor tenemos que colocar 18 electrones en los orbitales moleculares. La configuración electrónica será:

$$(\sigma_g 1s)^2 (\sigma_u 1s)^2 (\sigma_g 2s)^2 (\sigma_u 2s)^2 (\sigma_g 2p)^2 (\pi_u 2p)^4 (\pi_g 2p)^4$$

Dado que el orbital molecular de mayor energía está lleno, sus números cuánticos son $S = 0$ y $\Lambda = 0$. El tener $S = 0$ implica que los espines son antiparalelos; es decir, la parte de espín de la función de onda es antisimétrica. Por tanto, la parte espacial debe ser simétrica, así de los dos posibles términos moleculares compatibles con esta configuración, $^1\Sigma_g^+$ y $^1\Sigma_g^-$, el único con la simetría espacial adecuada es $^1\Sigma_g^+$.

7.5 El momento de inercia de la molécula $H^{79}Br$ es 3.30×10^{-47} kg m^2.

(a) Calcúlense las energías de los cinco primeros niveles rotacionales excitados de la molécula en eV y en cm^{-1}.

(b) Encuéntrese la distancia internuclear de equilibrio R_0.

Solución:

En la aproximación del rotor rígido la energía rotacional, a orden cero, está dada por:
$$E_r^{(0)} = BJ(J+1)$$
donde B representa la constante rotacional, definida como:
$$B = \frac{\hbar^2}{2I_0}$$
siendo I_0 el momento de inercia.

(a) Calculamos en primer lugar la constante rotacional:
$$B = \frac{(1.054 \times 10^{-34})^2}{2 \cdot 3.30 \times 10^{-47}} = 1.683 \times 10^{-22} \text{ J}$$

Teniendo en cuenta que 1 J = 6.242×10^{18} eV y que 1 J = 5.031×10^{22} cm^{-1}:
$$B = 1.05 \text{ meV} = 8.48 \text{ cm}^{-1}$$

Considerando ambos valores, las energías rotacionales solicitadas son:

J	$J(J+1)$	$E_r^{(0)}$ (meV)	$E_r^{(0)}$ (cm^{-1})
0	0	0	0
1	2	2.10	16.94
2	6	6.30	50.81
3	12	12.61	101.61
4	20	21.01	169.35
5	30	31.52	254.03

(b) Para calcular la distancia internuclear, es preciso considerar que el momento de inercia es:

$$I_0 = \mu R_0^2 \rightarrow R_0 = \sqrt{\frac{I_0}{\mu}}$$

En la expresión anterior μ representa la masa reducida que en este caso es:

$$\mu = \frac{m_H m_{79Br}}{m_H + m_{79Br}} = \frac{m_p 79 m_p}{m_p + 79 m_p} = \frac{79}{80} m_p$$

donde $m_p = 1.673 \times 10^{-27}$ kg es la masa del protón. Sustituyendo en la expresión anterior, encontramos que la distancia de equilibrio es:

$$R_0 = 1.41 \times 10^{-10} \text{ m} = 1.41 \text{ Å}$$

7.6 Sabiendo que el número de onda correspondiente a la transición vibracional $v = 0 \leftrightarrow v = 1$ de la molécula H^{79}Br es 2650 cm^{-1}, utilícese la aproximación del oscilador armónico para:

(a) Calcular las energías de los estados fundamental y primer excitado en eV.

(b) Hallar los periodos de vibración para los estados del punto anterior.

(c) Obtener la constante de fuerza en unidades del sistema internacional.

Solución

(a) En la aproximación del oscilador armónico la energía vibracional, a orden cero, está dada por:

$$E_v^{(0)} = \hbar\omega_0 \left(v + \frac{1}{2}\right)$$

donde $v = 0, 1, 2, \ldots$ En el enunciado nos dan el número de onda correspondiente a la transición $v = 0 \leftrightarrow v = 1$, que podemos utilizar para obtener la longitud de onda de dicha transición:

$$\lambda = \frac{1}{2650} = 3.773 \times 10^{-4} \text{ cm} = 3.773 \times 10^{-6} \text{ m}$$

A partir del resultado anterior es posible calcular la diferencia de energías (ΔE) entre los estados vibracionales $v = 0$ y $v = 1$:

$$\Delta E = \frac{hc}{\lambda} = 328.86 \text{ meV}$$

Esta separación energética entre los estados vibracionales está relacionada con la frecuencia:

$$\Delta E = E_1^{(0)} - E_0^{(0)} = \frac{3}{2}\hbar\omega_0 - \frac{1}{2}\hbar\omega_0 = \hbar\omega_0$$

$$\omega_0 = 4.996 \times 10^{14} \text{ rad/s}$$

o considerando que $\nu_0 = \omega_0/2\pi$:

$$\nu_0 = 7.952 \times 10^{13} \text{ Hz}$$

Por tanto:

$$E_v^{(0)} = 328.86 \left(v + \frac{1}{2}\right) \text{ (meV)}$$

Las energías de los estados fundamental ($v = 0$) y primer excitado ($v = 1$) serán:

$$E_0^{(0)} = 164.43 \text{ meV} \quad \text{y} \quad E_1^{(0)} = 493.29 \text{ meV}$$

(b) El periodo de vibración es:

$$T_i = \frac{1}{\nu_i}$$

donde: $\nu_i = E_i^{(0)}/h$. Así:

$$\nu_0 = 3.98 \times 10^{13} \text{ Hz} \rightarrow T = 2.52 \times 10^{-14} \text{ s}$$

$$\nu_1 = 1.19 \times 10^{14} \text{ Hz} \rightarrow T = 8.38 \times 10^{-15} \text{ s}$$

(c) La constante de fuerza se puede obtener a partir de la frecuencia y la masa reducida:

$$\omega_0 = \sqrt{\frac{\kappa}{\mu}} \rightarrow \kappa = \mu \omega_0^2$$

donde la masa reducida es:

$$\mu = \frac{m_H m_{^{79}Br}}{m_H + m_{^{79}Br}} = \frac{m_p 79 m_p}{m_p + 79 m_p} = \frac{79}{80} m_p = 1.652 \times 10^{-27} \text{ kg}$$

Sustituyendo los valores de μ y ω_0 en la expresión de la constante de fuerza se obtiene:

$$\kappa = 412.20 \text{ N/m}$$

7.7 Se sabe que en la molécula $^{39}K^{79}Br$, la distancia de equilibrio de los dos núcleos es 2.8207 Å:

(a) Determínese el momento de inercia de la molécula.

(b) Calcúlese la longitud de onda correspondiente a la transición rotacional $J = 0 \rightarrow J = 1$ asumiendo adecuada la aproximación del rotor rígido.

Solución

(a) El momento de inercia I_0, se relaciona con la distancia de equilibrio internuclear, R_0, mediante la expresión:

$$I_0 = \mu R_0^2$$

donde μ simboliza la masa reducida de ambos núcleos. Así:

$$\mu = \frac{m_{39_K} m_{79_{Br}}}{m_{39_K} + m_{79_{Br}}} \cong \frac{39 m_p \, 79 m_p}{39 m_p + 79 m_p} = \frac{3081}{118} m_p$$

Considerando que $m_p = 1.673 \times 10^{-27}$ kg, se obtiene que la masa reducida es:

$$\mu = 4.368 \times 10^{-26} \text{ kg}$$

Siendo el momento de inercia:

$$I_0 = 4.368 \times 10^{-26} \, (2.8207 \times 10^{-10})^2$$

$$I_0 = 3.476 \times 10^{-45} \text{ kg} \cdot \text{m}^2$$

(b) En la aproximación del rotor rígido, los autovalores (energía de los distintos niveles) están dados por:

$$E_r^{(0)} = BJ(J+1)$$

donde la constante rotacional B se relaciona con el momento de inercia a través de:

$$B = \frac{\hbar^2}{2I_0}$$

Por tanto, en la molécula considerada:

$$B = 1.601 \times 10^{-24} \text{ J}$$

En la aproximación del rotor rígido las transiciones rotaciones se encuentran equiespaciadas una distancia $2B$; por tanto, la separación energética entre el primer nivel excitado y el nivel fundamental será:

$$\Delta E = 2B = 3.202 \times 10^{-24} \text{ J}$$

y la longitud de onda asociada a la transición:

$$\lambda = \frac{hc}{\Delta E} \rightarrow \lambda = 6.207 \text{ cm}$$

7.8 Sabiendo que la molécula $^1H^{35}Cl$ presenta una fuerte absorción en el infrarrojo a 2991 cm^{-1}:

(a) Calcúlese la constante de fuerza elástica, κ.

(b) Determínese en qué factor se desplaza la frecuencia si se sustituye el hidrógeno por deuterio (suponga que la constante de fuerza no se ve afectada por este cambio).

(c) Sabiendo que la molécula $^1H^{35}Cl$ puede ser descrita por un potencial de tipo Morse con $D_e = 7.41 \times 10^{-19}$ J, calcúlese el número de estados vibracionales permitidos en este potencial y la energía de enlace.

Solución:

(a) De forma similar al problema 7.6, la longitud de onda de la absorción es:

$$\lambda = \frac{1}{2991} = 3.343 \times 10^{-4} \text{ cm} = 3.343 \times 10^{-6} \text{ m}$$

Por tanto, la energía de la transición es:

$$\Delta E = 5.946 \times 10^{-20} \text{ J} = 371.12 \text{ meV}$$

Como:

$$\Delta E = \hbar \omega_0 \rightarrow \omega_0 = \frac{\Delta E}{\hbar} = 5.636 \times 10^{14} \text{ rad/s}$$

Tal y como hemos visto en el problema 7.6, la constante de fuerza se obtiene a partir de:

$$\kappa = \mu \omega_0^2$$

donde ahora μ representa la masa reducida de la molécula $^1H^{35}Cl$:

$$\mu = \frac{m_H m_{35Cl}}{m_H + m_{35Cl}} = \frac{m_p 35 m_p}{m_p + 35 m_p} = \frac{35}{36} m_p = 1.627 \times 10^{-27} \text{ kg}$$

Sustituyendo:

$$\kappa = 516.69 \text{ N/m}$$

(b) Asumiendo que la constante elástica no cambia cuando se sustituye el hidrógeno por el deuterio:

$$\mu\omega_0^2 = \mu'\omega'^2_0 \rightarrow \mu\nu_0^2 = \mu'\nu'^2_0$$

$$\frac{\nu_0}{\nu'_0} = \sqrt{\frac{\mu'}{\mu}}$$

donde μ' simboliza la masa reducida de la molécula $^2H^{35}Cl$, cuyo valor es::

$$\mu' = \frac{m_{^2H} m_{^{35}Cl}}{m_{^2H} + m_{^{35}Cl}} = \frac{70}{37} m_p$$

Sustituyendo los valores de μ y μ' en la expresión anterior, obtenemos que:

$$\frac{\nu_0}{\nu'_0} = \sqrt{\frac{70 \cdot 36}{37 \cdot 35}} \rightarrow \nu'_0 = 0.717\, \nu_0$$

Por tanto, al sustituir el hidrógeno por deuterio la frecuencia de vibración es bastante menor; este efecto se conoce como desplazamiento isotópico. Para la molécula con hidrógeno:

$$\nu_0 = 8.975 \times 10^{13} \text{ Hz}$$

Mientras que para la molécula con deuterio:

$$\nu'_0 = 6.435 \times 10^{13} \text{ Hz}$$

(c) Para un potencial tipo Morse, los valores propios de la energía están dados por:

$$E_v = \hbar\omega_0 \left[\left(v + \frac{1}{2}\right) - \beta \left(v + \frac{1}{2}\right)^2 \right]$$

$$E_v = -\hbar\omega_0 \left[\beta v^2 - (1-\beta)v - \frac{1}{2}\left(1 - \frac{\beta}{2}\right) \right]$$

donde β es la constante anarmónica definida como:

$$\beta\omega_0 = \frac{\hbar\omega_0^2}{4D_e}$$

En el caso de la molécula $^1H^{35}Cl$, la constante anarmónica es:

$$\beta = \frac{5.946 \times 10^{-20}}{4 \cdot 7.41 \times 10^{-19}} = 0.02$$

Para calcular el número de estados vibracionales permitidos imponemos que $E_v = D_e$. El problema puede resolverse gráficamente o resolviendo directamente la ecuación cuadrática.

De forma gráfica se puede comprobar que el corte se obtiene para $v = 23$, luego el número máximo de estados permitidos es 24 (los 23 anteriores más el correspondiente a $v = 0$).

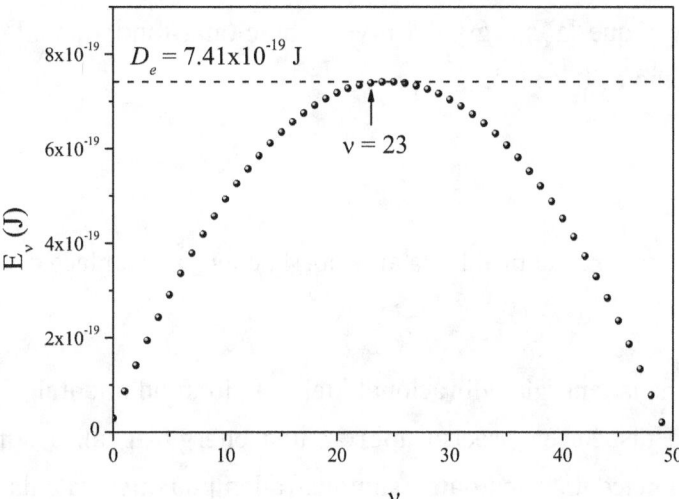

Si resolvemos la ecuación cuadrática obtenemos:

$$D_e = -\hbar\omega_0 \left[\beta v^2 - (1-\beta)v - \frac{1}{2}\left(1 - \frac{\beta}{2}\right)\right] \rightarrow \begin{cases} v = 23.1 \rightarrow v = 23 \\ v = 25.9 \rightarrow v = 26 \end{cases}$$

Nótese que E_v decrece para $v \geq 25$; matemáticamente la solución es correcta pero no tiene sentido físico; para estos valores, la molécula presenta un espectro continuo en energías y la ecuación no es válida (la molécula se disocia).

La energía de enlace, D_0, es la correspondiente a la energía del pozo menos la energía del estado fundamental ($v = 0$):

$$D_0 = D_e - E_0 = D_e - \frac{\hbar\omega_0}{2}\left(1 - \frac{\beta}{2}\right)$$

$$D_0 = 7.12 \times 10^{-19} \text{ J}$$

7.9 Encuéntrese la energía de disociación D_0 de la molécula de deuterio, D_2, teniendo en cuenta que la energía de disociación de la molécula de hidrógeno, H_2, es 4.48 eV y que la energía del nivel vibracional fundamental de la molécula de hidrógeno es 0.26 eV.

Solución:

Como hemos visto en el problema anterior, la energía de enlace es:

$$D_0 = D_e - E_0$$

donde E_0 es la energía vibracional del estado fundamental. Para que la molécula se disocie es preciso aportar una energía igual, o superior, a la energía de enlace. Con los datos suministrados podemos calcular la profundidad del pozo en la molécula de hidrógeno:

$$D_e(H_2) = D_0 + E_0 = 4.48 + 0.26 = 4.74 \text{ eV}$$

Por otro lado, si R_0 es la distancia de equilibrio:

$$D_e = U^{ef}(R = \infty) - U^{ef}(R = R_0)$$

siendo el potencial efectivo, U^{ef}:

$$U^{ef} = U_{NN} + E^e$$

donde U_{NN} representa la repulsión entre núcleos y E^e la energía electrónica.

En el átomo de hidrógeno tenemos un protón y un electrón, el átomo de deuterio sólo se diferencia de éste en el núcleo, donde tenemos un protón y un neutrón. Dado que el neutrón carece de carga, en las moléculas de hidrógeno y deuterio existe la misma repulsión nuclear (U_{NN}) y el mismo valor de energía electrónica (E^e), salvo por una pequeña corrección debida a los diferentes valores que presenta la masa reducida de cada molécula:

$$\left. \begin{array}{l} \mu_{H_2} = \dfrac{m_p m_p}{m_p + m_p} = \dfrac{m_p}{2} \\ \mu_{D_2} = \dfrac{2m_p 2m_p}{2m_p + 2m_p} = m_p \end{array} \right\} \to \mu_{H_2} = \dfrac{1}{2} \mu_{D_2}$$

Por tanto, podemos considerar que:

$$U^{ef}(D_2) = U^{ef}(H_2)$$

Lo que implica que ambas moléculas tienen la misma constante de fuerza elástica y la misma profundidad de pozo:

$$\kappa = \left. \frac{d^2 U^{ef}}{dR^2} \right|_{R=R_0}$$

$$D_e(D_2) = D_e(H_2)$$

Lo que sí va a cambiar sustancialmente es la energía de los estados fundamentales ya que:

$$\omega_0(D_2) = \sqrt{\frac{\kappa}{\mu_{D_2}}} = \sqrt{\frac{\kappa}{2\mu_{H_2}}} = \frac{\omega_0(H_2)}{\sqrt{2}}$$

$$E_0(D_2) = \frac{E_0(H_2)}{\sqrt{2}}$$

Es decir, la energía de enlace y por tanto de disociación es:

$$D_0(D_2) = D_e(D_2) - E_0(D_2)$$

$$D_0(D_2) = D_e(H_2) - \frac{E_0(H_2)}{\sqrt{2}} = 4.74 - 0.18 = 4.56 \text{ eV}$$

7.10 El espectro de la molécula $^1\text{H}^{127}\text{I}$, en el rango espectral de las microondas, consiste en una serie de líneas separadas 12.8 cm^{-1}, determínese:

(a) La longitud de enlace sabiendo que $m(^{127}I) = 126.904$ u. m. a.

(b) La separación entre líneas que presentaria la molécula de $^2\text{H}^{127}\text{I}$ en la misma región espectral.

Solución:

(a) En el rango de las microondas se observan las transiciones rotacionales. La separación entre líneas en el espectro rotacional es $2B$:

$$2B = 12.8 \text{ cm}^{-1} \rightarrow B = 6.4 \text{ cm}^{-1}$$

En unidades del sistema internacional:

$$B = 6.4 \cdot 100 \cdot hc = 7.94 \times 10^{-4} \text{ J}$$

A partir de la constante rotacional podemos calcular el momento de inercia de la molécula, I_0:

$$B = \frac{\hbar^2}{2I_0}$$

$$I_0 = \frac{(1.054 \times 10^{-34})^2}{2 \cdot 1.27 \times 10^{-22}} = 4.37 \times 10^{-47} \text{ kg m}^2$$

El momento de inercia está relacionado con la masa reducida (μ) y la distancia de equilibrio (R) mediante:

$$I_0 = \mu R^2 \rightarrow R = \sqrt{\frac{I_0}{\mu}}$$

Calculamos la masa reducida:

$$\mu = \frac{m_{^1H}\, m_{^{127}I}}{m_{^1H} + m_{^{127}I}} = \frac{1 \cdot 126.904}{1 + 126.904} = 0.992 \text{ uma}$$

$$\mu = 0.992 \times m_p = 0.992 \times 1.673 \times 10^{-27} = 1.66 \times 10^{-27} \text{ kg}$$

Teniendo en cuenta este valor, la separación de equilibrio es:

$$R = \sqrt{\frac{4.37 \times 10^{-47}}{1.66 \times 10^{-27}}} = 1.62 \times 10^{-10} \text{ m} = 1.62 \text{ Å}$$

(b) Tal y como hemos visto en el problema anterior, el cambio de hidrógeno por deuterio no afecta a la distancia de equilibrio pero sí a la masa reducida:

$$\mu = \frac{m_{^2H} \, m_{^{127}I}}{m_{^2H} + m_{^{127}I}} = \frac{2 \cdot 126.904}{2 + 126.904} = 1.969 \text{ uma}$$

$$\mu = 1.969 \times m_p = 1.969 \times 1.673 \times 10^{-27} = 3.29 \times 10^{-27} \text{ kg}$$

$$I_0 = \mu R^2 = 3.29 \times 10^{-27} \cdot (1.62 \times 10^{-10})^2 = 8.63 \times 10^{-47} \text{ kg m}^2$$

Calculamos la constante rotacional para la molécula $^2H^{127}I$:

$$B = \frac{\hbar^2}{2I_0} = \frac{(1.054 \times 10^{-34})^2}{2 \cdot 8.63 \times 10^{-47}} = 6.44 \times 10^{-23} \text{ J}$$

que en cm^{-1} es:

$$B = \frac{6.44 \times 10^{-23}}{100 \cdot hc} = 3.24 \text{ cm}^{-1}$$

Y la separación entre líneas en el espectro resulta:

$$2B = 6.48 \text{ cm}^{-1}$$

7.11 Sabiendo que el potencial nuclear efectivo en la molécula de hidrógeno puede describirse por un potencial de tipo Morse de la forma:

$$U_q^{ef}(R) = D_e\left[1 - e^{-\alpha(R - R_0)}\right]^2$$

donde $D_e = 7.61 \times 10^{-19}$ J, $\alpha = 0.0193$ pm^{-1} y $R_0 = 74.1$ pm; determínese:

(a) El valor de la constante de fuerza.

(b) El valor de la constante anarmónica.

(c) El número de estados vibracionales permitidos en este potencial y la energía de enlace.

Solución:

(a) La constante de fuerza se puede determinar a partir de su propia definición; es decir:

$$\kappa = \left.\frac{d^2 U_q^{ef}(R)}{dR^2}\right|_{R=R_0}$$

Por tanto, calculamos la primera derivada del potencial nuclear:

$$\frac{dU_q^{ef}(R)}{dR} = 2\alpha D_e e^{-\alpha(R-R_0)}\left[1 - e^{-\alpha(R-R_0)}\right]$$

y la segunda derivada:

$$\frac{d^2 U_q^{ef}(R)}{dR^2} = 2\alpha^2 D_e e^{-\alpha(R-R_0)}\left[2e^{-\alpha(R-R_0)} - 1\right]$$

Evaluando la expresión anterior en $R = R_0$ obtenemos que:

$$\kappa = \left.\frac{d^2 U_q^{ef}(R)}{dR^2}\right|_{R=R_0} = 2\alpha^2 D_e = 566.93 \text{ N/m}$$

(b) El valor de la constante anarmónica (β) se obtiene considerando que:

$$\beta\omega_0 = \frac{\hbar\omega_0^2}{4D_e}$$

donde:

$$\omega_0 = \sqrt{\frac{\kappa}{\mu}}$$

En la molécula de hidrógeno, la masa reducida es:

$$\mu = \frac{m_p m_p}{m_p + m_p} = \frac{m_p}{2} = 8.365 \times 10^{-28} \text{ kg}$$

Utilizando este valor y el obtenido para la constante de fuerza, obtenemos que:

$$\omega_0 = 8.23 \times 10^{14} \text{ rad/s}$$

Y la constante anarmónica:

$$\beta = 0.18$$

El número de estados vibracionales permitidos, como hemos visto en el problema 7.8, se obtiene considerando que los valores propios de la energía:

$$E_v = \hbar\omega_0 \left[\left(v+\frac{1}{2}\right) - \beta\left(v+\frac{1}{2}\right)^2\right]$$

tienen que ser igual a la profundidad del pozo de potencial (D_e); así, resolviendo la ecuación:

$$D_e = \hbar\omega_0 \left[\left(v+\frac{1}{2}\right) - \beta\left(v+\frac{1}{2}\right)^2\right]$$

En este caso, resolviendo gráficamente como en el problema 7.8, obtenemos que el número de estados permitidos son aquellos con $v \leq 2$; es decir, existen tres estados vibracionales permitidos.

7.12 A partir de la expresión general para los niveles de energía de vibración—rotación en moléculas diatómicas:

(a) Dedúzcase una expresión para los números de onda del espectro de rotación puro en función de la constante rotacional efectiva, B_v, definida como:

$$B_v = B - \alpha_e \left(v+\frac{1}{2}\right)$$

(b) Sabiendo que las constantes espectroscópicas B_0 y D_e para la molécula de CO son $B_0 = 57635.96$ MHz y $D_e = 0.18$ MHz, determínese la frecuencia de las cinco primeras transiciones rotacionales con $v = 0$.

Solución:

(a) La expresión general para los niveles de energía rotovibracionales es:

$$\frac{E_{v,J}}{hc} = \frac{\nu_e}{c}\left(v+\frac{1}{2}\right) + BJ(J+1) - \frac{\nu_e}{c}\chi_e\left(v+\frac{1}{2}\right)^2 - \alpha_e\left(v+\frac{1}{2}\right)J(J+1)$$
$$- D_e[J(J+1)]^2$$

Los niveles de energía del espectro rotacional puro se obtienen considerando que $\Delta v = 0$; Por otro lado, los números de onda, k, a los que encontraremos absorciones serán aquellos en los que $\Delta J = +1$, así:

$$k = \frac{E_{v,J+1} - E_{v,J}}{hc}$$

A partir de la expresión para los niveles de energía de vibración−rotación se obtiene que los números de onda del espectro rotacional puro están dados por:

$$k = B[(J+1)(J+2) - J(J+1)] -$$
$$-\alpha_e\left(v+\frac{1}{2}\right)[(J+1)(J+2) - J(J+1)] - D_e(J+1)^2[(J+2)^2 - J^2]$$

Operando se llega a:

$$k = 2(J+1)\left[B - \alpha_e\left(v+\frac{1}{2}\right)\right] - 4D_e(J+1)^3$$

Teniendo en cuenta la definición de la constante rotacional efectiva, B_v, la expresión anterior se puede escribir de una forma más compacta como:

$$k = 2(J+1)B_v - 4D_e(J+1)^3$$

(b) Como las constantes espectroscópicas se encuentran en unidades de frecuencia, podemos utilizar la expresión obtenida en el apartado anterior si realizamos el cambio $k \rightarrow \nu$. Así, las frecuencias de las transiciones rotacionales, con $v = 0$, de la molécula de CO están dadas por:

$$\nu = 2(J+1)B_0 - 4D_e(J+1)^3$$

En la siguiente tabla se listan las frecuencias de las transiciones rotacionales solicitadas en el enunciado. Nótese como, al considerar el término de distorsión centrífuga, proporcional a D_e, la separación energética entre los niveles rotacionales, proporcional a la diferencia de frecuencias, disminuye al aumentar J.

J	Transición $J \to J'$	Expresión para ν	ν(MHz)
0	$0 \to 1$	$2B_0 - 4D_e$	115271.20
1	$1 \to 2$	$4B_0 - 4 \cdot 2^3 \cdot D_e$	230538.08
2	$2 \to 3$	$6B_0 - 4 \cdot 3^3 \cdot D_e$	345796.32
3	$3 \to 4$	$8B_0 - 4 \cdot 4^3 \cdot D_e$	461041.60
4	$4 \to 5$	$10B_0 - 4 \cdot 5^3 \cdot D_e$	576269.60

7.13 En el espectro vibracional de absorción de la molécula $^7\text{Li}^{81}\text{Br}$ se observa una intensa banda a 68.65 meV y otra, más débil, debida al primer sobretono, a 136.34 meV.

(a) Utilizando la expresión general para los niveles de energía de vibración–rotación en moléculas diatómicas, determínese el valor de las constantes espectroscópicas ν_e/c y $\nu_e \chi_e/c$.

(b) Suponiendo que la molécula puede describirse mediante un potencial de tipo Morse, determínese la energía de disociación de esta molécula.

Solución:

(a) Como se ha visto en el problema anterior, la expresión general para los niveles de energía de vibración-rotación es:

$$\frac{E_{v,J}}{hc} = \frac{\nu_e}{c}\left(v + \frac{1}{2}\right) + B_e J(J+1) - \frac{\nu_e}{c}\chi_e\left(v + \frac{1}{2}\right)^2 -$$

$$-\alpha_e\left(v + \frac{1}{2}\right)J(J+1) - D_e[J(J+1)]^2$$

Por tanto, los estados puramente vibracionales ($J = 0$) presentan un número de ondas dado por:

$$\frac{E_{v,0}}{hc} = \frac{\nu_e}{c}\left(v + \frac{1}{2}\right) - \frac{\nu_e}{c}\chi_e\left(v + \frac{1}{2}\right)^2$$

A partir de la expresión anterior, el número de ondas asociado a las distintas bandas vibracionales ($v \to v'$ con $v' > v$) está dado por:

$$\frac{E_{v',0} - E_{v,0}}{hc} = \frac{\nu_e}{c}(v' - v) - \frac{\nu_e}{c}\chi_e\left(v'^2 + v' - v^2 - v\right)$$

La banda intensa que se cita en el enunciado corresponde a la banda fundamental, transición $0 \to 1$, mientras que el primer sobretono corresponde a la transición $0 \to 2$. A partir de los datos suministrados podemos calcular el número de ondas de cada una de estas transiciones:

Transición	E (meV)	k (cm^{-1})
$0 \to 1$	68.65	553.27
$0 \to 2$	136.34	1098.81

Sustituyendo en la expresión anterior obtenemos el siguiente sistema de ecuaciones:

$$\left.\begin{array}{l} 553.27 = \dfrac{\nu_e}{c} - 2\dfrac{\nu_e}{c}\chi_e \\ 1098.81 = 2\dfrac{\nu_e}{c} - 6\dfrac{\nu_e}{c}\chi_e \end{array}\right\}$$

Cuya solución nos permite determinar el valor de las constantes espectroscópicas solicitadas, así:

$$\frac{\nu_e}{c} = 561 \text{ cm}^{-1}$$

$$\frac{\nu_e}{c}\chi_e = 3.86 \text{ cm}^{-1}$$

(b) En un potencial de tipo Morse los autovalores están dados por:

$$E_v = \hbar\omega_0\left[\left(v + \frac{1}{2}\right) - \beta\left(v + \frac{1}{2}\right)^2\right]$$

Por tanto, la posición energética de los tres primeros niveles vibracionales es:

$$E_0 = \hbar\omega_0 \left[\frac{1}{2} - \beta\frac{1}{4}\right]$$

$$E_1 = \hbar\omega_0 \left[\frac{3}{2} - \beta\frac{9}{4}\right]$$

$$E_2 = \hbar\omega_0 \left[\frac{5}{2} - \beta\frac{25}{4}\right]$$

La absorción más intensa, correspondiente a $\Delta v = +1$, presenta una energía dada por:

$$E_{10} = E_1 - E_0 = \hbar\omega_0[1 - 2\beta]$$

De forma análoga, la energía de la banda más débil, $\Delta v = +2$, es:

$$E_{20} = E_2 - E_0 = \hbar\omega_0[2 - 6\beta]$$

Utilizando los datos del enunciado obtenemos el siguiente sistema de ecuaciones:

$$\left. \begin{array}{l} 68.65 = \hbar\omega_0[1 - 2\beta] \\ 136.34 = \hbar\omega_0[2 - 6\beta] \end{array} \right\}$$

cuyas soluciones son:

$$\hbar\omega_0 = 3E_{10} - E_{20} = 69.61 \text{meV}$$

$$\beta = \frac{E_{10} - E_{20}}{4\hbar\omega_0} + \frac{1}{4} = 6.90 \times 10^{-3}$$

Como:

$$\beta = \frac{\hbar\omega_0}{4D_e}$$

obtenemos que la profundidad del pozo (D_e) es:

$$D_e = \frac{69.61 \times 10^{-3}}{4 \cdot 6.90 \times 10^{-3}} = 2.52 \text{ eV}$$

Teniendo en cuenta que la energía de disociación (D_0) está dada por:

$$D_0 = D_e - E_0$$

donde:

$$E_0 = \hbar\omega_0 \left[\frac{1}{2} - \beta\frac{1}{4}\right] = 34.68 \text{ meV}$$

La energía de disociación queda:

$$D_0 = 2.52 - 34.68 \times 10^{-3} = 2.49 \text{ eV}$$

7.14 Las líneas vibro–rotacionales de la banda fundamental de la molécula $^{12}C^{16}O$ presentan una separación constante de 3.86 cm^{-1}. Dicha banda está centrada en una línea ausente a 2170.21 cm^{-1}. Calcúlense la constante rotacional B, la distancia internuclear de equilibrio R_0 y la constante de fuerza del movimiento vibracional.

Solución:

Como no se observa la línea en ν_0 (rama Q) el estado fundamental tiene que tener $\Lambda = 0$; es decir, es un término molecular Σ. Las líneas aparecen en:

Rama P: $h\nu^P = h\nu_0 - 2BJ$

Rama R: $h\nu^R = h\nu_0 + 2B(J+1)$

La separación entre dos líneas consecutivas será:

$$2B = 3.86 \text{ cm}^{-1} \rightarrow B = 1.93 \text{ cm}^{-1}$$

Expresamos la constante rotacional en julios:

$$B = 1.93 \cdot 100 \cdot hc = 3.836 \times 10^{-23} \text{ J}$$

El momento de inercia (I_0) se relaciona con la constante rotacional mediante:

$$B = \frac{\hbar^2}{2I_0}$$

Por tanto, el momento de inercia es:

$$I_0 = \frac{(1.054 \times 10^{-34})^2}{2 \cdot 3.836 \times 10^{-23}} = 1.447 \times 10^{-46} \text{ kg} \cdot \text{m}^2$$

A su vez, el momento de inercia se relaciona con la distancia internuclear de equilibrio, R_0:

$$I_0 = \mu R_0^2$$

donde μ representa la masa reducida de los núcleos, así:

$$\mu = \frac{m_{^{12}C}\, m_{^{16}O}}{m_{^{12}C} + m_{^{16}O}} \cong \frac{12 m_p\, 16 m_p}{12 m_p + 16 m_p} = \frac{192}{28} m_p$$

$$\mu = 1.138 \times 10^{-26} \text{ kg}$$

Por tanto:

$$R_0^2 = \frac{I_0}{\mu} = \frac{1.447 \times 10^{-46}}{1.138 \times 10^{-26}} = 1.272 \times 10^{-20}$$

$$R_0 = 1.13 \times 10^{-10} \text{ m} = 1.13 \text{ Å}$$

Calculamos la constante de fuerza del movimiento vibracional:

$$\omega_0 = \sqrt{\frac{\kappa}{\mu}} \rightarrow \kappa = \mu \omega_0^2$$

A partir de los datos suministrados en el enunciado, la frecuencia de la línea ausente es:

$$\nu_0 = 2170.21 \text{ cm}^{-1} \cdot 3 \times 10^{10} \text{ cm s}^{-1} = 6.51 \times 10^{13} \text{ Hz}$$

Con ayuda de este valor es fácil obtener la constante de fuerza:

$$\kappa = 1.138 \times 10^{-26} \cdot (2\pi \cdot 6.51 \times 10^{13})^2$$

$$\kappa = 1904.35 \text{ N m}^{-1}$$

7.15 Considérese un sistema molecular que presenta, en su espectro electrónico (medido a muy baja temperatura), una línea de cero fonones en 600 nm y que tiene un modo vibracional cuya energía corresponde a 200 cm^{-1}. Sabiendo que el parámetro de Huang–Rhys es $S = 4$:

(a) Realícese un diagrama indicando las intensidades relativas de las líneas fonónicas en los espectros de absorción y emisión.

(b) Obténgase el valor del desplazamiento de Stokes.

Solución:

(a) La línea de cero fonones es la transición $v = 0 \rightarrow v' = 0$, el número de ondas en cm^{-1} se puede determinar fácilmente considerando que:

$$k_0 = \frac{10^7}{600} = 16666.7 \text{ cm}^{-1}$$

La separación entre los niveles vibracionales es de 200 cm^{-1}, por tanto las absorciones aparecerán a:

$$k_{abs} = k_0 + 200m = 16666.7 + 200m$$

Las emisiones aparecerán a:

$$k_{emi} = k_0 - 200m = 16666.7 - 200m$$

Las intensidades relativas, independientemente de que el espectro sea de absorción o emisión, pueden calcularse con ayuda del parámetro de Huang–Rhys a través de la siguiente relación:

$$I_{0 \rightarrow m} = e^{-S} \frac{S^m}{m!}$$

En la tabla siguiente se ha evaluado la expresión anterior hasta $m = 12$, valor a partir del cual la intensidad relativa es suficientemente pequeña como para ser despreciada.

m	k_{abs}	k_{emi}	$I_{0 \to m}$
0	16666.7	16666.7	0.0183
1	16866.7	16466.7	0.0733
2	17066.7	16266.7	0.1465
3	17266.7	16066.7	0.1954
4	17466.7	15866.7	0.1954
5	17666.7	15666.7	0.1563
6	17866.7	15466.7	0.1042
7	18066.7	15266.7	0.0595
8	18266.7	15066.7	0.0298
9	18466.7	14866.7	0.0132
10	18666.7	14666.7	0.0053
11	18866.7	14466.7	0.0019
12	19066.7	14266.7	0.0006

En la siguiente figura se han representado los espectros de absorción y emisión, indicando el número de ondas correspondiente al máximo de cada una de las bandas.

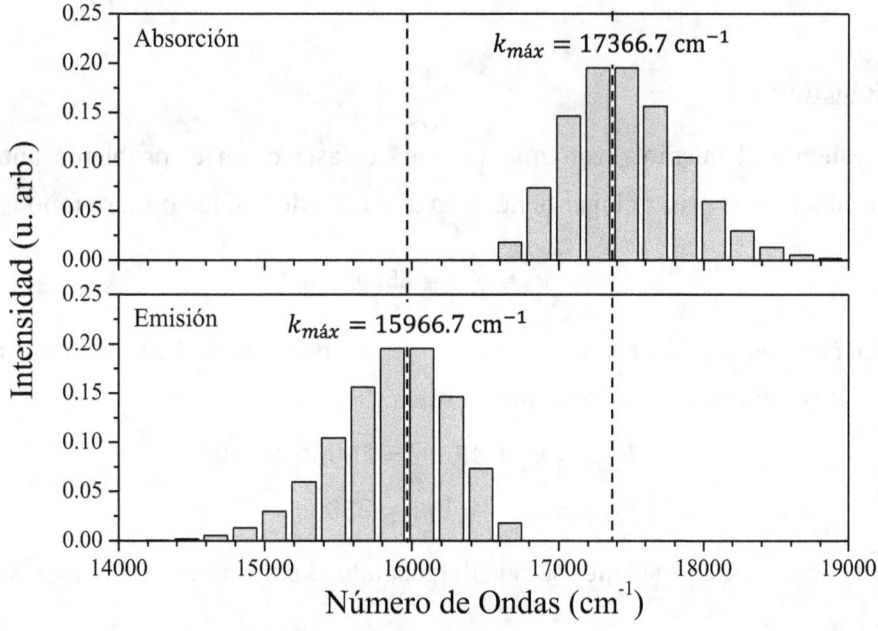

(b) Considerando que el máximo de ambas bandas está situado entre las dos líneas de igual intensidad se obtienen los siguientes números de onda:

- Espectro de absorción: $k_{máx} = 17366.7 \text{ cm}^{-1}$
- Espectro de emisión: $k_{máx} = 15966.7 \text{ cm}^{-1}$

Teniendo en cuenta que el desplazamiento de Stokes (ΔQ) es la separación entre los máximos de las bandas de absorción y emisión, este desplazamiento es:

$$\Delta Q = 1400 \text{ cm}^{-1}$$

7.16 Dibújense de forma esquemática los espectros de absorción y emisión a baja temperatura correspondientes a un sistema molecular que presenta en su espectro electrónico una línea de cero fonones a 400 nm. Considérese que el número de ondas del modo vibracional es 450 cm^{-1} y que el parámetro de Huang−Rhys es $S = 2$. ¿Cuál será el desplazamiento de Stokes? ¿A qué longitudes de onda se observan la máxima absorción y la máxima emisión?

Solución:

Siguiendo el mismo razonamiento que el descrito en el problema anterior, calculamos en primer lugar el número de ondas de la línea de cero fonones:

$$k_0 = \frac{10^7}{400} = 25000 \text{ cm}^{-1}$$

Ahora la separación entre los niveles vibracionales es de 450 cm^{-1}; por tanto, las absorciones y emisiones aparecerán a:

$$k_{abs} = k_0 + 450m = 25000 + 450m$$
$$k_{emi} = k_0 - 450m = 25000 - 450m$$

De nuevo, las intensidades se calculan usando el parámetro de Huang−Rhys:

$$I_{0\to m} = e^{-S}\frac{S^m}{m!}$$

Así:

m	k_{abs}	k_{emi}	$I_{0\to m}$
0	25000	25000	0.1353
1	25450	24550	0.2707
2	25900	24100	0.2707
3	26350	23650	0.1804
4	26800	23200	0.0902
5	27250	22750	0.0361
6	27700	22300	0.0120
7	28150	21850	0.0034
8	28600	21400	0.0009

De forma esquemática, los espectros de absorción y emisión, a baja temperatura, tendrán el aspecto que se representa en la figura:

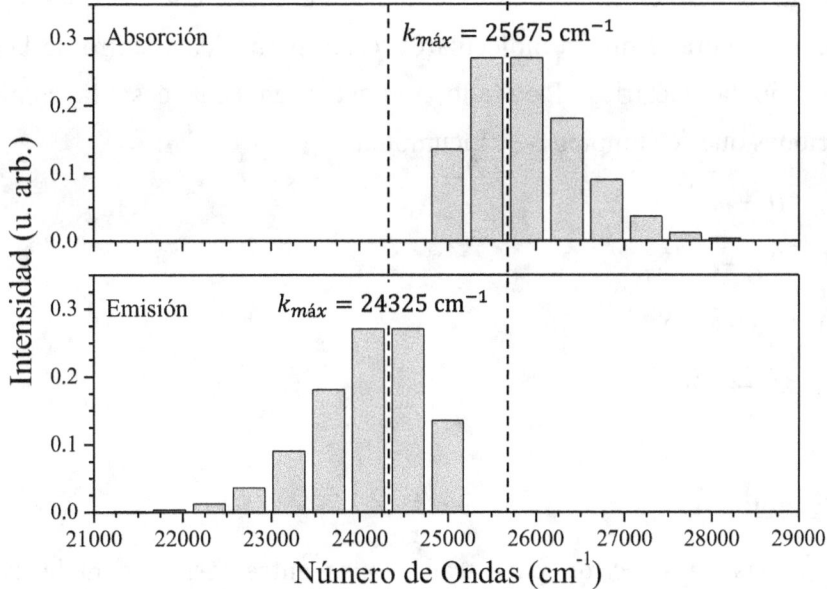

El desplazamiento de Stokes (ΔQ) se obtiene considerando que el máximo, tanto en absorción como en emisión, está situado entre las dos líneas de igual intensidad:

- Espectro de absorción: $k_{máx} = 25675 \text{ cm}^{-1}$
- Espectro de emisión: $k_{máx} = 24325 \text{ cm}^{-1}$

$$\Delta Q = 25675 - 24325 = 1350 \text{ cm}^{-1}$$

Las longitudes de onda correspondientes a los máximos de absorción y emisión se obtienen a partir de los números de onda anteriores:

$$\lambda_{máx}^{abs} = \frac{10^7}{25675} = 389.48 \text{ nm}$$

$$\lambda_{máx}^{emi} = \frac{10^7}{24325} = 411.10 \text{ nm}$$

7.17 En el caso de moléculas diatómicas, indíquese cuáles de las siguientes transiciones entre términos moleculares, están permitidas dentro de la aproximación dipolar eléctrica. Para ello, indíquese en cada caso la condición o condiciones que se cumplen o se incumplen.

(a) $^2\Pi \rightarrow {}^2\Pi$

(b) $^3\Sigma_u^+ \rightarrow {}^3\Sigma_g^+$

(c) $^1\Sigma^+ \rightarrow {}^1\Sigma^-$

(d) $^2\Delta \rightarrow {}^2\Phi$

Solución:

Las reglas de selección para transiciones entre términos moleculares en aproximación dipolar eléctrica son:

(i) $\Delta \Lambda = 0, \pm 1$

(ii) La simetría de reflexión no cambia: $\Sigma^+ \not\leftrightarrow \Sigma^-$

(iii) En moléculas diatómicas homonucleares: $u \leftrightarrow g$

(iv) El espín se conserva: $\Delta S = 0$

(a) La transición $^2\Pi \to {}^2\Pi$ verifica $\Delta\Lambda = 0$, no se modifica la simetría de reflexión y se conserva el espín. Por tanto, la transición es permitida en aproximación dipolar eléctrica.

(b) En la transición $^3\Sigma_u^+ \to {}^3\Sigma_g^+$, $\Delta\Lambda = 0$, tampoco se modifica la simetría de reflexión, $u \to g$ y se conserva el espín. Por consiguiente, la transición está permitida en aproximación dipolar eléctrica,.

(c) En el caso de la transición $^1\Sigma^+ \to {}^1\Sigma^-$ no se conserva la simetría de reflexión; en consecuencia, la transición es prohibida en aproximación dipolar eléctrica.

(d) La transición $^2\Delta \to {}^2\Phi$ presenta $\Delta\Lambda = +1$, no se modifica la simetría de reflexión y se conserva el espín, se trata por tanto de una transición permitida en aproximación dipolar eléctrica.

Apéndice I: Constantes físicas

MAGNITUD Y SÍMBOLO		VALOR
Carga elemental	e	$1.602176634 \times 10^{-19}$ C
Constante de Avogadro	N_A	$6.02214076 \times 10^{23}$ mol^{-1}
Constante de Boltzmann	k	$1.38064899 \times 10^{-23}$ J·K^{-1}
Constante de estructura fina	α	$7.2973525693 \times 10^{-3}$
Constante de Faraday	F	$9.648533212 \times 10^{4}$ C·mol^{-1}
Constante de los gases	R	8.314462618 J·mol^{-1}·K^{-1}
Constante de Planck	h	$6.62607015 \times 10^{-34}$ J·s
Constante de Rydberg (del H)	R_H	1.09677576×10^{7} m^{-1}
Constante reducida de Planck	$\hbar$	$1.054571817 \times 10^{-34}$ J·s
Factor g del electrón	g_s	2.0023193043626
Factor g del neutrón	g_n	-3.82608545
Factor g del protón	g_p	5.585694689
Magnetón de Bohr	μ_B	$9.274010078 \times 10^{-24}$ J·T^{-1}
Magnetón nuclear	μ_N	$5.050783746 \times 10^{-27}$ J·T^{-1}
Masa del electrón	m_e	$9.1093837015 \times 10^{-31}$ kg
Masa del neutrón	m_n	$1.6749274980 \times 10^{-27}$ kg
Masa del protón	m_p	$1.6726219237 \times 10^{-27}$ kg
Permeabilidad magnética del vacío	μ_0	$1.25663706 \times 10^{-6}$ T·m·A^{-1}
Permitividad eléctrica del vacío	ε_0	$8.8541878 \times 10^{-12}$ F·m^{-1}

MAGNITUD Y SÍMBOLO		VALOR
Radio clásico del electrón	r_e	$2.817940326 \times 10^{-15}$ m
Radio de Bohr	a_B	$5.291772109 \times 10^{-11}$ m
Unidad de masa atómica	$u.m.a.$	$1.6605390666 \times 10^{-27}$ kg
Velocidad de la luz	c	2.99792458×10^8 m·s^{-1}
Volumen molar (a 273.15 K y 1 atm)	V_M	$22.41396954 \times 10^{-3}$ m^3·mol^{-1}
Volumen molar (a 273.15 K y 10^5 Pa)	V_M	$22.71095464 \times 10^{-3}$ m^3·mol^{-1}

Apéndice II: Términos espectrales

Términos espectrales para las configuraciones electrónicas $(nl)^k$ con $l = 0, 1$ y 2.

Configuración		Términos			
ns^1		^2S			
ns^2		^1S			
np^1	np^5	^2P			
np^2	np^4	$^1S, {}^1D$		^3P	
	np^3	$^2P, {}^2D$			^4S
	np^6	^1S			
nd^1	nd^9	^2D			
nd^2	nd^8	$^1S, {}^1D, {}^1G$		$^3P, {}^3F$	
nd^3	nd^7	$^2P, {}^2D(2), {}^2F,$ $^2G, {}^2H$		$^4P, {}^4F$	
nd^4	nd^6	$^1S(2), {}^1D(2),$ $^1F, {}^1G(2), {}^1I$		$^3P(2), {}^3D,$ $^3F(2), {}^3G,$ ^3H	^5D
	nd^5		$^2S, {}^2P, {}^2D(3),$ $^2F(2), {}^2G(2),$ $^2H, {}^2I$	$^4P,$ $^4D, {}^4F,$ ^4G	^6S
	nd^{10}	^1S			

Bibliografía recomendada

Introducción a la Física Atómica y Molecular.
F.J. López y D. Bravo. Amazon (Madrid 2022).

Physics of Atoms and Molecules (2nd edition)
B.H. Bransden and C.J. Joachain. Pearson Education Ltd. (Essex 2003).

Atoms & Molecules: An introduction for students of Physical Chemistry
M. Karplus and R.N. Porter. Benjamin (1973).

Introducción a la Teoría del Átomo
C. Sánchez del Río. Alhambra (Madrid 1977).

Física Cuántica (7ª edición)
C. Sánchez del Río (coordinador). Pirámide (Madrid 2020).

Espectroscopía
A. Requena y J. Zúñiga. Pearson educación, S.A. (Madrid 2004).

Química Física Vol. I
M. Díaz Peña y A. Roig Muntaner. Alhambra (Madrid 1975).

Introducción a la Física de Átomos y Moléculas
F. Blanco Ramos. Amazon (Madrid 2019).

Suplemento a Introducción a la Física de Átomos y Moléculas: Ejercicios y sus soluciones
F. Blanco Ramos. Amazon (Madrid 2020).

Atoms, Molecules and Photons (3rd edition)
W. Demtröder. Springer (Berlín 2019).

Física Cuántica. Átomos, Moléculas, Sólidos, Núcleos y Partículas
R. Eisberg y R. Resnick. Limusa (México 2004).

Atoms and Molecules
M. Weissbluth. Academic Press (New York 1978).

Química cuántica (5ª edición)
I.N. Levine. Pearson educación, S.A. (Madrid 2001).

The Physics of Atoms and Quanta
H. Haken and H.C. Wolf. Springer-Verlag (Berlín 1993).

Elementary Atomic Structure
G.K. Woodgate. Oxford University Press (New York 1983).

www.ingramcontent.com/pod-product-compliance
Lightning Source LLC
Chambersburg PA
CBHW080452220526
45465CB00006B/2245